Dodologia

Rua Sylvio Rebelo, n.º 15
1000-282 Lisboa
Telef.: 21 847 44 50 Fax: 21 847 07 75
Internet: http://www.relogiodagua.pt
mail: relogiodagua@relogiodagua.pt

Título: Dodologia — Um voo planado sobre a modernidade
Autor: Clara Pinto Correia
Prefácio de Jorge Calado
Capa: Fernando Mateus sobre quadro de Roeland Savery

Composição e paginação: Relógio D'Água Editores
Impressão: Rainho & Neves, Lda. / Sta. Maria da Feira
Depósito Legal n.º: 164813/01

Clara Pinto Correia

Dodologia

Um voo planado sobre a modernidade

Prefácio de Jorge Calado

Ciência

Índice

À LAIA DE PREFÁCIO

Voando sobre Ninhos de Dodós

1. Histórias Infantis

Quando eu era miúdo ouvi duas histórias de banzar. Uma, a de que o nome da grande nação norte-americana, Canadá, era português e reflectia o pasmo dos nossos navegadores ao chegarem à terra nova e nada terem encontrado de interessante — nem ouro, nem especiarias, nem antropófagos: Cá... Nada, diziam eles, e Canadá ficou. A outra dizia respeito a um pássaro mítico, desajeitado e estúpido, o Dodó, que teria sido também baptizado pelos portugueses: Dodó, de doido ou doudo (como se escrevia antigamente). O meu peito nacionalista e patriota inchava com estas tretas.

Quando fiz dez anos, uma prima muito ajuizada e futura professora, deu-me um dos livros de referência — a Alice no País das Maravilhas *(1865), de Lewis Carroll. Já tinha devorado o* Robinson Crusoe *(1719) do Daniel Defoe (o primeiro «livro mundial» da era moderna), e um tio meu tinha-me oferecido* As Aventuras de Tom Sawyer *(1876) do Mark Twain, com o aviso de que o Tom era um menino de quem eu talvez não fosse gostar (claro que achei muito mais piada ao Huck Finn). A* Alice, *porém, revelou-se um objecto diferente, duro de roer. O meu pai, que era professor de matemática, revelou-me a verdadeira identidade de Carroll — Charles Dodgson, tutor de lógica e matemática no Christ Church (que, apesar do nome, é um colégio universitário) em Oxford, e ensinou-me algumas das suas curiosi-*

dades matemáticas. Vem-me daí o gosto pela teoria dos números que não era, então, um assunto da moda como é hoje. Até se julgava que seria relativamente fácil demonstrar o Teorema de Fermat (mas divago, que essa é outra história apaixonante que não vem ao caso).

Em criança, detestava os chamados clássicos para crianças. Tinha adorado O Romance da Raposa *(1924) do Aquilino Ribeiro porque não entendia muitas das palavras mas deleitava-me com o seu som (as ilustrações de Benjamin Rabier também ajudavam). O que eu gostava verdadeiramente era do Eça de Queirós, principalmente daquelas partes que não cabiam nas antologias para jovens. Por exemplo, na descrição do célebre jantar do Jacinto em Tormes (e, ao contrário do Jacinto, eu adorava favas), liguei pouco à ementa para me fixar nos peitos trementes da moçoila esbraseada que servia à mesa a canja com fígado e moela. Mas não era só o Eça da bem-aventurada (pelo Estado Novo)* A Cidade e as Serras *(1901) que me seduzia; a liberalidade dos meus pais deixava-me chegar a* O Crime do Padre Amaro *(1876) e à* Relíquia *(1887). Quando fiz a chamada admissão ao liceu já os tinha devorado todos. Mas detestava a Alice mais os seus companheiros de aventuras, achava aquilo um disparate pegado. O «nonsense» inglês não era, definitivamente, para mim. Coitado, mal sabia eu o que o futuro me traria.*

O que acontece é que a Alice no País das Maravilhas, *tal como a sua sequela* Do Outro Lado do Espelho *(1872), são livros para adultos com sérias reservas — e estas dizem respeito à preparação científica. Só muito mais tarde descobri (intuí?) que as mudanças de escala, o crescimento e o encolhimento da Alice conforme aquilo que bebe ou come, antecipavam as transformações de Lorentz — as dilatações do tempo e as contracções do espaço, próprias da relatividade. Tudo é relativo em Carroll, como na conversa entre os quatro comensais do chá maluco: «vejo aquilo que como, ou como aquilo que vejo?»; «respiro quando durmo ou durmo quando respiro?» Para um estudante de física avançada, o País das Maravilhas é um mundo quadridimensional, sempre a ser testado pelas novas concepções do espaço-tempo. Logo no início da história, quando a Alice cai em queda livre no poço da toca do coelho, o narrador observa que «Ou o poço era muito fundo ou ela descia muito lentamente». Mais tarde, quando encontra a chave da porta e não a consegue abrir, o dilema é semelhante: «ou a fechadura é demasiado grande ou a chave demasiado pequena.» Depois há os trocadilhos, os jogos com as palavras e seus significados. Ludwig Wittgenstein, que além de ser filósofo era arquitecto, mostrou algumas afinidades com Dodgson/Carroll: ambos estavam interessados na relação entre aquilo que uma coisa* é *e aquilo que ela é* chamada. Mesa *não é obviamente a mesma coisa que* table. *Ou é?*

Para uma criança, a Alice *está cheia de criaturas esquisitas, vindas sabe Deus donde. Umas vêm do baralho de cartas (a Rainha de Copas, que manda decapitar toda a gente), outras vão e vêm sempre a correr sem tino, como o Coelho Branco, outras ainda, como o Chapeleiro Maluco, são resultado de acidentes químicos. De facto — aprendi mais tarde — a doidice do chapeleiro era provavelmente o resultado de envenenamento por mercúrio (os respectivos sais eram então usados no fabrico do feltro lustroso para os chapéus altos). Havia depois uma série de bicharada de que nunca tinha ouvido falar: uma Arara, um Dodó, um Grifo. Arara no original inglês é «Lory». Será daqui que vem o cumprimento que se faz ao papagaio, «oh* louro, *dá cá o pé!» Ou a cantiga do «Papagaio* louro/ *de bico dourado/ Leva-me esta carta/ ao meu namorado»? Fazia-me espécie, porque todos os papagaios que eu conhecia em miúdo eram verdes. Vêem como as línguas se contaminam? Quanto ao Dodó, julgava eu que tinha sido inventado pelos portugueses e, tal como o Grifo, seria um bicho mitológico. As famosas ilustrações de Sir John Tenniel, que acompanhavam qualquer edição da* Alice *que se prezasse, não deixavam margem para dúvidas. Estes bichos não constavam dos livros de cozinha da minha mãe, nem dos livros de zoologia que havia lá por casa.*

Sempre fui um anglófilo ferrenho. Talvez por a memória ter registado as escutas da BBC durante a Segunda Guerra Mundial. Os anos passaram. Vim a descobrir que os nomes dos pássaros escolhidos por Carroll não eram inocentes. «Lory», por causa de Lorina, uma das irmãs de Alice Liddell (a Alice era mesmo real, filha do deão de Christ Church); Dodó — bem, vinha do verdadeiro apelido (Dodgson) do próprio Carroll, tanto mais que ele era gago e tinha dificuldade em pronunciar o seu nome (daí nunca ter feito grande carreira como pregador, apesar da sua condição eclesiástica). E, já agora que estamos em Christ Church, é bom dizer que os professores ou tutores deste colégio têm um título especial, único em Oxford, que é o de «Student». E esta, hem? Pego na minha edição (1969) — em papel, claro, que é a que cheira bem — da Enciclopédia Britânica *(que foi a prenda dos meus pais quando acabei o doutoramento), e noto que, por uma daquelas coincidências alfabéticas giras, a entrada de «Dodo» se segue imediatamente à entrada de «Dodgson»! Se Carroll queria encontrar um bicho que o representasse, não era preciso ir muito longe. O Dodó da* Alice *é — pudera! — um pássaro sábio, que conhece palavras compridas ou complicadas, por exemplo «caucus» (reunião de grupo político) que era, na altura, uma novidade.*

Não me lembro quando descobri que o Dodó não era um pássaro mítico, mas sim uma criatura que existiu mesmo. Possivelmente isto está ligado a uma outra paixão minha, para além de ver ciência nas artes e as artes na ciência, que é a ópera. Há uma ópera mágica de Rimsky-Korsakov, baseada em Puchkin, O Galo de Ouro *(1909), que tem um personagem chamado Rei Dodon (ou Dodô, em português). É um velho pateta e incompetente que só gosta de dormir. Fazer dô-dô é uma espécie de fazer ó-ó. O reino do Rei Dodon é outro país de maravilhas, com galos de ouro sábios que cantam nos momentos apropriados para anunciar paz ou desgraça. Depois, há aquela expressão inglesa do «dead as a dodo». Tudo junto, o Dodó, para mim, era o cúmulo da estupidez (ao contrário do Dodó de Carroll). Já sabemos que as aves têm má fama: diz-se «estúpido como uma galinha», e as araras (os «lories» da* Alice*) não são propriamente o cúmulo da habilidade. Até que um dia li, ou alguém me explicou, que o Dodó tinha existido, como os dinossauros, e fora a primeira vítima importante da interferência do homem (mais do homem do que da mulher) num eco-sistema longínquo, algures na ilha Maurícia. Quem quiser saber tudo sobre o Dodó não tem mais que ler este livro suculento de Clara Pinto Correia.*

Do Dodó não resta quase nada: apenas uns ossos aqui e ali, as extrapolações da evolução darwiniana e — oh glória das glórias — uma perna e um pé, hoje no Museu da Universidade de

Oxford, mesmo ao lado do laboratório onde eu, há trinta anos, preparei o meu doutoramento. Tudo somado, não dá sequer para temperar uma canja, mesmo em Tormes. Mas dá para coser uma mancheia de histórias fascinantes, naquilo que acaba por ser também um «voo planado sobre a modernidade». Nada acontece por acaso. Não é que à hora em que escrevo este prefácio o referido Museu de História Natural em Oxford inaugura uma instalação sobre «O Dodó e os Dinossauros»?

2. Histórias de Proveito

Este livro admirável de Clara Pinto Correia é, tal como a ave que lhe serve de pretexto, muitas coisas ao mesmo tempo. É um tratado de tudo sobre o Dodó — ou não se chamasse Dodologia. *É um romance detectivesco, que se lê como tal — uma pista aqui, um indício acolá, um fio que se parte para ser encontrado mais adiante, etc., e que agarram o leitor para não mais o largar. Lê-se dum fôlego. É também um rosário de histórias de proveito e exemplo, imbrincadas umas nas outras, do género daquelas com que Xerazade entretinha o sultão Xariar. Como diz a Clara, é uma «parábola construída por associação livre de outras parábolas». Às vezes adivinha-se a voz da escritora a preparar-nos para mais uma, «Aconteceu, ó leitor afortunado», tal como n'*O Livro das Mil e Uma Noites. *Há deliciosos antecedentes para esta intimidade entre narrador e leitor. Nunca mais esquecerei o grito de Jane Eyre, no romance homónimo de Charlotte Brontë (1847), anunciando: «Leitor, casei-me com ele!» Ou a graça com que Jane Austen espicaça o leitor, em* Northanger Abbey *(1817), chamando-lhe a atenção para o facto da história estar a acabar porque faltam poucas páginas para o fim do livro.*

O Dodó e parentes próximos foram aparecer numas ilhas desertas: as Mascarenhas (Maurícia, Reunion, Rodriguez). Ilhas desertas são outras tantas utopias, onde tudo é possível. Verdadeiramente, o espaço só existe depois de o povoarmos, nem que seja com a nossa imaginação. Sabemos, para nosso orgulho, que foram os Descobrimentos que despoletaram toda uma literatura de factos estranhos e inacreditáveis, típicos duma protociência. Nos tempos clássicos, Plínio tinha dado o mote nos trinta e sete volumes da sua História Natural. *Aí se encontram homens com* *uma só perna (que é usada como pára-sol em dias de calor), ou tribos de gente sem boca, que se alimenta através das narinas com a ajuda duma palhinha. Diodoro Sículo também descreveu homens de língua bifurcada, dote muito útil para conduzir duas conversas simultâneas (digam isso às cobras!). Shakespeare, cuja vida atravessou o ocaso da expansão portuguesa, pôs o Othello (1605-6) a encantar a Desdemona com histórias de criaturas nunca vistas, de canibais e homens cujas cabeças crescem por debaixo dos ombros. E retirou-se de cena forjando um naufrágio numa ilha pouco menos que deserta — o «admirável mundo novo» d'*A Tempestade *(1612-13).*

Não basta povoar os novos édens e paraísos; é preciso também dotá-los dum sistema de organização social. A primeira Utopia *(1516) é a de Thomas More, um «homem de todas as estações», recentemente arvorado em santo padroeiro dos políticos (!). Carroll herdou-lhe a prática do «nonsense» e desatino (ou não fossem ambos ingleses de gema). Erasmo de Roterdão gabou-lhe o sentido de humor, mas nem isso o salvou de ser decapitado na Torre de Londres. O protagonista da* Utopia *é um marinheiro português Raphael Hythlodaeus (o original é em latim). O apelido significa literalmente «o que produz* nonsense*», e nalgumas traduções é mesmo chamado Rafael Nonsenso. Na Utopia (um «não--lugar»), quase todos os nomes e topónimos são irónicos: o magistrado-chefe chama-se Ademos (Não-povo) e há o rio Anidro (sem água, como os do deserto australiano). Na linguagem utópica* I *(eu) escreve-se* he *(ele), o que origina enormes confusões. Muitas utopias se seguiram. Na* Nova Jerusalém *(1648) de Samuel Gott, o segredo da felicidade residia na educação. Por isso aí os máximos salários cabiam aos professores universitários (acho muito bem!). Uma das mais recentes é o famoso Shangri--La, escondido algures no Tibet, criado por James Hilton no* Horizonte Perdido *(1933), e que deu um filme famoso de Frank Capra (1937), com Ronald Colman. Shangri-La era um paraíso para sábios centenários. Não admira que, quando lá chegou, o herói da novela o tivesse achado ligeiramente parecido com Oxford.*

Pelas Mascarenhas passaram muitos povos. Dodologia *trata também das histórias das nações europeias (e de como estas nascem, crescem e definham) e da diáspora judia. São sagas de por-*

tugueses, holandeses, espanhóis, franceses e ingleses, e de como elas andaram enredadas umas nas outras. Fica deslindado, de uma vez para sempre, que o Dodó foi mesmo baptizado pelos nossos antepassados neste cantinho da Europa, e que a palavra holandesa «Dodaers» (significando trapalhão) é uma coincidência. Posso morrer descansado, que a história da minha meninice é mesmo verdadeira; agora só falta provar que no Canadá não havia mesmo nada (os meus amigos canadianos que me perdoem). Clara Pinto Correia é ainda mais patriota do que eu, e vê portugueses em toda a parte — não são sete, são setenta as partidas do mundo! Umas boas, outras más porque, como dizia o poeta, «Há mar e mar, há ir e voltar». Como toda a gente sabe, a meditação e a água andam eternamente ligadas. Esta observação não é minha; é de Herman Melville, e vem na Moby Dick *(1851) — um romance que começa com o ajuntamento de milhares de pessoas ao longo da costa, atraídas pelo mar, qual magneto. Os portugueses olharam e partiram, as mais das vezes mal preparados, em naus em péssimo estado. O resultado foram muitas histórias trágico-marítimas. «Se queres rezar, vai para o mar», lembra-nos a autora. Atrasos, financiamento duvidoso, impreparação técnica — eis o estado da nossa investigação. Somos portugueses, tão bons como os melhores. O problema, como ouvi António Barreto dizer um dia, é que também somos tão maus como os piores.*

3. Histórias Biográficas

Mas há mais. Dodologia *é um livro ilustrado com retratos literários de corpo inteiro de alguma gente muito conhecida, e de outra menos mediática, como a incongruente marquesa Masauji Hachisuka, dodologista-mor, autora do* Dodó e aves aparentadas, *publicado em 1953 (o ano da sua morte). O livro foi dedicado a Boris III da Bulgária, que tinha morrido (assassinado?) dez anos antes, imediatamente a seguir a uma curta reunião com Hitler. Por momentos esqueci-me do Dodó para pensar na ópera. É que o meu cantor preferido, o baixo-búlgaro Boris Christoff, tinha sido um protegido de Boris III que lhe arranjou uma bolsa para estudar canto em Itália. Eu admirava tanto o cantor que, quando os meus pais finalmente acederam a ter um cão, dei-lhe o nome de*

Boris (era um serra-da-estrela). Christoff encantou muitas vezes o público de S. Carlos (excepto os fascistas que julgavam, pelo nome, que ele era comunista!), em papéis como o Boris Godunov ou o Filipe II (do Don Carlos, *de Verdi). Como está tudo ligado, o Filipe II também faz uma aparição importante em* Dodologia.

*Alguns dos meus heróis têm partes relevantes no livro de Clara. Ao sueco Karl Linnaeus da taxonomia (o homem da linguagem binária, do sim e do não e do 0 e do 1, que é a língua dos computadores) cabe aquilo a que nas artes do palco se chama um camafeu (um papel pequeno, bem esgalhado, para brilhar como uma jóia). O geólogo Sir Charles Lyell faz parte, com o físico Rudolf Clausius e o mais que tudo Charles Darwin, da minha trilogia idolatrada de evolucionistas. Clausius, que burilou o conceito e baptizou a entropia, não entra nesta história (mas não seria difícil fazê-lo entrar; lembremo-nos de quanto maior a confusão e a desordem, maior a entropia). Mais, a entropia é, no dizer do físico Arthur Eddington (o mesmo que provou experimentalmente a teoria da relatividade, graças a um eclipse do Sol observado na ilha do Príncipe em 1919) a verdadeira «seta do tempo». Nada a fazer — o tempo corre e a entropia cresce. Mas divago, e tenho de voltar atrás. Lyell produziu muitas obras importantes (*The Principles of Geology, *1830-33 é, talvez, a mais seminal), procurou determinar a antiguidade das rochas e do homem, e descobriu a data da destruição do último Dodó embalsamado (o tal do museu de Oxford).*

Dodologia *é também o romance destas vidas e de duas outras em particular. Para perceber isso vamos a Praga, nos tempos em que Praga era Praga, no final do século XVI, quando imperava Rodolfo II e a ciência moderna estava prestes a rebentar. (Rebentou mesmo a 9 de Dezembro de 1609 quando Galileo Galilei apontou pela primeira vez um telescópio à Lua.) Em Praga estava o astrónomo da modernidade, Tycho Brahe, que chamou para junto de si um sucessor ainda mais notável, Johannes Kepler. Eram fabulosos tempos de mudança, de fronteiras difusas entre astrologia e astronomia, alquimia e química. Pensar que nessa altura Shakespeare, Rubens, Napier (o inventor dos famigerados logaritmos), Harvey (o descobridor da circulação sanguínea) estavam todos vivos e de boa saúde! Isto é que é Europa! Sim, concentremo-nos em Praga, onde um tonto genial ocupava a sede do Sacro Império Católico Romano — Rodolfo II. O outro personagem importante da História do Dodó é o pintor flamengo, Roeland Savery — e bem haja a Clara por o ter trazido até nós, numa viagem pelo espaço e tempo. Quanto a mim, são eles os dois os protagonistas de* Dodologia.

Rodolfo era neto de Carlos V e sobrinho de Filipe II (não sei porquê, lembra-me aquela lengalenga humorística da pseudo-história de Portugal, que diz que «Veio depois Dom Dinis/ que era pai de Egas Moniz/ e irmão de Prior do Crato,/ que pôs tudo a desbarato»; deve ser influência da releitura de Carroll, com os seus esfusiantes trocadilhos relativistas). Foi educado pelo tio em Espanha, a preto e branco, entre frades e autos-de-fé (termo ibérico que resiste na língua inglesa), voltando à Viena do seu nascimento em 1571, quando tinha 19 anos. O progresso foi fulgurante: rei da Hungria (1572), rei da Boémia (1575), tendo finalmente sido coroado imperador em 1576. Rodolfo era um beato como o seu primo (em segundo grau; tinham um par de bisavós comuns) Dom Sebastião mas, ao contrário deste, não se meteu em batalhas estúpidas. As suas aventuras e desventuras foram outras. Tinha mau tino político (afrontava, contra a corrente, os protestantes do império), era um coleccionador maníaco e um predador sexual pouco sensato. A História está cheia de maus políticos que foram também libertinos sem conta nem medida. Mais raros — e por isso bem mais interessantes — são os líderes amantes das artes e ciências, que formam grandes colecções. A de Rodolfo II, cheia de raridades e de objectos estapafúrdios, era a maior e mais famosa do seu tempo. Até incluía um Dodó vivo!

Os gabinetes de curiosidades e obras de arte funcionavam como verdadeiras enciclopédias de conhecimento que permitiam aos felizardos donos viajar pelo mundo sem sair de casa. Os interesses de Rodolfo, porém, eram multidisciplinares e iam da alquimia à filosofia natural, da zoologia às porcelanas, tudo condimentado, claro, com muita joalharia e pintura ainda mais rica. Ainda hoje se podem visitar na Cidade Velha de Praga as casas minúsculas da Travessa Dourada, onde habitavam os ourives e alquimistas (Franz Kafka viria a morar numa destas barraquinhas). Atormentado pelas previsões pessimistas dos seus horós-

copos, Rodolfo viveu obcecado pela descoberta dum elixir de longa vida — daí a sua associação com alquimistas e cabalistas. Um deles teria sido um grego de Creta, Jerónimo Makropulos, suposto sintetizador duma poção com o dom da eternidade. Conta a lenda que, desconfiado — não fosse algum veneno — Rodolfo II obrigou o alquimista a experimentar a poção na filha, Elina. Daqui resultaram duas obras-primas: a peça dos irmãos Capek (os inventores da palavra «robot») em 1922 e a ópera de Leos Janácek, O Caso Makropulos *(1926), com a sua fantástica heroína E. M., velha de 337 anos, mas sempre nova.*

Pois é. A corte de Rodolfo II é um manancial de modernidades. Dela saiu também a última obra de ficção de Bruce Chatwin, Utz *(1988), sobre outro produto da alquimia — a porcelana. Mas, coitado do imperador! Teve um fim trágico, louco como o chapeleiro da* Alice no País das Maravilhas. *Pode ter sido uma consequência dos unguentos à base de sais de mercúrio (um metal da alquimia) com que tratava a sífilis, mas muito mais provavelmente era a «maldição dos Habsburgos» — a degradação da piscina de genes, fruto de gerações sucessivas de casamentos consanguíneos. Conta a Clara que, no fim, «os gritos de Rodolfo ecoavam para lá dos portões do palácio». Aqui ouço outros ecos, bem mais perto de casa: os gritos de «Ai Jesous!» da nossa Dona Maria I, louca em Queluz, e que li pela primeira vez na obra-prima de William Beckford,* Recordações de Uma Excursão aos Mosteiros de Alcobaça e Batalha *(1835).*

E o Dodó? Vindos da ilha Maurícia, houve Dodós vivos à vista em Amesterdão, Londres e Praga (pelo menos). Os tempos eram propícios à exibição de animais exóticos — em parques zoológicos de gente rica e poderosa, ou de feira em feira, para gáudio do povo. Quem não se lembra do pobre do rinoceronte que Afonso de Albuquerque enviou em 1515 a Dom Manuel I, e que este resolveu oferecer ao papa Leão X? Foi uma viagem atribulada. Ainda foi visto vivo em Marselha pelo rei de França, Francisco I, mas o barco naufragou perto de Porto Venere e o bicho morreu afogado. Lá conseguiram recuperar o cadáver e o que o papa admirou foi o animal embalsamado. Dürer imortalizou-o num desenho (hoje no Museu Britânico de Londres) e numa gravura famosa que conheceu seis edições. Era uma vista em segundo olho, possível gra-

ças a desenhos e descrições idas de Lisboa. Quem se viria a especializar em vistas «ao vivo» foi outro flamengo, o pintor Roeland Savery. Parece que foi ele quem cunhou a expressão «naer het leven» (a partir da vida), uma coisa então rara em pintura. Estava-se, nessa altura, muito longe da fotografia, e mais ainda dos «shows» da Broadway que anunciam as estrelas de Hollywood como «live, on stage, in person», como se vivo e em pessoa fossem situações complementares. Daqui aos «reality shows» de hoje foi um passo.

Savery era um mestre da paisagem alpina, mas veio a especializar-se num género novo — o das cenas zoológicas. A bicharada tomou cada vez mais importância nas suas pinturas. Em 1604, aos vinte e oito anos, foi chamado para a corte de Rodolfo II, e em Praga se manteve quase dez anos, até à morte do imperador. Foi uma altura em que os animais voltaram a falar... mas na pintura. Uma grande tradição era retomada em moldes novos — a tradição de Esopo e do bestiário medieval, a mesma tradição que La Fontaine haveria de continuar nas suas Fábulas *(1668-93). Não faltava a Savery, nas colecções de Rodolfo, material para inspiração — não só devidamente embalsamado, mas também «ao vivo», que o imperador mantinha nos jardins do palácio um zoo de animais exóticos ou de estimação, entre os quais se contava um Dodó. Nestas coisas de pintura zoológica o guião era, em geral, de dois ou três tipos: a Criação ou o Paraíso, a arca de Noé e o Orfeu a encantar as feras com a sua lira. Os Novos Mundos haveriam também de produzir os seus bestiários — por exemplo, a grande série de pinturas de Edward Hicks (1780-1849) sobre os Reinos Pacíficos, onde animais domésticos e ferozes coexistiam numa paisagem idílica. Savery pintou pelo menos quatro quadros onde aparece o Dodó de Praga. E foi assim, graças a Rodolfo II e a Savery, que ficámos a saber sem margem para dúvidas qual era o aspecto dos Dodós. Coitados, morreram ambos loucos, doudos... dodós.*

4. Moral das Histórias

Ver, para crer — diz o ditado ou S. Tomé — e é verdade. Pensa-se por imagens, umas encadeadas nas outras. De facto, quem não vê, é como quem não sabe. Hoje acreditamos nos Dodós por-

que sabemos o seu feitio. Claro que a ciência poderia ter feito o que fez com os dinossauros, que ninguém pintou ao vivo ou embalsamou e que existem no imaginário de toda a gente. Na descoberta, o primeiro passo é o baptismo e o segundo, a imagem. Ou vice-versa, já que continua em aberto o que vale mais — a imagem transiente ou a palavra que perdura. No canto põe-se um dilema semelhante. Antonio Salieri, o rival de Mozart, compôs uma ópera chamada Primeiro a música e depois a palavra *(1786), e o canto de cisne (já que estamos a tratar de aves, que fique o chavão) operático de Richard Strauss foi o* Capriccio *(1942), onde um poeta e um compositor competem pelo amor duma condessa. O som da música ou a música das palavras? Na física quem ganha é a vista, pois a luz propaga-se muito mais rapidamente (quase um milhão de vezes) que o som.*

Ver ou observar — diz a física moderna — é também transformar e perturbar. Às vezes a perturbação (no eco-sistema) é tão grande que aniquila — como aconteceu ao Dodó, na ilha Maurícia. Não foi o primeiro caso, nem será o último. Foi, porém, o primeiro bem documentado, da responsabilidade do homem. Casos bem mais recentes abundam. Por exemplo, o tilacino ou tigre da Tasmânia — outro bicho (um marsupial) que se desenvolveu numa ilha perdida fora dum continente perdido (Austrália). Como os tempos eram outros, o tilacino não foi morto à pedrada, como o Dodó, mas a tiros de caçadeira. O último foi abatido em 1932.

O que era, afinal, o Dodó? Uma ave, sem dúvida — bem maior que um peru, mais corpulenta que a avestruz. Uma galinha gigantesca ou antes um abutre, dada a proeminência do bico? Nem uma coisa nem outra. Era uma columbídea, da família dos pombos e do espírito santo. O som perdera-se com o pó dos séculos, mas razão tinha a marquesa Hachisuka, quando escrevia que o Dodó arrulhava como os pombos. Os animais falam diferentes línguas, e mesmo os pássaros não cantam a uma voz. Assim o explica a rima infantil, «Palram pega e papagaio/ e cacareja a galinha./ Os ternos pombos arrulham,/ geme a rola inocentinha».

Dodologia *é um ramalhete bem atado de muitas e variadas histórias verdadeiras. A cada passo, salta um Dodó ao caminho. O leitor é levado num voo sobre um ninho de Dodós — melhor, sobre vários ninhos, que os Dodós punham apenas um ovo! Pa-*

rece ficção, mas não é. A ficção é muito mais bem comportada — «um exercício do bom senso e do bom gosto», como diz Clara Pinto Correia. Quando a Cecily do Quanto Importa Ser Leal *(1895) de Oscar Wilde diz à governanta, Miss Prism, que não gosta de romances com fins felizes, porque a deprimem, Prism responde-lhe com a definição lapidar: «Os bons acabam felizes e os maus infelizes. Isto é que é Ficção.» Os pobres Dodós existiram mesmo, eram bons e acabaram mal. Resta-me agora dar a última palavra à autora: «este pássaro faz-nos bem porque está sempre a fazer-nos pensar.» Não se pode exigir mais.*

JORGE CALADO
Lisboa, Janeiro de 2001

Dodologia

Um voo planado sobre a modernidade

Para o João Pedro Leão,
Que nunca deixou de esperar por mim
«às seis e meia, diante dos fósseis»

«Não existe nada para além de átomos e espaço vazio; tudo o resto é opinião»
Demócrito

«Cada homem chama barbárie àquilo que não pertence às suas práticas; pois parece que não temos outro teste para a verdade e para a razão que não seja o exemplo e o padrão das opiniões e costumes do país em que vivemos»
Montaigne

«O Homem não é o senhor dos seres. O Homem é o pastor dos seres»
Heidegger

«Quando as ideias correctas características das classes avançadas são absorvidas pelas massas, essas ideias transformam-se numa força material que muda a sociedade e muda o mundo»
Mao Zedong

«O Homem tem três formas de agir com sabedoria. A primeira é a meditação, e é a mais nobre. A segunda é a imitação, e é a mais fácil. A terceira é a experiência, e é a mais dolorosa»
Confúcio

«A ilha está adornada com um ar de elegância perfeita. O cenário, se posso usar uma expressão destas, parecia harmonioso.»

Charles Darwin
29 de Abril, 1836
Na última etapa da viagem do «Beagle»

*

«A ilha tem uma luxúria bravia de vegetação tropical, regatos límpidos, florestas densas e pequenas montanhas — grupos de cumes de brinquedos bucólicos e pitorescos.»

Mark Twain
1878
Sobre a sua visita à ilha Maurícia

*

«Não tentarei descrever aqui as belezas da ilha: escritores mais bem qualificados já lhe chamaram Éden, Pérola do Oceano, e outros nomes igualmente novos e igualmente apropriados. Não corresponde bem à minha ideia do Éden, porque tem demasiadas canas, um fruto que não me parece que alguma vez pudesse ter tentado Eva. A floresta original foi praticamente toda destruída, mas a terra é incrivelmente fértil, e, onde não está debaixo de uma escoada de lava ou destituída de água, está co-

berta por plantações de cana que produzem por ano duzentas mil toneladas de açúcar.»

Sir Frank Swettenham
1912
«Also and Perhaps»

*

«A ilha Maurícia está dada como tendo uma das floras mais ameaçadas do mundo.»

Larry Browman
1991
«Democracy and development in the Indian Ocean.»

1 — EM PRINCÍPIO

Tenho uma amiga que se especializou a vida inteira no estudo da tradição oral portuguesa, e atrás de quadras, lenga-lengas, lendas e benzeduras e esconjuros foi cumprindo todos os degraus da formação académica até que chegou a altura em que devia prestar provas de agregação. Ela andava há anos a dar voltas e mais voltas sobre uma versão popular portuguesa particularmente estimulante da história da Carochinha, e era sobre esse assunto que queria organizar o ritual iniciático destinado a permitir-lhe vir no futuro a ser Professora Catedrática. E então ria-se muito, e dizia-me assim: «Já imaginaste bem a cara das pessoas? Quando me perguntam sobre o que é que vai ser a agregação e eu respondo que é sobre a história da Carochinha?»

Eu passei por uma experiência semelhante com este livro sobre o pássaro Dodó.

«Estás a fazer o quê?»

«Outro tratado de História da Ciência.»

«Ah. É sobre quê?»

«Sobre o Dodó.»

«Sobre quê?»

«Sobre o pássaro Dodó.»

«Aquele que morreu?»

«Pois, esse mesmo.»

«A sério?»

«A sério.»

«Ah.»

Vocês imaginam? A cara das pessoas?

Para ensinar os meninos: Um livro de histórias moderno, com um título que quer dizer qualquer coisa como *«Sempre gostava de saber se o Dodó está mesmo morto e outras perguntas sobre animais ameaçados e extintos»*, conta aos meninos de Israel a história do Dodó e do seu destino, explicando os estragos causados pela destruição das florestas e pela introdução de animais domésticos que se seguiram à chegada dos europeus à Maurícia.

Mas por alma de quem é que uma mulher minimamente formada, em pleno século XXI, decide investir uns bons anos da sua energia intelectual num pássaro morto, ainda por cima para escrever um livro que nem sequer é para criancinhas?

Boa pergunta.

Eu já andava a pensar no Dodó há muitos anos, porque foi uma história de que gostei em criança e a que regressei muitas vezes enquanto estava a crescer. Tive-o cá sempre guardado. E por isso, ao longo dos anos, comecei a ficar impressionada com a polivalência e a conspicuidade das analogias baseadas no Dodó que permeiam as nossas bibliotecas, sobretudo quando, mais do que contar histórias, estamos a tentar transmitir e defender ideias. Acabei por achar que o assunto merecia uma meditação mais aprofundada. E depois concluí que, de facto, o caso era interessante. O Dodó que existe agora nas nossas vidas é uma invenção do século XX. Como veremos no capítulo III, tivemos que cobrir uma grande distância para chegarmos aqui. Mas, aqui chegados, o que fizemos com o que recuperámos do esquecimento e projectámos nas lógicas da vida presente foi transformar um pássaro morto numa vedeta mediática e numa metáfora universal. Em grande medida, esta metáfora deriva mesmo de uma história verdadeira: os pormenores saborosos do seu destino fizeram do Dodó uma das primeiras criaturas a despertar a consciência humana para os perigos da nossa predação descontrolada sobre ambientes intocados, ao ponto de hoje usarmos o pássaro como um cliché para tudo o que desapareceu. Os ingleses dizem «dead as the Dodo» quando querem dizer que já não há esperança de recuperação, e nos desenhos animados até o Porky Pig já foi à Maurícia procurar o último Dodó. Já escrevemos muitos livros em que o Dodó nos serve de analogia que dispense explicações, e esta é uma analogia multiusos: para a extinção, para a estupidez, para a impossibilidade, para o fim da esperança, para a morte. Sentem-se diante de uma base de dados, e façam a experiência: qualquer trabalho, literário ou técnico, que tenha «Dodó» no título, há-de referir-se a pelo menos um destes sentimentos.

Peguem, por exemplo, numa produção tão alheia a esta história como «*Australian Problems and Prospects in the 80s*». É um pequeno tratado, desses que nós desconhecemos em absoluto e que as bibliotecas encerram às centenas para consulta, se tanto, de meia dúzia de estudantes às voltas com teses que muito pouca gente há-de ler, que analisa «**o eclipse da identidade nacional**». Os capítulos têm títulos como «*A Austrália Transformada*», «*Mudança & Resistência*», ou «*A Protecção Como Artigo de Fé*». O livro chama-se «*Retreat of the Dodo*». O seu terceiro capítulo, que lida com «**a tirania do pragmatismo**» e «**jogos adversários e confrontação ritual**», chama-se «*Ways of the Dodo*». Tem em epígrafe um poema de H. Belloc, que diz

«**The dodo used to walk around**
And take the sun and air
The sun yet warms his native ground
The Dodo is not there»

É um ensaio sobre a mudança, como o autor indica claramente logo na primeira frase da introdução. A mudança, aqui, é analisada a partir da questão fundamental: «**por que é que coisas que podiam e deviam ter acontecido não acontecem?**» Nenhum leitor precisa que lhe expliquem por que é que o Dodó foi para aqui chamado, e esta percepção instantânea da metáfora é tão óbvia que o autor também não sente qualquer necessidade de oferecer semelhante explicação. A gente sabe de que é que ele está a falar.

Uma das associações imediatas que fazemos hoje com a palavra Dodó é a associação à estupidez (o pássaro tinha cara de parvo; deixou-se matar como um idiota); e esta associação permeia toda a escala, cheia de nuances das mais vastas e mais complexas, que vai do bom selvagem ao pior aluno da turma. Quem tirou um grande proveito desta associação foi um senhor inglês da primeira metade do século XX que se chamava Edward Frederic Benson, de quem nunca ninguém ouviu falar — e com toda a justiça, porque não parece ter-se destacado na vida em nada que não fosse epitomar aquele folclore característico da gentry do seu país que nos outros países se presta a tantos dichotes e caricaturas. Era filho do arcebispo de Cantuária. A certa altura deu aulas em Atenas, e depois no Egipto. Foi biógrafo da rainha Vitória e de Guilherme II da Alemanha. Figura no «Who's who» como graduado do King's College e frequentador regular de espaços de golfe, ténis e patinagem. Foi toda a vida adulta membro do Bath Club. E, esta é a parte que nos interessa, este senhor que em si mesmo parece um Dodó escreveu uma série de romances Dodó. A grande empresa começou com «*Dodo*». O sucesso de «*Dodo*» inspirou o autor a continuar a linhagem com «*Dodo's Daughter*», «*Dodo the Second*», «*Dodo Wonders*», e mesmo «*Dodo: a Detail of the Day*». Benson publicou cerca de cem livros durante a sua vida, mas foi a série «*Dodo*» que o transportou para a posteridade. Os ingleses gostavam daquilo. Nestes livros, Dodo é o nome de uma mulher. Mas a gente não precisa de ler muito para perceber que essa mulher é um Dodó. Reparem, por exemplo, na primeira frase de «*Dodo Wonders*»:

STANDARD COLLECTION
of the latest copyrighted works by
BRITISH AND AMERICAN AUTHORS

Vol. 209

E. F. BENSON

Dodo
Wonders

IN ONE VOLUME

WILLIAM COLLINS SONS & CO. LTD.
PUBLISHERS
9 RUE DES HIRONDELLES BRUXELLES
ALSO AT LONDON AND GLASGOW

Copyright secured for Continental Circulation only
Not to be introduced into the British Empire

Price 4.50 Prix

O parvo da história: O frontispício de «*Dodo Wonders*», um dos muitos títulos da série que E. F. Benson compôs em torno das aventuras de uma austríaca burra emigrada em Londres.

«Dodo estava tão interessada no que ela própria estivera a dizer que, tendo acabado de acender um cigarro, acendeu um segundo no primeiro, e depois ficou a contemplar os dois com uma expressão confusa.»

Ou então, para fazer jorrar ainda mais luz sobre a estupidez insustentável desta mulher, e, por arrasto, da sua família, reparem na primeira coisa que a filha da Dodo diz sobre a própria mãe, no primeiro capítulo de «*Dodo's Daughter*»:

«A hereditariedade é um tamanho nonsense, disse Nadine com clareza, falando com aquela precisão que de certa forma os que nascem em Inglaterra nunca atingem. "Olha para mim, por exemplo, que elegante que eu sou, e depois repara na mamã e no papá." Esther entornou uma quantidade de chá de camomila maior que a habitual. "Não deves falar assim da Tia Dodo", disse ela.»

E assim ficamos a saber que a pobre Dodo não só é estúpida, ainda por cima nem sequer nasceu em Inglaterra. Na realidade, esta mulher sem remédio é austríaca, com um sotaque irritante que está sempre a denunciar-lhe as origens menos sofisticadas.

É impossível estabelecermos com precisão quando é que «Dodó» começou a funcionar como uma metáfora para «estúpido», mas há uma coisa, pelo menos, que sabemos de certeza, graças ao trabalho dedicado dos biógrafos: ao tempo da controvérsia que se estabeleceu em Oxford durante o século XIX em torno do Dodó (que iremos analisar em detalhe no capítulo III), o poder devastador deste epíteto já tinha chamado a atenção do mais inspirado dos mais cáusticos, um então jovem estudante chamado Oscar Wilde. Muito antes de se ter alçado ao seu estatuto imortal de produtor omnipresente das melhores citações de todos os tempos, Wilde chamou a um dos seus professores «**esse Dodó iletrado**». E é muito provável que, assim fazendo, se tenha convertido no pioneiro de uma tradição ocidental agora em pleno florescimento.

Nos nossos dias o termo pode até funcionar como uma condenação em duas vertentes, que se aplica a qualquer coisa que seja simultaneamente estúpida e condenada ao desaparecimento por impiedade da marcha do tempo. Noel Coward fez um uso excelentíssimo desta conotação dupla na sua descrição cáustica da classe alta britânica «*Not Yet the Dodo*» (onde nunca se fala do Dodó), tal como o fez muito subliminarmente Christopher Logue no pessimismo impossível de qualquer um dos poemas incluídos em «*Ode to the Dodo*» (onde nenhum dos poemas é sobre o Dodó). Em ambos os casos, o Dodó só aparece em epígrafe. Está consistentemente ausente dos conteúdos, mas os conteúdos fazem-nos perceber instantaneamente por que é que o Dodó pousou no título. Explorando o mesmo filão, um snobe do mais fino recorte chamado Sir Frank Swettenham brincou animadamente com o termo na sua ridicularização vitriólica da vida colonial na Maurícia: para nos transmitir imediatamente a ideia de que tudo e todos nesta ilha são ao mesmo tempo idiotas e inviáveis, o autor limitou-se a chamar à então colónia britânica «*Dodo Island*». E o biólogo evolucionário David Quammen explorou esta conotação binária com grande eficiência quando evocou o mito do canto do cisne para intitular o seu tratado sobre biodiversidade e extinção nas ilhas «*The Song of the Dodo*».

Também não sabemos há quanto tempo é que a associação a «extinto» permeia a nossa linguagem, mas podemos citar um panfleto do século XIX destinado a chamar a atenção das autoridades locais para o desaparecimento provável da população de patos selvagens num certo lago das redondezas de New Hampshire, a menos que se ponham imediatamente em vigor regulações restritivas muito firmes: o panfleto tem o título sugestivo «*Shall Ducks Follow the Dodo?*» para estabelecer o tom de cautela a tomar, e este efeito está reforçado por um desenho ilustrativo, ao que se segue uma dúzia de páginas em que o pássaro nunca mais é mencionado. Não é preciso. A gente sabe que ele está extinto. É como os dinossauros. Mas a intervenção humana não teve nada a ver com a extinção dos grandes répteis. Daqui a utilidade acrescida do Dodó em fábulas imediatistas de prudência e respeito.

Se uma coisa é estúpida e se torna inviável, e se é a falta de cuidado da comunidade humana que a torna inviável, então podemos dizer que estamos perante um erro. Desta forma, o Dodó acaba por funcionar também como parábola sintética para o erro. Esta ideia foi explorada em numerosas frases modernas, mas provavelmente o seu afloramento mais simbólico será um volume muito espesso que nos foi legado por um tal de Vihjalmur Ste-

SHALL DUCKS FOLLOW THE DODO?

"Move over, will yuh?"

National Association of Audubon Societies
1775 Broadway, New York City
June 25, 1935

fansson, publicado em 1936 e chamado «*Adventures in Error*». O postulado que lança o texto do livro está expresso de forma incisiva logo na passagem de abertura, que começa em todo o conhecimento ser a província de Bacon e acaba em «**os factos estabelecidos e aceites de há uma dúzia de anos atrás transformaram-se no folclore do erro de hoje**», porque «**nós estandardizamos o conhecimento, mas, enquanto estamos a fazê-lo, o conhecimento muda**».

Estas ruminações levam-nos ao terceiro capítulo, onde o senhor pretende «**oferecer provas de que a exploração pode manter-se viável e saudável mesmo depois de a última ilha já ter sido descoberta**». O argumento segue uma linha extremamente complexa de curvas e contracurvas e pontes para vias inesperadas, mas basicamente prende-se com o conceito de que a era dos grandes descobridores nunca entrará em extinção enquanto existir publicidade. Como é que se chama este capítulo? Só podia. «**Are Explorers to Join the Dodo?**», sem que mais nenhuma informação seja necessária para percebermos como a metáfora funciona.

Em 1940, numa noite de guerra em que Londres estava a ser bombardeada e na cave do Jardim Zoológico o autor escutava o Voces Intimae de Sibelius tocado pelo Holtz Quartet, o darwinista inglês Julian Huxley começou a escrever a introdução para a sua colectânea de ensaios de popularização da eugenia intitulada «*Man Stands Alone*». Esta é a explicação oferecida pelo autor para o que todos os ensaios da colectânea têm em comum:

«**Foram escritos durante um período estranho, inquieto, e indefinido, em que uma era estava a chegar ao fim mas muitos de nós recusavam encarar a iminência da sua dissolução.**» O tema do Dodó começa a emergir, e é desenvolvido logo a seguir na ideia de que a humanidade só ganhará verdadeiramente aquela guerra se conseguir aproveitá-la para remodelar o mundo remodelando-se a si própria. «**Se ganharmos a guerra, a civilização não estará salva. Só estará salva se conseguir remodelar-se a si própria para conseguir triunfar sobre a insegurança, a frustração, e o desespero.**» A mensagem de Huxley é que precisamos de mudar e adaptar as nossas estratégias para podermos sobreviver. Se não conseguirmos fazer isto, teremos o destino do Dodó. A gente agora lê Huxley e sabe que a História não se desenrolou bem assim, que àquela guerra já se sucederam outras guerras, que a sociedade nunca aproveitou nenhuma tábua rasa para eliminar do seu seio a insegurança, a frustração, ou o desespero, muito pelo contrário — só que, mesmo assim, ainda não tivemos o destino do Dodó. Mas isso não nos impede de sabermos o que quer dizer a metáfora logo que a encontramos.

Huxley chamou ao seu capítulo VIII exactamente «*The Way of the Dodo*», e, como seria de esperar, dedicou-o ao tema da extinção das espécies por intervenção humana. O autor começa por afirmar:

«Algumas espécies desapareceram para sempre, tais como o Dodó e o solitário, a *quagga*, os auroques, os *blawbocks*, o pombo mensageiro e o falcão gigante. São perdas totais: o Homem pode destruir uma espécie, mas não pode nunca reconstrui-la.»

A partir daqui, a lista desmultiplica-se por leões, papagaios, impalas, mas nunca volta a mencionar o nosso pássaro. O nosso pássaro foi chamado à colação para executar o seu ofício literário de eficácia testada e garantida, como um símbolo que se explica a si mesmo, para chamar a nossa atenção para o tema em análise através de uma visão muito breve e nebulosa dos seus saltinhos patéticos pelo alcance dos olhos humanos. Tendo prestado estes serviços que presta como nenhum outro símbolo, remetemo-lo à obscuridade que é a sua marca de água. A simbologia destina-se a sustentar as nossas parábolas, e nunca a roubar para si as luzes da ribalta.

OK, por esta altura acho que não é preciso continuar o jogo, embora se quisesse ainda pudesse despejar muitas citações por aqui fora. Mas parece-me que o argumento já está fundamentado quanto baste: este pássaro é muito mais que um pássaro. Este pássaro é muito mais até que um símbolo. Este pássaro encerra em si mesmo vários símbolos, daqueles que têm a propriedade rara de serem imediatamente identificáveis e descodificáveis por uma civilização inteira.

Mesmo assim. Vale a pena investir vários anos na escavação até ao caroço da história de um nó de símbolos?

Vale a pena se a história for boa.

Ora acontece que a história do Dodó é do melhor que há.

É que não podemos pensar no Dodó sem pensarmos em tudo o que foi arrebatador e desmesurado no traçado da nossa modernidade. Temos que pensar nos Descobrimentos, nos contos inacreditáveis de terras nunca antes vistas e criaturas nunca antes sonhadas, nas aventuras fantásticas dos marinheiros e no emaranhado das manobras diplomáticas daqueles que mandaram os marinheiros para o mar. E depois temos que pensar nas formas como a Europa lidou com todas estas descrições de outros mundos que iam regressando aos portos de origem, estas novas faunas e floras agora reveladas, todas ainda à espera do esforço enorme que nos permitiria entendê-las, explicá-las, e classificá-las. E não podemos esquecer-nos do pagode. Os gabinetes de curiosidades, as feiras, as tendas na rua, as áreas cercadas nos parques senhoriais cheias de animais exóticos que se tornaram o último toque de classe da aristocracia, esses estranhos carnavais que por um tempo muito breve albergaram os Dodós que foram pintados para a posteridade. Pensem só nisto: se não tivesse existido a corte demencial de Rodolfo II com os seus alquimistas e artistas em Praga, agora só teríamos uma ideia muito vaga de com que é que realmente se parecia um Dodó.

Pes et Caput uni Reddentur formae: «**O pé e a cabeça adquirem uma forma só»**, escreveu Horácio. Esta gravura de cobre feita por Bontekoe, publicada pela primeira vez no diário de Van den Broeke (1646), deve ter sido desenhada a partir de um animal vivo, embora o bico esteja mal reproduzido.

(De Strickland, «The Dodo and its Kindred; or the History, Affinities, and Osteology of the Dodo, the Solitaire, and Other Extinct Birds of the Islands Mauritius, Rodriguez and Bourbon», 1848. Com autorização da Ernst Mayr Library, Museum of Comparative Zoology, Harvard)

E depois o tempo passa, mas os voos picados do Dodó sobre a construção do nosso mundo continuam.

Durante o século XIX travaram-se debates apaixonados em torno da crescente base de dados do Dodó, e esses debates diziam respeito a questões de vida ou de morte para a definição da nossa modernidade. Basta termos presente que o Dodó foi reconstruído de regresso ao mundo durante os dias de Darwin, quando a evolução era o tópico mais urgente na pilha dos pensamentos. Não existia ainda qualquer espécie de consenso sobre como trabalhava a evolução, ou mesmo sobre o que é que a evolução queria dizer ao certo. E a seguir é preciso sabermos que todos os grupos envolvidos na disputa usaram o Dodó como modelo para as suas teorias, não só porque o pássaro calou fundo na sensibilidade do período ao revelar-se aos olhos atónitos dos estudiosos destas coisas como a primeira espécie conhecida extinta por intervenção humana, mas também, e sobretudo, porque a adaptação terminal do pássaro ao seu habitat nativo se prestava a toda a espécie de cenários explicativos. E ainda temos que acrescentar que o que o século XIX também descobriu é que a população desta espécie extinta tinha sido de uma abundância pujante imediatamente antes da entrada em cena das caravelas, e que não existiam virtualmente outros registos de alguma vez alguma população assim tão feliz ter desaparecido tão depressa sem o contributo de qualquer catástrofe natural, pelo que o Dodó se ergueu como o estandarte de uma nova forma de encarar a interacção do Homem com os ecossistemas que o rodeiam — e isto quando o conceito de ecossistema ainda estava a um século de distância.

A melhor forma de revisitarmos o legado do Dodó será, por isso, prestarmos homenagem às hipérboles da História ocidental que hoje tornam este épico tão comovente e tão resistente à passagem do tempo — e um fio condutor tão excitante para seguirmos a evolução da nossa própria cultura desde a alvorada da modernidade. Este livro propõe-vos uma viagem para trás nos séculos. Durante essa viagem, iremos avançando de costas, às arrecuas no nevoeiro, ao encontro de uma imagem longínqua, enquanto tentamos, uma vez mais, fazê-la voltar à vida perante os nossos olhos. Vamos penetrar numa narrativa possível para a aventura do conhecimento, que neste caso, ainda por cima, inclui o episódio optimista que revela a nossa capacidade de ressuscitarmos a História das suas próprias cinzas. O que é bom, porque a nossa bagagem não conta assim com tantos casos bem sucedidos de recuperação de memória como isso. E este é assombroso.

Reparem:

Cinco quadros a óleo, uma dúzia de gravuras, duas dezenas de narrativas de viagem e um montão de ossos desenterrados com muito esforço: quando as pessoas resolveram recauchutar o Dodó, não tinham absolutamente mais nenhuma matéria-prima para além desta. O desaparecimento do pássaro depois do seu primeiro encontro com os descobridores do século XVI foi de tal forma abrupto que estes fragmentos miseráveis não regressaram do seu esquecimento venerando em nenhuma espécie de sequência temporal minimamente lógica e ordenável. A partir do século XIX, quando as peças do puzzle começaram finalmente a ir ao sítio, também os esboços das histórias antigas começaram a aflorar à superfície e a encontrar o caminho para se fundirem entre si. O Dodó foi ficando à vista em pinceladas cada vez mais largas, que conduziram à consolidação complexa e trabalhosa do seu perfil final.

As voltas tortuosas da modernidade ocidental fizeram-nos encontrar o Dodó, matar o Dodó, esquecer o Dodó, e finalmente, depois de uma longa sequência de esforços homéricos, ressuscitar em letra de imprensa ao que deverá sem dúvida ter sido o pássaro mais estranho alguma vez registado pela memória humana. Foi uma jornada formidável. E substancialmente diferente das outras.

Porquê?

Então, já ouviram falar daqueles casos muito raros, e absolutamente fascinantes, em que a realidade é mais arrojada que a ficção? Estes casos são a bênção e a maldição dos romancistas, as histórias que nos visitam nos sonhos e que nós nunca ousaríamos sonhar acordados porque nos esmagaria o peso da sua falta de credibilidade. Poderíamos nós, meros mortais, ter alguma vez inventado a história do Dodó? Uma história assim tão vasta, tão abrangente, e a tantos títulos excessiva? Alguém teria a coragem de congeminar do princípio ao fim um relato que funciona como uma parábola, e ainda por cima uma parábola construída por associação livre de outras parábolas? Nós, estas coisas, não as criamos sozinhos. Às vezes ousamos contá-las, mas é só porque podemos afirmar que aconteceram mesmo. Só a sua verdade histórica as torna toleráveis. Para o melhor e para o pior, a história do Dodó é a hipérbole de eleição para tudo o que a nossa cultura representa. Por este pássaro passou ao longo dos séculos uma vista panorâmica da modernidade ocidental que vai longe de mais, em episódios dispersos demasiado tresloucados para poderem caber com conforto dentro do universo confinado da ficção. A ficção obriga-nos ao exercício do bom senso e do bom gosto. A realidade não.

Isto foi tudo verdade.

Divirtam-se.

«O Dodó está extinto há mais de duzentos anos, e parece difícil para o observador ocasional perceber por que é que chegou sequer a existir. Talvez tenha sido um erro ou um fracasso, e depois foi expelido para uma ilha deserta para escapar ao olho humano. É improvável que, com aquele corpo gordo e pesado e aquelas asas curtas, o pássaro pudesse voar; mas é legítimo admitirmos que devia grasnar ou cacarejar — provavelmente cacarejava de mais. Pode ser que haja qualquer coisa no clima da ilha que leva os seus habitantes a cacarejarem de mais, e o Dodó pode ter sido criado como um sinal e um aviso.»

Sir Frank Swettenham
1912
«Also and Perhaps»

2 — O DODÓ MODERNO

Então vá, o que é que a gente sabe? Assim em traços largos? O Dodó era um pássaro muito feio. Tinha cara de parvo. Extinguiu-se. Parece que foi muito depressa. Passou-se isto numa ilha. O mais provável é que os nossos conhecimentos gerais não vão assim muito mais longe. Mas reparem, estes conhecimentos gerais já são altamente surpreendentes. A gente sabe que havia um pássaro? Feio? Parvo? Extinto? Numa ilha? Precisamos porventura deste conhecimento para alguma coisa? Vêm porventura estas informações nos manuais escolares? Sabemos isto porquê? Ora aqui está uma excelente medida do quanto o fantasma do Dodó enfeitiçou a nossa cultura. E, em homenagem ao poder do fantasma, vamos mesmo começar por arrumar a casa pondo as generalidades em ordem.

2.1 — GENERALIDADES ECOLÓGICAS

O nosso conhecimento do Dodó deriva muitas vezes do discurso ecologista. Extinguiu-se por culpa do Homem. Mataram-nos à pedrada. Até ao último. Mea culpa, mea maxima culpa. Eu, quando andava na faculdade, também gostava muito de contar a história da extinção do Dodó ao primeiro incauto que apanhasse à mão. É uma história fácil para o aprendiz de feiticeiro, porque é extremamente linear. E, de facto, é também extremamente ilustrativa.

E ainda por cima é verdade.

Por isso vamos resumi-la como deve ser, porque sem este drama o mais provável era que muitos de nós nunca tivessem ouvido falar do pássaro.

A grande armadilha

Quando os Descobrimentos começaram, a ilha a que hoje chamamos Maurícia não era ainda povoada por humanos, como nunca o fora desde o princípio dos tempos. E nessa altura estava coberta por grandes florestas, onde as árvores altas sombreavam arbustos espessos, que cresciam sobre flores, que despontavam entre ervas aromáticas. Estava, mesmo. E parece que era mesmo assim. Os europeus que lá chegaram primeiro descreveram todos aquilo como o Paraíso.

Nestas tais de florestas aromáticas viviam muitos animais diferentes, incluindo uma grande variedade de pássaros intrigantes. Esta fauna não correspondia a nenhum acidente bizarro da natureza, uma vez que é frequente as ilhas desenvolverem os seus habitantes exclusivos. Estes pontinhos de terra rodeados de mar estiveram completamente isolados do resto do mundo durante todos os milhares de anos em que não existiram pessoas que viajassem entre eles. E por isso deixaram os seus colonos desenvolver-se segundo umas regras que são só deles e de mais ninguém. Estas criaturas tornaram-se progressivamente melhor e melhor equipadas para explorarem ao máximo os recursos do seu pequeno universo estanque. E, no fim desta estrada, já não tinham grandes parecenças com outras criaturas de grupos semelhantes mas habitantes de outras paragens. As ilhas são os lugares onde a natureza joga os seus jogos mais inventivos, porque estão fechadas sobre si mesmas, poupadas às leis muito mais complexas que governam os mosaicos da vida nas extensões de terra emersa muito mais vasta integradas no corpo dos continentes.

O drama subjacente, um drama que foi encenado e representado até aos mais devastadores clímaxes finais durante a epopeia febril dos Descobrimentos, explode à superfície assim que as ilhas são invadidas por visitantes alienígenas.

A fábula da extinção

Os animais e plantas das ilhas, habituados a estarem sempre deixados à vontade na sua harmonia antiquíssima e imperturbada, ficam muitas vezes perdidos e indefesos perante os invasores. Apanhados de surpresa, podem estremecer e tentar reagir, mas é-lhes difícil estabelecerem uma resistência que os proteja. Nunca antes precisaram de resistir. É frequente estes animais nem conhecerem as bases mais elementares do medo e da autodefesa. Nunca antes precisaram de ter medo ou de exercer a autodefesa. E por isso os recém-chegados tomam os seus lugares de assalto sem grande esforço, enquanto os nativos vão desaparecendo na sombra, cada vez mais longe, num silêncio cada vez mais profundo, até que a sombra dá lugar à inexistência.

Esta história já toda a gente conhece bem. A extinção de espécies causada por forasteiros que ocupam territórios até aí completamente isolados já ocorreu hoje em todo o planeta. Neste momento, já todos temos a consciência dolorosa de que na maioria das vezes esses forasteiros eram humanos, mas também sabemos que extinções destas já ocorreram sob o peso de outras causas muito antes de nós aqui estarmos, tal como certamente continuarão a acontecer muito depois de nós já cá não estarmos. Isto agora chama-se ecologia. Por estes dias, já todos lhe conhecemos os contornos. Os nossos filhos estudam coisas destas na escola. A comunicação social fala-nos de coisas destas com uma abundância tal que já tudo isto se tornou absolutamente trivial, em grande medida tido como inevitável e é pena mas é assim e agora muda de canal que eu quero ver o jogo. Portanto, vamos voltar à Maurícia.

O primeiro desastre

Estamos no fim do século XV, e ainda nenhum ser humano viveu na Maurícia. Mas as embarcações vindas da Europa estão prestes a rasgar a linha do horizonte. Não porque os europeus tenham assim um interesse por aí além nesta ilha em particular, mas antes porque a Europa está determinada a expandir-se para lá das suas fronteiras sobrepovoadas, envelhecidas e empobrecidas. Há uma imensa jogada comercial que vai entrar em cena. Esta jornada implica mapear águas desconhecidas venerandas, e assim encontrar os caminhos marítimos para todo e qualquer lugar onde se suspeite que possam existir ouro, seda, escravos, especiarias, tudo o que possa ser comprado barato lá longe e vendido caro em casa. Há barcos de muitos países que tentam chegar a muitos sítios. A Maurícia, por acaso, está no caminho desses barcos. Só por acaso.

Entra o século XVI e um punhado de forasteiros larga âncora perto da costa.

Uma das primeiras tarefas a que estes forasteiros se dedicaram na ilha foi a de começarem a dizimar a floresta, porque a madeira era de valor elevado e aquela gente andava sempre a pensar em abrir espaços limpos para a agricultura. Dedicaram-se a esta tarefa com tanto fervor que a ilha não tem uma única floresta nos nossos dias. Como agora salta logo à vista, isto só por si foi um grande desastre ecológico. Foi o primeiro, o mais simples, dos desastres ecológicos da cadeia nefasta de causas e efeitos que os europeus puseram em marcha no Índico. Alguns dos pássaros nativos morreram em consequência, porque não tinham qualquer forma de se adaptarem a uma vida sem árvores. Agora, outros pássaros morreram de formas ainda mais caprichosas, mais complexamente desastrosas — e, diga-se em abono da verdade, inegavelmente saborosas. Já vão ver.

O pássaro ingénuo

Os primeiros marinheiros europeus que visitaram a ilha vinham de Portugal, que, como a gente sabe e gosta de saber, foi pioneiro nas rotas marítimas através do oceano Índico. Viram uma faixa de terra a norte de Madagáscar e ancoraram. A sua única intenção era descansar um bocado, e restaurar as suas provisões de água potável e alimentos comestíveis, como tantos árabes e malaios tinham feito antes deles.

Foi nessa altura que viram o pássaro.

Era um pássaro louquíssimo. Uma espécie de peru mastodôntico e muito estranho, redondo como um saco insuflado, com a cara de um pombo guerreiro, uma anedota feia da natureza que ainda por cima parecia perdidamente parva. Uma criatura lenta, desengonçada, pesada, que aparentemente era silenciosa e nem sequer conseguia voar, e parecia descuidada ou distraída ao pon-

A evidência críptica: «O relato de Willem ven West Zanen de 1648 é ilustrada por uma placa, dividida em três secções horizontais; na do meio vemos marinheiros matando pinguins. Na carta que a acompanha Willem fala-nos de uma matança de Dodós. Agora, tanto Strickland, 1848, como Millies, 1868, notam que a placa representa pinguins, e não Dodós. Não só estes dois escritores, mas também ornitologistas subsequentes, descuraram o facto de que na realidade a matança de Dodós também está representada, nomeadamente na metade esquerda da secção horizontal de baixo! A figura é muito pequena, no entanto, e por esta razão, sem dúvida, escapou até agora à atenção dos dodologistas. Na frente podemos ver dois homens torturando um papagaio para o fazerem gritar, enquanto no fundo três homens estão ocupados a baterem em Dodós com paus, e um quarto olha para eles, e um quinto agarra em dois Dodós mortos, com as cabeças a arrastar pelo chão.»

Oudemans, «On the Dodo», 1918

to de nem sequer tentar fugir dos homens. Ostentava uma cabeça estranhamente volumosa e o seu bico de pato muito negro e muito largo terminava num gancho robusto. As penas eram cor de cinza, com o peito e a cauda esbranquiçados e as asas amareladas. Caminhava de forma algo desengonçada sobre patas grossas de cor amarela que terminavam em dedos espalmados. Quando tentava correr, movia-se de forma desastrada e as narrativas dos marinheiros dizem-nos que a sua barriga arrastava pelo chão. Era uma besta plácida e lenta, que algum cronista mais romântico do século XVII descreveu como «**leal ao companheiro e dedicado aos pintos**».

Não poder voar queria dizer que o Dodó não tinha qualquer forma de acesso às copas das árvores, pelo que fazia o ninho na areia, provavelmente entre os troncos, onde a floresta fosse mais densa. Neste ninho, em cada época de reprodução, que só ocorria uma vez por ano, a fêmea punha unicamente um ovo de cada vez, e não levantava quaisquer defesas à sua volta. Erguer defesas nunca tinha sido necessário, porque o Dodó nunca encontrara quaisquer inimigos até os europeus entrarem no Índico. Pela mesma razão, o Dodó não tinha qualquer noção de medo, comportando-se como se fosse «**parvo**» ou «**fraco da ideia**», conforme vários marinheiros o descreveram.

Estas coisas agora estão todas muito bem estudadas, e por acaso indicam que se o Dodó adquiriu a morfologia que adquiriu isso até deve ser considerado uma grande esperteza. Os especialistas em biologia evolutiva, como David Quammen, fazem-nos reparar que mesmo os notórios excessos de peso do pássaro podem ter sido o sinal de excelente adaptação ao habitat ancestral da Maurícia: «**Um pássaro tão substancial, com uma cabeça tão grande e uma garupa tão larga, podia engolir frutos de proporções consideráveis inteiros — ingerindo refeições atrás de refeições com rapidez e eficiência, e deste modo armazenando nutrientes durante as estações de abundância. Assim recheado, podia depois sobreviver sem dificuldade através das estações de escassez. As espécies mais pequenas de aves que se alimentavam de frutos, em comparação precárias e ainda em esboço, terão encontrado dificuldades em competir. O lado negativo da moeda era que não poder voar implicava não ter maneira de fugir dos inimigos. Mas este era um sacrifício fácil, uma vez que o Dodó tinha evoluído num ecossistema depauperado em predadores. Existiam na ilha alguns répteis de maior porte, mas nenhum deles podia intimidar um pássaro de trinta libras com um bico construído como uma chave-inglesa.**» Neste cenário temos um pássaro tão confortavelmente instalado no seu ambiente que «**um historiador recente concluiu que, sem qualquer medo da água, o Dodó bebia e tomava banho sem problemas**».

Quammen também nos recorda que, segundo as descrições dos marinheiros, um dos factores que concorreu para a destruição do Dodó foi a sua total despreocupação em face do perigo, que levou a todas as suas conotações com preguiça e estupidez. Mas este comportamento era tão típico do Dodó como de todos os seus companheiros no recolhimento pacato da Maurícia.

«**O que as testemunhas europeias viram como estupidez e preguiça podemos considerar ter sido apenas uma certa ingenuidade inerente, reflectindo a adaptação de longo termo do pássaro a um habitat benigno. O Dodó era ecologicamente ingénuo. Não era mais tonto, nem simplório, nem trapalhão que as iguanas marinhas, as tartarugas gigantes, a cotovia que se empoleirou no jarro de água de Charles Darwin, ou qualquer um dos outros animais aparentemente mansos das Galápagos e de outras ilhas.**»

Este tipo de característica, recorda Quammen, é um lugar-comum da ecologia das ilhas.

«**Mesmo na Maurícia, o Dodó não era único na sua ingenuidade ecológica. Vários dos outros pássaros nativos eram também desastrosamente confiantes — incluindo algumas espécies pequenas e ágeis que não tinham perdido a capacidade de voar. Uma narrativa de viagem de 1607 diz que os homens do grupo "viviam de Tartarugas, Pombos, Dodós, Papagaios, e outra caça, que capturavam à mão nas florestas". Em 1611 o cronista de outra viagem mostra-se impressionado tanto pela quantidade de caça como pela facilidade com que esta caça se deixava matar. Embora esta pesada colheita se tenha mantido por várias décadas, não podia durar para sempre. Era insustentável para um pássaro que se tornou muito grande e só punha um ovo de cada vez.**»

O que Quammen está a dizer é fácil de perceber nos nossos dias. Mas tanto a ecologia como o risco de extinção de espécies eram terra incógnita para os contadores de histórias do século XVII, que nos deixaram os relatos das suas incursões nenrodianas pelas florestas de ébano sem uma sombra de remorso.

As invasões alienígenas

Portanto, os portugueses chegam à Maurícia e encontram pela frente um pássaro doido.

Ou antes, como então se falava e escrevia português, um «pássaro doudo».

E «pássaro doudo» passou o pássaro a chamar-se, enquanto os visitantes voltavam a levantar as velas para demandarem ao seu Oriente mítico, sem sequer se darem ao trabalho de reclamarem a ilha para a sua Coroa.

Foi depois da sua partida que começou a desenrolar-se a tragédia.

Os marinheiros foram-se embora, isso foram. Mas deixaram atrás de si a primeira vaga de fundo de invasores sem escrúpulos, aquela que costuma começar a accionar a armadilha que se estende tantas vezes à vida selvagem nas ilhas desertas. Enquanto as caravelas desapareciam na distância para lá da curva redonda do horizonte, estava já um enxame de criaturas curiosas a vasculhar o chão da ilha. Os portugueses acabavam de introduzir na paisagem os seus primeiros macacos e as suas primeiras cabras. Provavelmente deixaram-nos ali para que quem viesse a seguir pudesse comê-los. E ainda por cima também deixaram uma horda explosiva de colonizadores que não estavam no programa, as dezenas e dezenas de ratazanas que se escaparam a correr dos seus refúgios bolorentos no porão das naus.

Anos depois, chegou a vez dos holandeses. Foram eles que baptizaram a ilha com o nome que ainda tem hoje: a ilha Maurícia passou a ficar escrita assim nos mapas, rodeada pelo oceano Índico. E também passou a ter mais um habitante, que correu para as florestas assim que o largaram nas praias. Os holandeses introduziram o veado.

Depois vieram os franceses. Depois os ingleses. E, com os seus barcos, vieram também as lebres, os mangustos, os porcos, e os musaranhos. Além de todos os cães e todos os gatos que já há muito se tinham tornado companheiros obrigatórios dos europeus. A comunidade nativa estremeceu de surpresa enquanto os universos colidiam e os valores se entrechocavam. No meio da confusão, até o pássaro doido mudou de nome. Nenhum dos outros europeus conseguia pronunciar «doudo» correctamente, de maneira que em breve o termo português estava transliterado para «dodo».

Foi assim que apareceu o Pássaro Dodó.

A adaptação fatal

Por volta da mesma altura, outros visitantes, demandados a ilhas próximas, descobriram os primos do Dodó. Um pássaro muito semelhante, mas de cor branca, vivia em total sossego na ilha que agora se chama Réunion. Chamaram-lhe, simplesmente, o Dodó Branco. Várias milhas mais ao fundo, num rochedo selvagem chamado Rodriguez, havia um parente de pescoço muito comprido que se escondia na floresta. Como este pássaro parecia preferir a solidão às actividades de grupo, chamaram-lhe o Solitário.

A família do Dodó entrou no registo mesmo a tempo de se extinguir.

Já vimos que a falta de medo foi um dos factores fundamentais na condenação destas criaturas. Resta revisitar o rol dos perigos da adaptação radical.

Como a sua dieta consistia fundamentalmente de caracóis e frutos duros, os únicos instrumentos de sobrevivência de que um Dodó realmente precisava limitavam-se a duas patas sólidas e um bico robusto. De maneira que aconteceu aquela coisa do costume. Muito devagarinho, com a passagem dos anos, as asas foram-se atrofiando, porque voar era completamente dispensável. E, ao mesmo tempo, as patas foram-se tornando cada vez mais grossas, sustentando uma massa corporal cada vez maior.

E por isso, como sempre acontece nestas fábulas da especiação e da extinção, ao longo das gerações, quase imperceptivelmente mas sem nunca mudar de curso, o Dodó foi-se transformando numa presa de eleição para o primeiro predador que acabasse por dar à costa. Quando os europeus começaram a avançar pela praia, seguidos por toda a sua bicharada esfomeada, agitada, esperta e barulhenta, o Dodó estava perdidamente indefeso. E ainda por cima tinha cara de parvo, o que de certeza que também não ajudou nada. Um marinheiro do século XVI talvez pensasse duas vezes antes de abater uma Ave-do-Paraíso, mas nunca antes de dar uma boa paulada num peru gordo de olhos redondos e bico caricatural. E os cães e os macacos nem se detinham com considerandos destes.

Em Réunion e em Rodriguez, o Dodó Branco e o Solitário partilharam o mesmo destino.

O desaparecimento

Como é que o último Dodó morreu? Só podemos especular. Cerca de oitenta anos depois de os holandeses terem reclamado para a sua Coroa a ilha Maurícia, cercado por todos os lados e sem ter para onde fugir, o último sobrevivente deve ter sucumbido em situação e data para sempre imprecisas. Houve uma última pessoa que cozinhou um último pássaro para um último jantar copioso. Houve um último porco, ou um último macaco, que fugiu a correr para um recanto tranquilo bem aconchegado pela sombra para saborear com calma o último pinto deste último pássaro, que levava preso nos dentes. E estava feito.

Menos de um século depois, um museu de Oxford deitou fora o último Dodó embalsamado da sua colecção.

Foi assim, quase depressa de mais para ser verdade, que o pássaro doido entrou e saiu da vida humana.

«Gordo e volumoso, com pernas curtas e asas ridículas, este pássaro era completamente incapaz de correr ou de voar», dizia o epitáfio do Dodó escrito à data da extinção por um aspirante a naturalista francês do qual só sabemos que respondia por Monsieur Figuier. **«Estava, por isso, condenado a uma extinção rápida. Além disso, tinha uma cara pouco inteligente, que não podia de forma nenhuma desencadear a simpatia do observador. Nem sequer possuía o mérito de se tornar útil depois da sua morte, porque a sua carne tinha um sabor assaz desagradável. Não possuímos, em consequência, qualquer razão para o lamentarmos.»**

2.2 — PRECISÕES HISTÓRICAS

Como veremos em grande detalhe no capítulo V, a Maurícia pertence a um pequeno arquipélago no Índico Oriental chamado as Mascarenhas. As outras duas ilhas são Réunion e Rodriguez. A Maurícia é mais pequena que Réunion. Também é sensivelmente menos fértil e exuberante: como também veremos no capítulo V (é um capítulo muito extenso), foi à Réunion, e não à Maurícia, que os exploradores europeus chamaram o Éden. Além disso, a Maurícia foi palco de muito menos disputas territoriais que Réunion. Sendo assim, não pode ser pelo tamanho, pela beleza, ou pela importância estratégica que, destas três ilhas, a Maurícia é sempre aquela que salta para o primeiro plano quando qualquer deriva da nossa mente vai lá parar.

Será antes por causa do Dodó?

Claro.

2.2.1 — O REGISTO CONHECIDO

A primeira caravela portuguesa chegou à ilha do Dodó em 1507. Ao que parece, foi o comandante Diogo Fernandes Pereira, navegando para oriente a partir de Madagáscar numa expedição destinada a Malinda sob o comando de Afonso de Albuquerque, quem encontrou Réunion e a Maurícia. Chamou-lhes, respectivamente, Santa Apolónia (provavelmente o santo padroeiro de 9 de Fevereiro, dia da primeira visita a Réunion) e ilha do Cerne (talvez segundo o nome do seu próprio barco, o primeiro a entrar numa baía da Maurícia). Depois seguiu caminho em direcção à Índia. Logo a seguir encontrou Rodriguez. Por razões que não estão esclarecidas, chamou-lhe Domingo Frias.

Em 1513, parece que outro navegador português chegou à Maurícia. Desta vez, era um tal de Pedro, ou Pero, Mascarenhas. Este homem era filho de Nuno Martins Mascarenhas, irmão de Fernão Martins Mascarenhas, capitão de ginetes dos reis D. João II e D. Manuel, cujos bons serviços tinham sido recompensados com o título nobiliário de onde veio a actual Casa de Fronteira e Alorna. Fernão tinha um filho chamado Pedro que chefiou uma embaixada portuguesa a Roma para trazer os Jesuítas para Portugal. Tinha também um irmão chamado Nuno, que teve um filho chamado João, que por ser turno teve um filho chamado Pedro, o navegador que conheceu o Dodó. Incidentalmente, uma filha deste Pedro Mascarenhas, chamada Helena, acabou por casar-se com o tio-primo do seu pai, o outro Pedro Mascarenhas, o que quer dizer que o nosso homem era simultaneamente primo-tio e sogro do embaixador Pedro Mascarenhas. Portugal sempre foi um pequeno mundo.

Pedro Mascarenhas ancorou em Santa Apolónia e rebaptizou-a Mascarenhas, segundo o seu nome. Usou a mesma auto-

-referência para baptizar todo o arquipélago, e esta última designação em breve se encontrou transliterada para o resto na Europa numa palavra mais facilmente pronunciável que é a que consta agora dos mapas: Mascarenes.

Condicionados pelo traçado específico dos seus interesses coloniais, que serão discutidos em pormenor no capítulo V, os portugueses não prestaram grande atenção à sua nova descoberta territorial. O mais que sabemos (tudo na secção 2.2.2) é que os marinheiros foram a terra e encontraram lá um pássaro gigantesco com cara de parvo, muito gordo e muito feio e incapaz de voar. Estes homens escreveram pouco sobre o assunto nos relatos das suas viagens. Mas deixaram-nos o «doudo» para a posteridade.

Os colonizadores

Com a passagem dos anos, passaram vagas de ingleses e franceses pelas Mascarenhas. Inicialmente nenhum destes visitantes tinha grandes estímulos para fazer delas possessão do seu país. Finalmente, em 1598, o governador da Holanda, um membro da Casa de Orange agora recordado como Maurice de Nassau, exactamente o mesmo que sonhou tão avidamente com um Brasil holandês, enviou em viagem de descoberta o almirante Jacob Corneliyus von Neck, com a assistência de Wybrant Warvyk. De tudo isto teremos detalhes abundantes no capítulo V. Por agora importa saber que esta frota chegou às Mascarenhas e ancorou na ilha do Cerne. Foi nessa altura que Van Neck a rebaptizou de Maurícia, em nome do seu chefe. A Maurícia foi francesa depois de ser holandesa, e nessa altura mudou de nome para Île de France. Depois foi inglesa e voltou a ser Maurícia. E Maurícia permaneceu quando se tornou independente. A antiga ilha deserta é agora uma das áreas mais densamente povoadas do globo, com uma população de mais de meio milhão de habitantes.

Ao contrário dos navegantes que ali tinham estado antes deles, os holandeses tinham sólidas razões estratégicas e económicas para se instalarem na Maurícia (também lá iremos no capítulo V), e ficaram muito satisfeitos com a qualidade do solo arável, vulcânico e escuro, que aqui encontraram. Explorando a ilha, notaram a riqueza das florestas de ébano, e a grande abundância de vida selvagem, incluindo pombos, tartarugas, peixes, e grandes

Monografia do Prof. Millies — (Desenho feito em Amesterdão em 1606, a partir de um Dodó apanhado vivo da Maurícia).

Clusius (*Exótica*) — 1605

Excerto da obra de Bontius, edição de Pison (Desenho atribuído a Savery).

O Dodó por Roeland Savery, a partir do quadro da Colecção de Balvédère em Viena (1628).

Pieter van den Broecke — 1617

Thomas Herbert — 1627

O Dodo, a partir do quadro de Savery do Museu de Berlim, cuja cópia foi oferecida ao Comité des Souvenirs Historiques da Maurícia por M. Th. Sauzier.

Willem Bontekoe — 1619

Reprodução de Dodó, a partir da obra de H. E. Strickland, «O Dodó e a sua espécie».

Dodó da Maurícia num desenho do século XVII

Encontram-se grandes quantidades destes pássaros na ilha Maurícia; não sonham em voar, comem-se muito bem e constituem um abastecimento precioso.

Chamam-se Grifos ou Gansos de Quermesse.

Foi na altura da Quermesse de Amesterdão que chegámos à Maurícia (Setembro de 1602).

Excerto do manuscrito da viagem de Harmansz — 1601-03 — (Arquivos de Haia.)

Dodó Branco num desenho do século XVII

Dodomania: Para espalharem a história do pássaro doido entre leitores ávidos de exotismo condenado, a partir do século XIX muitos autores diferentes utilizaram uma vez e mais outra os originais do século XVII, tanto desenhos como gravuras, como pinturas. Muitos destes autores utilizaram versões simplificadas das ilustrações originais. Como fez Albert Pitot em *«T'Eylandt Mauritius»* (1905), muitos até ofereceram reproduções mais próximas do cartoon que do naturalismo. Foi assim que começou a moda que havia de culminar com os Dodós que dançam à volta do Porky Pig nos desenhos animados.

bandos de um pássaro muito feio que não se parecia com nada que tivessem visto antes.

Um amigo e companheiro de armas de Van Neck, o almirante Pieter Willem Vrhoeven, diz que deu um passeio por entre ninhos de Dodó e foi «**bicado com grande força**» pela sua curiosidade. Este episódio (francamente inverídico, uma vez que não temos mais nenhum registo de Dodós exercendo autodefesa), juntamente com muitos outros (mais ou menos verídicos, mas relativamente consistentes), não demorou muito tempo a integrar a lenda do Dodó na Europa. Van Neck regressou à Holanda com quatro barcos em 1599. Os outros quatro barcos chegaram em 1601. O diário de bordo do almirante foi imediatamente publicado em holandês (1601), em francês (1601), em latim (1601), em inglês (1601) e em alemão (1602). Seguiu-se uma enchente de outras narrativas de viagem todas salpicadas com pormenores referentes a um pássaro tão bizarro que não podia ser real, mesmo quando estava parado, na sua ingenuidade traiçoeira, diante dos olhos aturdidos dos homens do mar.

O pássaro da náusea

Desde que levantaram na Maurícia as suas primeiras cabanas, os holandeses escreveram copiosamente sobre a surpreendente abundância de vida selvagem nestas ilhas. E todos referiram a sua variante mais curiosa: um pássaro alto como um cisne, com uma cabeça que parecia revestida por uma espécie de capuz, sem asas, apenas duas ou três penas pretas espetadas de cada lado; e com uma cauda feita de quatro ou cinco plumas recurvadas em vários tons de cinzento. Os marinheiros holandeses chamaram a esta criatura Walickvogel, ou pássaro nojento, por causa da dureza e acidez da sua carne, embora considerassem os músculos peitorais mais agradáveis ao paladar. Como as tartarugas e os pombos abundavam, o Walickvogel não precisava de ser o recurso alimentar mais importante. Mas não há qualquer dúvida de que os exploradores o comeram, e muito, muitas vezes. As descrições seiscentistas estão cheias de cor e de sabor, como nesta passagem da edição em francês da viagem de Warwik:

«**É um pássaro a que chamamos o pássaro da náusea, do tamanho de um Cisne, com uma cauda redonda, sem asas;**

destes pássaros juntámos um certo número, juntamente com algumas Tartarugas e outros pássaros e peixes, e cozemos este pássaro mas era tão duro que não conseguimos cozê-lo o suficiente, e por isso tivemos que comê-lo como que parecia meio cru. Não encontrámos ninguém na ilha mas matámos um grande número de Tartarugas, já que ninguém conseguia assustá-las, pois que não tinham medo, ficavam no mesmo sítio, e deixavam-nos bater-lhes. Em resumo, é um país de grande abundância de pássaros e peixes, mais que outros que encontrámos durante esta Viagem.»

«For food the seaman hunt the flesh of feathered fowl
They tap the Palms, the round-sterne Dodos they destroy,
The Parrot's life they spare that he may scream and howl,
And thus his fellows to imprisonment decoy»

Van Neck, «Voyage», 1598

A colonização do paraíso: Este desenho representa a instalação da primeira colónia holandesa na Maurícia. O Dodó, marcado com o número 2, está figurado com proeminência do lado esquerdo.

(de Strickland, «The Dodo and its Kindred; or the History, Affinities and Osteology of the Dodo, Solitaire, and Other Extinct Birds of Mauritius, Rodriguez, and Bourbon», 1848. Com autorização da Ernst Mayr Library, Museum of Comparative Zoology, Harvard)

No diário de uma expedição que veio da costa da Indonésia alguns anos mais tarde, o comandante refere-se a vários festins que os seus homens fizeram com Dodós, aparentemente menos repugnados pela consistência da carne que os seus predecessores. Diz-nos que três ou quatro, às vezes só dois Dodós, bastavam para um banquete copioso para todos, o que nos dá uma boa ideia do tamanho maciço do bicho.

«**Aqui não há quadrúpedes, além dos Gatos**», diz este diário, «**embora os nossos conterrâneos tenham introduzido ultimamente Suínos e Cabras. Também apanharam pássaros a que uns chamam Dodo-aarsen, e outros Dronten; quando Jacob van Neck estava aqui, estes pássaros foram chamados Wallich-Vogels, porque mesmo uma longa cozedura dificilmente os tornava um pouco mais tenros, mas antes permaneciam rijos e duros, à excepção do peito e da barriga, que eram muito bons.**»

O pássaro dos banquetes

Todos os animais plácidos da ilha estavam agora cercados. Mesmo os peixes, que tinham vivido em paz durante séculos, foram perseguidos até aos buracos mais fundos entre as pedras. Os Dodós, com os seus peitos gordos e as suas barrigas que roçavam pelo chão quando corriam, também foram obrigados a fugir dentro dos limites das suas capacidades. Vários marinheiros trouxeram Dodós bem nutridos de volta aos navios, tripulações inteiras usufruiriam de lautos banquetes com só dois ou três pássaros, e ainda sobravam doses vastas e substanciais que podiam ser salgadas para os meses incertos de viagem. Numa única expedição, lemos que os homens chegaram a bordo com mais de cinquenta pássaros, entre os quais 24 ou 25 Dodós, tão grandes e pesados que os marinheiros todos juntos não conseguiram comer mais que dois ao jantar, e toda a carne que sobrou foi salgada. Em apenas três dias esta mesma tripulação capturou mais meia centena de pássaros, incluindo uns vinte Dodós, todos trazidos para bordo e salgados porque já ninguém conseguia comer mais.

Dificilmente se encontra um relato deste período de fartura que não mencione o tamanho desconcertante do pássaro e a sua utilidade na providência de carne conservada para o resto da viagem.

Começamos a entrever a cena de uma carnificina festiva e continuada. Começamos a pensar que provavelmente não vai poder continuar por muito tempo.

O viajante irrequieto Sir Thomas Herbert visitou a Maurícia em 1627, quando a ilha ainda não estava habitada. Publicou várias versões das suas viagens. Nestas páginas, destacam-se várias descrições memoráveis do Dodó:

«**Têm um corpo gordo e redondo, com uma corpulência que lhes determina a lentidão da marcha; e muito poucos entre eles pesam menos que cinquenta libras: é um pássaro de carne abundante, mas melhor para os olhos que para o estômago; de tal ordem que só um forte apetite pode vencê-la; mas de outra forma é tão oleosa que não pode deixar de torcer e nausear o estômago, sendo decerto mais agradável de contemplar que de ingerir. Têm uma expressão de profunda melancolia, como se sentissem a injúria que lhes infligiu a Natureza, completando um corpo tão maciço com duas asas tão pequenas, que são na realidade incapazes de levantá-los para o voo, e servem apenas para classificá-los entre as Aves; têm um estômago ardente, de tal forma que facilmente digere Pedras e Ferro.**»

Em 1605, o académico francês Carolus Clusius publicou o seu tratado «*Exotica*». É aqui que encontramos o que com toda a probabilidade é a primeira descrição científica do Dodó baseada em observações feitas na Europa sobre restos do pássaro, tais como um pé conservado em casa de um amigo, o anatomista Peter Paauw, combinadas com o estudo dos diários de bordo. Clusius foi um pioneiro destacado da botânica moderna. De 1573 a 1587, foi o director dos jardins do imperador do Sacro Império Romano em Viena (havemos de voltar aqui no capítulo IV). Estudou a adaptação à Europa de plantas vindas do Novo Mundo tais como as batatas, as nozes, e as túlipas, e passou os últimos anos da sua vida a leccionar em Leiden, onde o seu cultivo de túlipas no jardim botânico formou o rudimento da indústria holandesa de bolbos. A sua prosa é muito mais polida que a de um rude marinheiro, e através dela os detalhes da morfologia do Dodó começam a emergir de uma forma muito mais organizada:

«**O bico era espesso e comprido, amarelado junto à cabeça, com a ponta preta. A mandíbula superior terminava em gan-**

cho, e a inferior tinha uma mancha azul no meio entre a parte negra e a parte amarela. O pássaro estava coberto de penas finas e curtas, a parte traseira era muito gorda e carnuda, as pernas eram grossas, cobertas até ao joelho com penas

«É um pássaro lento e estúpido, e que facilmente se torna presa dos caçadores de pássaros. A carne, principalmente do peito, é gorda, suculenta, e tão copiosa, que três ou quatro Dodós chegam muitas vezes para encher o estômago de cem homens do mar. Se forem velhos, ou mal cozidos, são de digestão difícil, e são salgados e guardados como provisões de vitualhas. Encontram-se no seu estômago pedras da cor das cinzas, de várias figuras e magnitudes; mas não são aí criadas, como imaginam os marinheiros e os simples, mas antes engolidas pelo pássaro; como se também por esta marca quisesse a natureza manifestar que estes pássaros são da família da avestruz, em que ingerem muitas coisas duras, embora não façam a sua digestão.»

Bontius, «DE DRONDE, aliis DODO-AERS», 1658

O estômago de fogo: Este é o Dodó desenhado no «*Exótica*» de Clusius (1605), que é por isso geralmente designado como «o Dodó de Clusius». É uma fêmea no auge da mudança da pena. Uma das duas pedras da moela examinadas por Clusius na casa de um amigo em Leiden também está representada, descrita como sendo de uma polegada de comprimento.

(de Strickland, «The Dodo and its Kindred; or the History, Affinities and Osteology of the Dodo, Solitaire, and Other Extinct Birds of Mauritius, Rodriguez, and Bourbon», 1848. Com autorização da Ernst Mayr Library, Museum of Comparative Zoology, Harvard)

negras, os pés amarelados, os dedos dos pés três para a frente e um para trás. Encontravam-se pedras nas moelas destes pássaros, e vi duas delas na Holanda, uma das quais tinha cerca de uma polegada de comprido.»

A pedra misteriosa

Independentemente de o autor ser um aventureiro quase analfabeto, um aristocrata curioso, ou um académico dedicado, hão-de notar que dois temas estão sempre a emergir nas descrições do Dodó. O primeiro é o tema da carne incomestível, em contradição constante com os relatos de banquetes copiosos. O segundo é o tema da pedra do tamanho de um punho no estômago do pássaro, um detalhe que ocupa um espaço considerável nas narrativas da época.

Sobre um Dodó exibido em Londres, um tal de Sir Hamon Lestrange escreveu:

«**Quando percorria as ruas de Londres vi o desenho de um pássaro estranho pendurado de um pano, e eu próprio com mais um ou dois que se encontravam então na minha companhia fui vê-lo. Estava guardado numa tenda, e era um pássaro enorme, maior que o maior dos perus. O guardador chamava-lhe Dodó, e num dos cantos da chaminé dentro da tenda estava um monte de pedras roladas, as quais ele deu ao bicho à nossa vista, algumas maiores que uma noz-moscada, e o guardador disse-nos que o pássaro as comia (conduzindo assim à digestão), e embora não me lembre como foi que questionámos o guardador seguidamente, no entanto estou certo de que o pássaro expele as pedras depois de usá-las.**»

A mesma pedra é mencionada pelo viajante francês François Leguat como característica de um dos primos do Dodó, o Solitário de Rodriguez (muito, muito mais sobre o assunto no capítulo V):

«**Encontramos muitas vezes nas Moelas tanto dos Machos como das Fêmeas uma Pedra castanha, da grandeza de um Ovo de Galinha: é de certa forma rugosa, achatada de um dos lados, e redonda no outro, pesada e dura. Acreditamos que esta Pedra já lá estava quando eles eclodiram dos Ovos, porque por muito jovens que sejam, nunca os encontramos sem ela. Nunca têm mais que uma, e a passagem da Garupa à Moela é tão estreita que uma Massa com metade desta**

grandeza não poderia lá passar. Servia para afiar as nossas facas, melhor que qualquer outra Pedra que fosse.»

Esta pedra da moela não é fácil de explicar. Como não têm dentes, as aves usam as moelas como um substituto da mastigação, apertando as suas paredes com contracções musculares e desfazendo os alimentos que lá estão dentro com a ajuda de várias pequenas pedras que ingerem. Mas qual poderia ser o propósito de uma única pedra grande? É difícil imaginar que o Dodó digerisse as suas refeições entre um pedregulho e a parede da moela. Talvez ingerissem muita areia grossa misturada com a comida, que depois fazia fricção contra a pedra grande e ajudava a moer os grãos da sua dieta básica. Mas é só uma hipótese. E não lhe conhecemos contrapartidas na fauna de hoje.

Por estes dias limitamo-nos a especulações sobre estratégias digestivas, mas as hipóteses do século XVII apresentaram variações muito mais arrojadas. Há muito que se registara a existência de pedras dentro dos aparelhos digestivos de vários animais, e a formação do inorgânico no seio do orgânico era matéria-prima da mais fértil para a fermentação dos sonhos. A mais famosa destas pedras foi a bezoar, que valia dez vezes o seu peso em ouro e roubada, contrabandeada, passada por baixo de todas as mesas de todos os mercados negros, predada e regateada através dos séculos porque era um antídoto precioso contra pestes e pragas.

As jóias que curam

Nos nossos dias quem quiser ainda pode comprar bezoares, de proveniência humana se tanto for necessário, em lugares tão acessíveis como os Géricault Frères na Rue de la Manticore em Paris, uma lojinha com uma montra para a rua onde se amontoam facas cerimoniais, livros antigos, frascos curiosos, instrumentos astrológicos e artefactos incompreensíveis, anunciada na Internet como «**o melhor lugar da Europa para a compra de produtos mágikos**».

Os bezoares formam-se tanto anatómica como patologicamente por efeito secundário da digestão. É uma prática da vida já veneranda. Há formações semelhantes vastamente documentadas em excrementos fossilizados de peixes e répteis do Jurássico, num período que vai de 187 a 208 milhões de anos de idade, onde ocorrem como corpos retorcidos chamados cropolitos, parecidos com os que se encontram agora nos excrementos das hienas. Mas a bezoar que se tornou famosa como jóia de poderes milagrosos é um tesouro que se desentranha do estômago de cabras bravas asiáticas pequenas e robustas, distribuídas pelas montanhas da Ásia Menor através do Médio Oriente, e chamadas, muito naturalmente, cabras bezoar. Estas pedras míticas devem grande parte do seu apelo sobre a inquietação da mente humana à sua organização interna, relevada perante os olhos assombrados dos observadores numa sequência de anéis concêntricos de tonalidades brilhantes em faixas do vermelho ao ocre, do castanho ao leitoso, cor-de-rosa, cinzentas, castanhas. Como disse uma dama do século XX que andava a estudar o Dodó e daqui a bocado já entra em cena, «**algumas destas pedras são muito belas, azuis e vermelhas com umas riscas brancas, e podem até ser encastoadas num alfinete**».

Como é que se geravam pedras nos corpos animais foi uma charada que excitou as mentes curiosas de todo o planeta por todos os séculos, que floresceu em legados muito ricos de forças misteriosas e alianças secretas entre os reinos vegetal, animal e mineral. Podemos deduzir sem controvérsia que a pedra da moelas do Dodó também entrou para o inventário do fascínio bezoar porque, já na segunda metade do século XVIII, até o prolífico naturalista francês Georges-Louis Leclerc, conde de Buffon, superintendente do Jardin du Roi e autor da majestosa «*Histoire Naturelle*», um corpo de trabalho tão volumoso e influente como a sua contemporânea «*Encyclopédie*» de Diderot e d'Alembert, se deu ao trabalho de escrever umas congeminações sobre estas criações rochosas:

«**Alguns contendiam que o dronte** [o Dodó] **tinha regularmente no estômago uma pedra do tamanho de um punho, à qual muitos atribuíram as mesmas origens e as mesmas virtudes que aos bezoares; mas Clusius, que viu duas destas pedras de diferentes formas e cores, pensa que o pássaro as engolia como fazem os granívoros, & que não eram de forma nenhuma formadas no seu estômago.**»

O legado complexo

É altura de repetirmos que Buffon estava a escrever na segunda metade do século XVIII, porque esta datação nos leva de encontro a um problema que se revelou da maior importância. Estas ruminações de um período tardio, escritas por gente estudiosa que tentava cortar e colar um pássaro morto de regresso à vida com base em narrativas pouco claras de marinheiros, dão-nos uma primeira ideia de quanto a escassez de dados fiáveis levantou dilemas extremamente caprichosos. Com um registo tão curto e tantas potenciais liberdades poéticas, como discriminar entre fabricações do folclore e jogos da natureza? Como distinguir todos os erros previsíveis dentro do corpo difuso do legado seiscentista?

Considerem só um dos muitos exemplos das trabalheiras e trapalhadas desencadeadas por estes erros.

Um senhor chamado François Cauche visitou a Maurícia em 1638 e publicou as suas «**Rélations Véritables et Curieuses de l'Île de Madagáscar**» em 1638. Neste livro, afirmou ter visto na Maurícia uns pássaros chamados Oiseaux de Nazareth, maiores que um cisne, cobertos de penugem preta, com plumas recurvadas na cauda, e com plumas semelhantes no lugar das asas, que «**não têm língua e guincham como um patinho**». Cauche acrescentou que os bicos destes pássaros eram largos e curvos na ponta, as pernas escamosas, os ninhos feitos de ervas amontoadas, e que «**só fazem um único ovo, do tamanho de um pão de meio penny, contra o qual põem uma pedra branca, do tamanho de um ovo de galinha; quando alguém os mata, têm uma pedra dentro da moela**». É certo que alguns destes detalhes seguem de perto a parafernália do Dodó, mas outros resultam da confusão com outro pássaro da região, o Casuar, que na época se dizia não ter língua. É possível que a designação inesperada de «oiseaux de Nazareth» venha de uma corruptela ou de um mal-entendido de «oiseaux de la nausée», a expressão francesa para walickvogel. E desta forma nasceu uma espécie fantasma, o *Didus nazarenus* que perturbou os ornitologistas durante muitas décadas, até todos os estudiosos concordarem que esta suposta variação no tema do Dodó nunca tinha existido na vida real.

As ruminações modernas

Confusões destas houve muitas. Os registos do período eram tão erráticos, e o desaparecimento do pássaro tinha sido tão brusco, que foi preciso passar muito tempo até se chegar a uma reconstituição completa do Dodó. Pôr em ordem as peças deste puzzle de séculos foi uma tarefa tão árdua e tão espinhosa que o jogo até ganhou um nome próprio: dodologia.

Alguns detalhes só entraram no conjunto já no decurso do século XX. Segue-se um exemplo de alguma informação adicional, raciocinada a partir de toda a evidência inferida disponível pelo dodologista holandês Anthonie Cornelis Oudemans, um educador que foi durante muitos anos o regente de uma escola primária em Java:

«Quando jovem, o Dodó tem um bico curto com cristas transversais; quanto mais velho é o pássaro, mais cristas tem e mais longo é o bico.

«Os machos e as fêmeas variam substancialmente em cor e ornamentos. Os machos são de um azul-acinzentado claro com uma cauda de plumas, que se transforma gradualmente numa plumagem espessa da zona subcaudal até às asas. As fêmeas são de um preto acastanhado, com o peito cinzento e uma cauda globular quase como a da avestruz.

«Os Dodós retinham a plumagem nupcial de Março a Setembro, e durante este período eram extremamente gordos; por outro lado, de Setembro a Março tinham uma postura mais erecta — mais magros, de pernas mais longas, com o pescoço mais esticado.

«Durante a estação nupcial, o excesso de corpulência causava uma parálise temporária nos músculos que sustentavam as asas; e, invariavelmente, nos desenhos que representam o Dodó, encontramo-lo no seu período gordo, com as asas pendentes, pelo contrário, os Dodós no período magro tinham as asas encostadas firmemente ao corpo. No período gordo as vértebras da cauda estão reviradas no sentido da cabeça, de tal forma que a ponta de plumagem de cauda parece encostada às costas do pássaro.»

Pois, quer dizer. Ninguém nos garantiu que os dodologistas eram todos bons escritores.

O pássaro no exílio

Bons escritores eram os marinheiros. Esses sim, escreviam cenas pitorescas que davam imenso gozo. E toda a gente as lia.

Neste caso concreto, os marinheiros produziram descrições cheias de colorido da extravagância absurda da natureza que acabavam de encontrar, e estas descrições começaram em pouco tempo a circular pela Europa. As narrativas de viagem eram os grandes best-sellers deste período (como veremos no capítulo V); e as narrativas sobre o Dodó tinham todos os ingredientes necessários para prender e atiçar os espíritos curiosos. Além disso, essa Europa estava cheia de parques e museus recheados de bizarrias exóticas, vivas ou embalsamadas (como veremos no capítulo IV); e a fisionomia do Dodó tinha todos os ingredientes necessários para figurar directamente no plantel das bizarrias exóticas obrigatórias.

De maneira que os reis e as princesas, os arquiduques e as viscondessas, os académicos e os pensadores, todos mandaram dizer para lá do cabo das Tormentas que quem tinha ficado em terra também queria ver o pássaro doido com os seus próprios olhos. Os exploradores agarraram num punhado de troféus extravagantes, prenderam-lhes as pernas com anéis de ferro, enfiaram-nos no porão dos barcos e levantaram âncora. Foi assim que começaram a chegar Dodós vivos à Europa. Foi assim que pelo menos um Dodó vivo posou para um pintor na corte de um imperador. É assim que nós sabemos hoje com que é que se parecia verdadeiramente um Dodó.

Quando o barco de Van Neck regressou à Holanda, trazia a bordo um Dodó vivo. Seis meses depois, chegou outro Dodó com o resto da frota. Um dos pássaros ficou nos Países Baixos, e o outro foi comprado pelo imperador Rodolfo II e transportado da Alemanha para Praga (este vai dar muito que falar no capítulo IV). Os pássaros doidos atraíram uma atenção muito razoável dos ricos e dos cultos. Vieram mais exemplares cativos para se juntarem aos dois primeiros.

Ao todo, uns quinze Dodós chegaram vivos à Europa durante este período: um para Génova, um para a Alemanha, um para Antuérpia, dois para a Inglaterra, e cinco machos e quatro fêmeas para a Holanda. No fim do século XVII tinha-se falado tanto deste pássaro que já existiam 78 nomes diferentes, em diversas línguas, para o designar. E, no processo, o Dodó floresceu para além da linguagem: também entrou para o rol dos modelos que posavam para a imortalização na pintura.

Como veremos no capítulo IV, o Dodó vivo (e mais tarde embalsamado) que viajou para a corte de Rodolfo II em Praga inspirou primeiro uma miniatura por Joris Hofnaegel, e mais tarde quatro quadros e um desenho crucial por Roeland Savery, ambos em comissão enquanto pintores do imperador. É por esta razão que Savery é hoje mencionado frequentemente como o «**de outra forma obscuro pintor holandês**» que nos deixou a visão do Dodó em toda a sua glória.

Por muito que louvemos a dedicação de Savery ao seu mais bizarro dos modelos, também temos que recordar o que esta atenção não solicitada representou para o Dodó. Os invernos europeus devem ter-se revelado desde logo demasiado rigorosos, e a excitação das multidões demasiado tumultuosa, para estas pobres criaturas exiladas e sem amigos que tinham passado gerações e gerações em paz e sossego dos mais abençoados, sem um único cuidado que fosse sequer vagamente aparentado com esta tribulação inesperada e abrupta. Tinham-se tornado de repente pássaros de trabalho, obrigados a deixarem-se contemplar e a posarem para os pintores. Não admira que nenhum deles tenha sobrevivido por muito tempo.

Ao sucesso do pássaro na Europa seguiu-se o envio de dois exemplares para a Índia, como animais de estimação. A narrativa de viagem do muito itinerante Peter Mundy dá-nos o registo da presença destes dois bichos em Surat, mas depois perdemos-lhe o rasto. Houve outro Dodó que partiu da Maurícia numa frota destinada ao Japão, mas que parece não ter sobrevivido além de Java.

O mais provável é que a carcaça de um dos dois Dodós exibidos em Londres tenha sido comprada pelo naturalista e coleccionador John Tradescant. Foi embalsamado, e posto na galeria das criaturas raras. O catálogo da colecção Tradescant, publicado em 1656, lista «**um Dodar da ilha Maurícia. Não pode voar devido à sua corpulência**».

Quando Tradescant morreu, a sua colecção de pássaros embalsamados foi transferida para o Ashmolean Museum em Oxford. O Dodó embalsamado foi para lá viver em 1683.

Por esta altura já há bastante tempo que ninguém via Dodós vivos na Maurícia.

Os bárbaros

Os colonos europeus instalados na ilha cultivaram especiarias, açúcar, ananases, e outros produtos tropicais, corroendo o habitat natural com muita lentidão mas também com muita eficácia. Estes homens tinham trazido consigo a companhia de cães e gatos: os cães e os gatos não demoraram muito a perceber que os ovos e os pintos facilmente acessíveis nos seus ninhos desprotegidos feitos no chão eram um almoço de grande qualidade pago por nenhum esforço. Também tinham trazido cabras: as cabras competiam com o Dodó para os mesmos recursos alimentares. Os barcos também transportavam ratazanas: as ratazanas escaparam-se para terra, proliferaram para números impossíveis, e em breve estavam também elas a fazer festins de ovos e pintos. A esta invasão dos bárbaros juntou-se a invasão dos porcos, que se adaptaram ao ponto de se converterem numa praga. E, aos estragos dos porcos introduzidos, juntaram-se ainda os estragos dos macacos introduzidos. É difícil imaginar um pandemónio de pior espécie.

Logo a seguir à segunda tentativa holandesa de colonizar a ilha, em 1644, encontramos provas sólidas de que os animais domésticos se alimentavam de ovos do pássaro: um homem que já mencionámos de passagem e que vai ser generosamente mencionado e citado no capítulo V, o explorador francês François Leguat, escreveu que «**aqui há Porcos da raça chinesa. Estas bestas fazem uma grande quantidade de estragos aos habitantes, devorando todos os animais pequenos e todos os ovos que podem encontrar**». Em 1693, numa nova avaliação zoológica da ilha, Leguat já não menciona a presença de Dodós. Diz, no entanto, que «**esta ilha esteve em tempos completamente cheia de gansos e patos selvagens; de galinhas-d'água e de tartarugas do mar e de terra; mas todos estes se tornaram assaz raros**».

Estas observações indicam claramente que, pelo menos a partir de 1693, já era visível a alteração que a colonização europeia estava a causar na face da ilha. Há uma boa história desta alegre devastação que aparece a seguir no relato de um senhor La Roque, «*Voyage de l'Arabie Heureuse*», publicado em Paris em

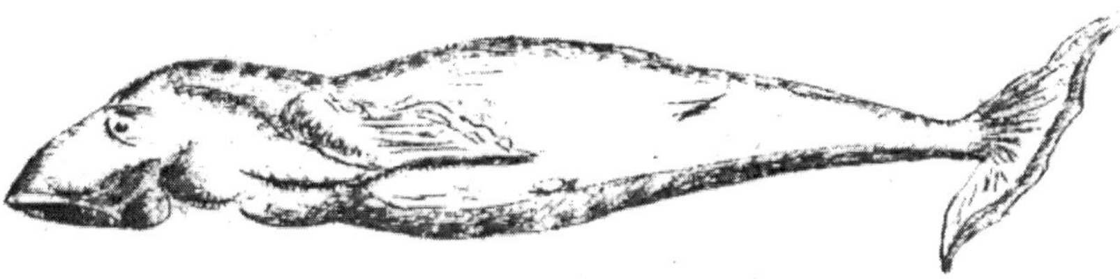

Águas de abundância: **«Uma vaca do mar, que existe em grandes quantidades na ilha Maurícia, tendo mais de 16 pés e pesando de 8 a 900 e 1000 libras, fornecendo-nos uma carne deliciosa (é a melhor que podemos encontrar na terra e no mar). Esta carne pode ser seca ou salgada & caçar este peixe seria muito proveitoso; a cabeça e a cauda fornecem uma gordura clara e fina.»**

Hubert Hugo, Diário manuscrito nos arquivos de Haia, Sem data

1715. Os barcos aportaram à Maurícia em 1709, e «**do outro lado da ilha, nas montanhas, encontraram um grande número de Porcos que criavam uma grande destruição e contra os quais se ordenou uma caçada geral para o seu extermínio**». Ao contrário das outras espécies introduzidas, os porcos eram omnívoros: os seus níveis populacionais não tinham ficado dependentes de uma única fonte alimentar, o que lhes permitiu não só proliferarem assustadoramente mas também destruírem de uma só vez vários exemplares da população nativa. Para fazermos uma ideia mais precisa da vastidão destes contingentes de porcos, basta-nos ter presente que, ainda segundo La Roque, «**num só dia os homens mataram 1500**». Estas hordas eram provavelmente capazes de exercer uma predação tremenda sobre um pássaro que não voava como o Dodó, e eram certamente destruidores insaciáveis e incansáveis dos seus ovos e pintos. Há registos da primeira década de 1600 que também indicam destruições severas de tartarugas marinhas por porcos que comiam os ovos.

Agora La Roque vai chamar-nos a atenção para uma outra ameaça introduzida. É numa passagem que reza assim, «**enquanto caminhava pela ilha, tive o prazer de ver mais de 4000 macacos num jardim próximo**». Vem escrito no «*The Mauritius*

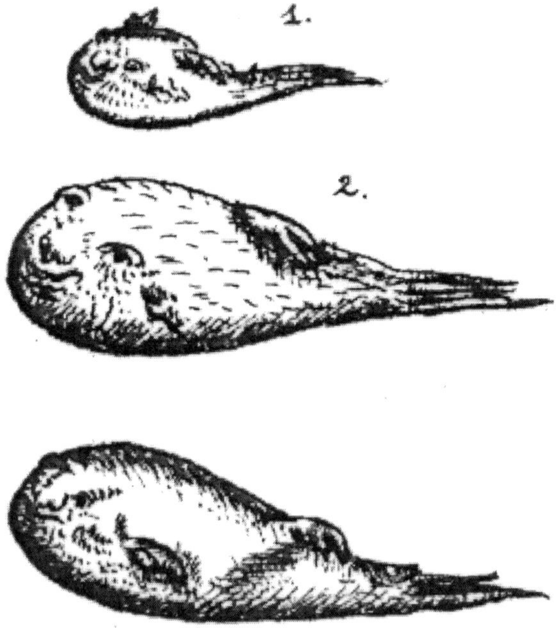

O mundo estranho das ilhas: **«Este é um peixe cinzento da ilha Maurícia, que, depois de deixar a água, adquire a forma da fig. 2, inchado pelo vento. Pensámos que era venenoso porque estava cheio de maus humores. Tinha um pé de comprimento. Depois de alguns homens os comerem, tiveram ataques de vómitos; pensámos que estavam envenenados, mas não houve nenhum desenvolvimento maligno depois de lhes darmos vinagre misturado com azeite.»**

Harmansz, Manuscrito de viagem nos arquivos de Haia, 1601-03

Register» para 1859 que esses macacos foram «**introduzidos pelos portugueses a partir do Ceilão**». Hoje é consensual que os animais foram introduzidos na Maurícia como fonte alimentar para visitantes e colonos, embora haja uma certa controvérsia nas fontes sobre se os agentes desta outra peste foram os portugueses (que nunca esconderam a sua afeição pela carne de macaco) ou os holandeses (que preferiram usar discrição sobre esta preferência gastronómica mas a apreciaram tanto como os portugueses). Comentando esta passagem de La Roque, David Quammen observa:

«**Mais de 4000 macacos num jardim é uma sugestão de inferno. Pode ter sido um prazer para ele, mas sugere uma pra-**

ga de omnívoros frenéticos que pode ter tornado a vida (ou pelo menos a reprodução) impossível para uma espécie de ave que fazia os ninhos no chão. A minha opinião, portanto, é que quem quer que seja que introduziu o macaco, por qualquer imprescrutavelmente estúpida razão que tenha sido, cometeu um erro muito consequencial. Suspeito que estes macacos tenham sido até agora muito subestimados enquanto factor de peso na extinção do Dodó.»

O pássaro em agonia

A experiência de Peter Mundy oferece-nos outro exemplo do declínio brusco da população de Dodós. Mundy era oficial da British East India Company, e foi no seu tempo um dos viajantes que cobriram mais extensões desde Marco Pólo. Visitou a Maurícia pela primeira vez em Março de 1634.

O relatório de Mundy descreve «**Dodoes, uma espécie muito estranha de pássaro, duas vezes maior que um Ganso, que não pode voar nem nadar, tendo os pés como os das cabras; uma maravilha como pode existir aqui, não existindo outros em nenhuma outra parte do mundo que já tenha sido encontrada**».

Quatro anos mais tarde, de regresso da China, Mundy voltou a parar na Maurícia, e voltou a ir procurar o Dodó.

«**Desta vez não encontrámos nenhum**», escreveu no seu diário. «**Se bem me lembro têm um corpo tão grande como os maiores Perus, cobertos com Penugem, tendo asas pequenas penduradas como mangas, completamente inúteis para se voar com elas, ou para de qualquer forma ajudar o pássaro.»**

Nestes registos de desaparecimento entra a seguir outro viajante inglês, este chamado Benjamin Harry, que visitou a Maurícia em 1681 e descreveu as suas viagens num manuscrito que agora está guardado no British Museum. Este senhor é geralmente considerado a última pessoa que viu um Dodó vivo. Nesse tal manuscrito, intitulado por extenso «*A coppey of Mr. Benj. Harry's journal when he was chief mate of Shippe Birkley Castle, Captn. Wm. Talbot then Commander, on a voyage to the Coste and Bay, 1679, which voyage they wintered at the Maurrisshes*», lemos que, no regresso da Índia, incapaz de passar o cabo da Boa Esperança ainda nessa estação, a tripulação decidiu «**rumar às Marushes**».

«**Tendo agora um pouco de descanso farei uma pequena descrição das Ilhas, primeiro dos seus Produtos e depois das suas partes: o primeiro dos animais com penas e asas será o mais desagradável, o Dodó cuja carne é muito dura.**»

Depois da narrativa de Harry, todas as evidências são negativas. Há exploradores atrás de exploradores, todos equipados com descrições antigas e tradições orais, que penetram na floresta da Maurícia, esta também, por seu turno, cada vez mais rarefeita, à procura do pássaro que alimentou tantas fantasias. Mas já nenhum consegue voltar a vê-lo vivo.

Resta fechar o círculo no que este fecho tinha de mais inevitável. Nenhum dos Dodós exilados na Europa conseguiu sobreviver muito tempo ao clima mais rigoroso e à vida mais agitada. Não há qualquer notícia de alguém ter tentado manter um macho e uma fêmea juntos em cativeiro. E, mesmo que alguém tivesse feito esta experiência, o mais provável era que tivesse falhado — essas coisas, mesmo hoje, nos melhores jardins zoológicos, com as melhores técnicas de reprodução assistida ao seu serviço, tendem sempre a falhar mais vezes que menos. O que quer dizer que nenhum destes pássaros teve descendência. E foi assim que acabou por chegar a altura em que o único vestígio tangível do Dodó era o exemplar bastante mal empalhado e já consideravelmente degenerado que integrava a colecção Tradescant, agora incluída no Ashmolean Museum de Oxford.

A carcaça em mau estado

O último Dodó embalsamado devia ter já mais de um século de idade quando o deram oficialmente por morto. O quadro imaginário que Victor Proetz traça deste espécime em «*Diary of the Dodo*», publicado em 1964, dificilmente podia ser mais patético.

«**Devemos recordar (tão delicadamente quanto possível) que durante todos estes anos o espécime nunca esteve dentro de vidro. Com a sua taxidermia Jacobeana, que deve ter sido muito elementar na melhor das hipóteses, este Dodó, depois de já estar morto há mais de 75 anos, devia estar francamente vacilante e decrépito e com o aspecto de uma cadeira velha,**

só que muito mais feio e revoltante que o que uma cadeira alguma vez poderia ser, por causa da cabeça deformada e das manchas de penas corroídas e em vias de desintegração.»

O que Proetz nos oferece sobre o que ainda aguentava em pé esta carcaça também não é propriamente de aquecer o coração.

«**Dentro da coisa existia provavelmente alguma espécie de armadura Jacobeana para lhe dar forma e aguentá-la em pé, insuflada por qualquer espécie de estofos que lhe davam volume, e que eram enchidos por dentro com o que quer que fosse que enchia os colchões jacobeanos.**»

Tal como nos é explicado pelo registo do museu, o Dodó e vários outros espécimes foram «**submetidos a ordem de remoção durante um encontro da maioria dos accionistas**». A ordem foi decretada pelo vice-director George Huddesford e o seu grupinho de investidores e avaliadores com capas e becas, de passagem no curso da inspecção anual que ficara estipulada por Elias Ashmole.

«**É difícil decidir o que devemos sentir por Huddesford**», escreve Proetz. «**Só pode haver uma desculpa possível para uma decisão desta ordem de gravidade. Com todas as lacunas que ainda existiam no meio académico do século XVIII, o senhor podia ignorar que aquela criatura rara já se encontrava extinta, e que fora pronunciada como tal desde 1681, e que ao queimar este exemplar danificado ele estaria a destruir o único Dodó ainda existente e que nunca mais poderia ser substituído.**»

Como escreveu mais tarde o grande geólogo Charles Lyell, quase um século depois do acontecimento, «**alguns lamentam que as inscrições nas pedras tumulares não nos dão nenhuma informação senão que aquele indivíduo nasceu e morreu — um acidente que ocorre da mesma forma com todos os homens. Mas a morte de uma *espécie* é um acontecimento tão notável em História Natural que merece uma comemoração apropriada; e não é com pouco interesse que descobrimos, através dos arquivos da Universidade de Oxford, o dia e ano exactos em que os restos do último espécime de Dodó, que tinham sido deixados a apodrecer na colecção do Ashmolean Museum, foram deitados fora**».

A data era 8 de Janeiro de 1755. Alguém removeu um pé e a cabeça do espécime e os salvou das chamas; o resto foi queimado como lixo.

Em 1684, o Ashmolean Catalogue ainda tinha uma entrada mencionando o pássaro: «**No. 29, *Gallus gallinaceus peregrinus*, Clusii**.» No entanto, a versão actualizada do mesmo catálogo impressa logo a seguir a 1755 diz apenas que «**os números de 5 a 46, estando danificados, foram submetidos a ordem de remoção durante um encontro da maioria dos accionistas, a 8**

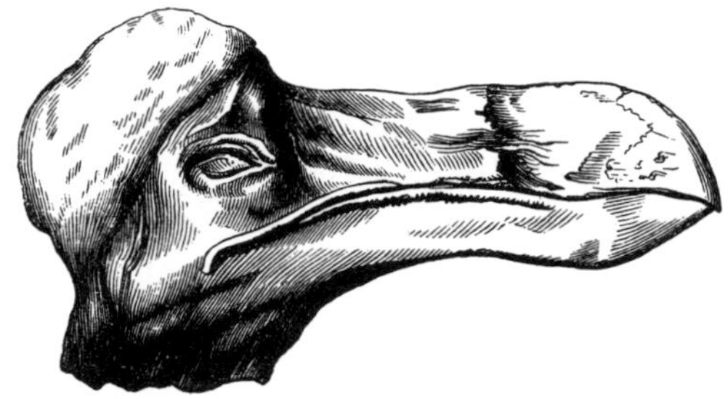

Cabeça de Dodo (espécimen do Oxford Museum), 1/3 do tamanho natural.

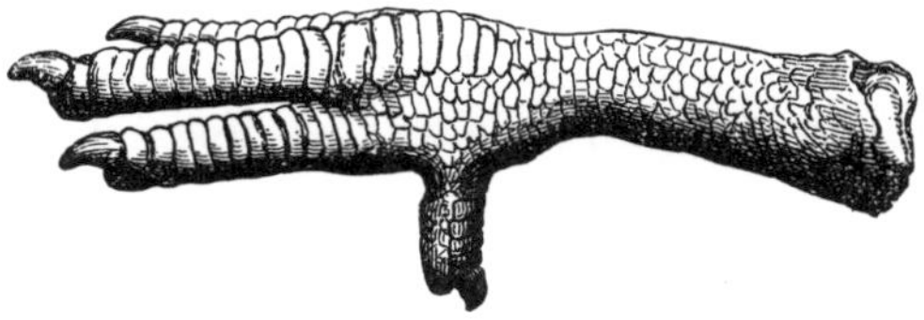

Os copos de Chardonnay tinham-se enchido e voltado a encher. A euforia irreprimível de Homer Kelly foi, como sempre, exagerada pelo vinho. Enquanto acordava do jet lag disse muito alto, «O que é esta conversa do Dodó?»
Um rapaz de ar ridículo estava a olhar fixamente para ele. Aparentemente, já estavam à conversa há bastante tempo. «O Dodó? Quer dizer, não sabe o que é a conversa do Dodó?»
«Está extinto, é tudo o que eu sei», ressonou Homer. «Já não existe. É um pato morto, muito morto. Na realidade» — Homer inclinou-se numa pose ébria para o rapaz de ar ridículo — «está morto como um Dodó, essa é que é essa. Morto como um Dodó.»

Jane Langton, 1996, «Dead as a Dodo»

O único sobrevivente: Tendo decidido que o único Dodó embalsamado da sua colecção já não estava apresentável, o Ashmolean Museum de Oxford queimou-o com o lixo. Só esta cabeça e este pé foram salvos para a posteridade.
Era o último Dodó embalsamado que existia no mundo.

de Janeiro de 1755». Entre estes, como é evidente, estava o pobre No. 29. Mais tarde, o catálogo de 1876 dá-nos a mesma referência sem já mencionar sequer os números dos removidos.

Os últimos vestígios do único Dodó embalsamado que ainda restava tinham desaparecido para sempre.

O primo branco

Já vimos que o Dodó não foi o único protagonista deste conto de caça desabrida e extermínio em todas as frentes. O bicho não tinha família na Maurícia, mas tinha os tais primos próximos em Réunion e menos próximos em Rodriguez. Descobertos pelos europeus durante o mesmo período histórico, estes outros dois pássaros foram exterminados pelos novos visitantes de uma forma igualmente despachada e expeditiva.

É possível que a caminhada evolutiva desta família tenha começado com um único protótipo de Dodó nas três ilhas Mascarenhas. E depois, como não havia qualquer espécie de contacto físico entre estes pontos de terra emersa generosamente separados entre si, três tipos diferentes foram divergindo com a passagem do tempo.

Este cenário explicaria por que é que Réunion tinha um Dodó branco.

O Dodó da Maurícia era de cores escuras. Os Dodós de Réunion eram de um branco amarelado, com as pontas das asas sombreadas de negro e mais algumas diferenças morfológicas destas. Ninguém prestou assim muita atenção ao Dodó branco até já depois de ele já estar extinto.

Réunion é maior que a Maurícia, mas é também muito mais montanhosa, o que ao princípio a tornou pouco atractiva para os potenciais colonos. Ainda era conhecida pelo seu nome português, Mascarenhas, quando foi visitada pelo comandante inglês Samuel Castleton algures entre 1613 e 1614, no âmbito de uma expedição que partira para Oriman em 1612. Doze anos depois da partida, um relato da viagem de Castleton publicado por John Taton, o piloto do barco, descrevia «**um pássaro grande com o tamanho maior do que um peru, muito gordo, e com as asas tão curtas que não pode voar, sendo branco, e de certa forma manso**».

O relato completo de Taton dá-nos a lista já conhecida das características e vicissitudes do Dodó:

«**Esta ilha a que os portugueses chamam Mascarenhas, e os franceses chamam Réunion, era então desabitada, mas estava cheia de pássaros de terra como pombos, gansos e papagaios, e também este pássaro que tem o nome do Gigante da Maurícia, onde também se produzem muitos destes. Este é branco, e tão naturalmente limitado que deixa os homens agarrarem-no com as mãos, ou, pelo menos, mostra pouco medo à vista dos marinheiros, que facilmente matavam vários só com paus e pedras. Em geral estes pássaros aparecem em tal abundância nestas ilhas que dez marinheiros podem juntar num dia o suficiente para alimentar quarenta homens.**»

Alguns membros desta tripulação entraram mais para o interior, e encontraram um rio grande coberto de gansos e de patos. Nestas águas existiam também enguias «**que muitos consideraram terem o melhor sabor do mundo**». Admirando o seu tamanho, Taton teve a curiosidade de pesar uma delas: nada menos que 25 libras.

«**Se forem atingidas por um golpe de faca nadam por duas ou três braças, mas depois param e deixam os homens apanhá-las facilmente.**» O autor repete com prazer que esta é a melhor carne que ele alguma vez provou na vida. Uma vez que também não há qualquer perigo de rochedos e bancos de areia em torno da ilha, conclui que «**este é um local admirável para refrescar os viajantes**».

Em 1619, o viajante holandês Willem Bontekoe van Hoom refrescou-se durante três semanas na ilha Mascarenhas e descreveu um «dadeersen» semelhante ao descrito na viagem de Castleton, notando que este pássaro era tão gordo que nem sequer conseguia correr. É a melhor descrição do Dodó branco que chegou até nós. O diário desta expedição era o grande favorito de um senhor muito viajado e cosmopolita e conhecido como grande patrono das artes e ciências em França chamado Melchisedec Thévenot, e foi muitas vezes louvado no seu tempo como sendo absolutamente credível, ao contrário de muitas outras efabulações do mesmo género. O texto é uma verdadeira festa para o leitor moderno, e um exemplo excelente do tipo de navegação aventurosa que na altura era a rotina dos exploradores europeus (um tema que será aprofundado em detalhe no capítulo V).

Bontekoe partiu de Texel com três barcos em 1618, rumando à Índia por razões estritamente comerciais. Numa jornada típica destes tempos, os seus barcos foram torturados por grandes tempestades pouco depois da partida, e a seguir os marinheiros começaram todos a ficar doentes depois de terem lutado contra duas fugas de água e de terem ficado empancados por duas levas sucessivas de mais de três semanas de calmaria. O barco em que seguia o próprio Bontekoe, a Nouvelle Hoorn, acabou por contornar sozinho a costa de Madagáscar, e, a partir daí, fez pouco mais que «**avançar para a sua destruição**» com uma tripulação de «**homens tão doentes que quarenta já nem conseguiam trabalhar**».

Perante este quadro, Bontekoe apostou numa solução que também era recorrente nesses tempos: mudou de curso para ir acostar à Maurícia. As correntes arrastaram-no antes para junto de Réunion, mas a passagem era pouco segura devido às águas baixas e aos rochedos submersos, e por isso «**embora os que estavam doentes a bordo quisessem desesperadamente ir a terra, os que ainda estavam de saúde não estavam dispostos a fazer o barco incorrer em tal perigo**». Acabaram por mandar uma jangada de visita à ilha. Encontraram uma multidão de tartarugas. A visão aumentou o fervor dos doentes, que prometiam recuperar parte das forças assim que se encontrassem em terra.

Ao que consta, o piloto, um tal de Hein Rol, opôs-se vivamente a esta ideia, argumentando que o barco podia derivar para longe, e esse caso correriam o risco de perderem todos os que tivessem ido para terra. Mas os marinheiros insistiram, com gritos vibrantes e com mãos juntas levantadas em preces de súplica sentida. Bontekoe ficou comovido. Depois de negociar com Rol para que este aceitasse o desembarque, tomou conta dos acontecimentos. Passou pelo convés proclamando alegremente que ia pôr toda a gente em terra. Gritos de alegria receberam a promessa. Os marinheiros que ainda gozavam de relativamente boa saúde ajudaram os outros a descerem para a jangada. Bontekoe deu-lhes uma vela para fazerem uma tenda, juntamente com provisões, ferramentas, e um cozinheiro. Depois desceu ele próprio para a jangada para servir de guia. De acordo com o diário «**foi um espectáculo muito tocante vê-los chegarem à relva, & rolarem sobre ela como num jardim das delícias. Garantiram logo aos outros que esta situação, só por si, já estava a aliviá-los da doença**».

Segue-se a cena de vacas gordas do costume.

«**Encontraram uma grande quantidade de pombos, que se deixaram matar à mão ou atirando-lhes pedras, sem um único movimento de defesa. Destes, tomaram desde o primeiro dia, mais de duzentos. As tartarugas também eram muito fáceis de caçar.**»

Feliz por ver os seus doentes entre esta doce abundância, Bontekoe deixou na ilha mais de quarenta homens e regressou ao barco.

No caminho de regresso encontrou um novo problema.

«**A jangada pareceu-lhe demasiado molhada, e por isso regressou à ilha durante a noite com a intenção de construir uma jangada melhor.**»

Resolver este problema trouxe uma maravilhosa recompensa.

«**Pela manhã, perto do local onde o barco estava ancorado, encontrou uma boa baía, com areia no fundo. A pouca distância, para dentro de terra, ficava outra baía onde a água não era completamente fresca. Bontekoe viu muitos gansos, pombos, papagaios cinzentos, & outros pássaros. Encontrou mais de vinte e cinco tartarugas, na sombra, debaixo de uma única árvore. Os gansos nunca levantaram voo e deixaram os homens matá-los sem nunca saírem de onde estavam. Eram tão gordos que mal conseguiam andar. Se tomassem um papagaio ou qualquer outro pássaro, e o torturassem até ele começar a gritar, aqueles que eram da espécie desse pássaro vinham voar para junto da vítima, como se quisessem protegê-la, e por isso eram muito fáceis de apanhar. Depois de visitar toda a baía, Bontekoe trouxe notícias da sua descoberta aos doentes, que voltaram a subir a bordo com alegria, na esperança de encontrarem um retiro ainda mais agradável. Todos os da companhia receberam autorização para vir a terra e procurar água fresca nas florestas. Oito homens entraram num lago com redes e cordas e apanharam uma grande quan-**

«São muito serenos e majestosos, mostraram-se a nós com uma face muito escura e o bico aberto, muito precisos e ousados na sua marcha, e quase não saíam do nosso caminho.»

Marinheiro holandês desconhecido, Fragmento de 1631

O nome português: Esta gravura em cobre apareceu pela primeira vez no relato das viagens de Sir Thomas Herbert (1934), e provavelmente representa uma fêmea em estado adiantado de mudança da pena.

(de Strickland, «The Dodo and its Kindred; or the History, Affinities and Osteology of the Dodo, Solitaire, and Other Extinct Birds of Mauritius, Rodriguez, and Bourbon», 1848. Com autorização da Ernst Mayr Library, Museum of Comparative Zoology, Harvard)

tidade de peixes, incluindo carpas, linguados, e uma espécie de salmão gordo que sabe muito bem.»

E também, pela parte que mais nos interessa...

«E também viram Drontes, a que os holandeses chamam igualmente dod-aers, uma espécie de pássaros que tem asas pequenas e cuja gordura os faz muito pesados.»

Inspirado por este espectáculo de abundância, o festim prolonga-se.

«Como a ilha não era habitada, os marinheiros tiveram completo lazer para explorarem todas as suas partes, & para se entregarem livremente às alegrias da caça e da pesca. Fizeram espetos de madeira que eram muito convenientes para

assar os pássaros; & untando-os com óleo de tartaruga tornaram-nos tão saborosos como se tivessem sido preparados com todos os utensílios de uma grande cozinha. Descobriram outro rio com água muito bonita que estava cheia de bandos de enguias. Tiraram as camisas e seguraram-nas pelas pontas, assim usando-as como redes e capturando um número impressionante destas enguias, cujas acharam ser muito saborosas. Também encontraram algumas cabras mas estas eram assaz bravas, e como tinham os cornos meio comidos por vermes ninguém queria prová-las.»

A última passagem referente a esta expedição menciona outro dos caminhos para a extinção da vida selvagem que já encontrámos antes:

«Esta abundância foi muito saudável para os que se encontravam doentes, e portanto tiveram permissão para retornarem ao barco. Não tinham deixado de armazenar uma grande provisão de pássaros e tartarugas salgados, que ficaram a secar no convés.»

Curiosamente, a avaliar por este relato, e em contradição com muitos outros, parece que a fauna nativa não demorou muito tempo a aprender o significado até então desconhecido do medo e da autodefesa:

«No espaço de cerca de vinte dias, os pássaros da ilha, tornados selvagens por esta caça contínua, passaram a fugir voando assim que um homem se aproximava.»

Bontekoe e os seus homens acabam finalmente por abandonar a ilha que lhes restaurou a saúde. A seguir têm grandes dificuldades em atingir a Maurícia devido ao mau estado do barco, e em breve todos lamentam ter abandonado Réunion tão cedo. Mais tarde há um fogo a bordo e por algum tempo parece que todos morreram excepto Bontekoe e um marinheiro. Depois aparecem outros sobreviventes. Constroem uma jangada, fazem uma vela com as suas camisas, e remam pelo oceano fora sem nenhum sustento para além de oito caixas com oito libras de biscoitos. Depois os biscoitos acabam-se. Continua a não aparecer terra à vista. Há uns peixes-voadores que caem na jangada e são comidos crus. Sugerem comer-se a si próprios, começando pelo mais novo dos sobreviventes. Não se percebe se fizeram isto ou não. Passam treze dias. Chove. Agora, por fim, sempre têm alguma água. Encontram finalmente uma ilha. Estão na Samatra. Seguem-se muitas outras aventuras, e depois Bontekoe ainda navega em várias outras viagens.

Depois das expedições de Castleton e Bontekoe, mais ninguém escreveu sobre o Dodó branco enquanto o Dodó branco estava vivo.

Em 1638 os franceses apoderaram-se da ilha Mascarenhas e deram-lhe em definitivo o seu nome actual de Réunion. Os colonos começaram sem demora a caçar a vida selvagem até à extinção. Dois Dodós brancos foram enviados para a Europa, um em 1640 e outro por volta de 1685. Foram pintados por artistas holandeses. E depois desapareceram em silêncio. Ninguém deu sequer pela sua extinção até 1801, quando um levantamento da fauna da ilha não conseguiu encontrar um pássaro doido que provavelmente já por ali não andava desde há um século.

Faltava morrer o último primo do Dodó.

O pombo solitário

Rodriguez é a mais pequena das ilhas Mascarenhas, só com dez milhas de comprimento e quatro de largura. Poucos barcos se davam ao trabalho de ir lá aportar. Até que lá chegou um contingente minúsculo de huguenotes franceses, depois de uma estranha aventura devidamente relatada no capítulo V.

O chefe deles, que há-de vir a ser o nosso guia, chamava-se François Leguat e já aqui foi citado duas vezes.

«**Havia lá cerca de trinta espécies de conchas de terra**», escreveu Leguat da sua terra de exílio, «**mas existiam poucos insectos, e nenhuns mamíferos à excepção das raposas voadoras. Os caranguejos eram um problema, mas o mar dava-nos uma abundância de peixes e para o verdadeiro colonista este lugar poderia ser uma miniatura do paraíso onde habitam os anjos.**»

Como veremos, Leguat conseguiu manter o povoado huguenote nos rochedos escarpados viável durante dois anos. Depois deste tempo, completamente desmoralizados pela dureza das suas condições de vida e sem qualquer possibilidade de reprodução, os «colonistas» em desespero construíram um barco precário e arriscaram a viagem até à Maurícia.

Foram imediatamente detidos pelo governador holandês e banidos para uma ilhota junto à costa onde ficaram confinados por três anos.

Depois foram mandados para Java como prisioneiros.

Seguiram-se muitos outros ordálios, e finalmente Leguat e mais dois outros do grupo original de huguenotes ganharam a sua liberdade e voltaram para a Europa em 1698.

Leguat estabeleceu-se em Inglaterra e publicou o livro das suas aventuras em 1708. Este livro tem sido uma espécie de Bíblia preciosa para os dodologistas de todos os tempos. É o único relato abrangente e detalhado com um inventário exaustivo da História Natural das Mascarenhas escrito durante o período em que a flora e a fauna nativas ainda não tinham sido severamente destruídas. A Maurícia e Réunion já estavam povoadas, mas Rodriguez encontrava-se absolutamente intocada pelos humanos quando Leguat lá chegou com os seus companheiros de viagem e de fé. E Leguat escreveu muito extensamente, e muito cuidadosamente, sobre tudo o que viu. O seu livro é uma peça preciosa, e um fio condutor fundamental para quem quer entrar no labirinto do Dodó.

A segunda parte da memória de Leguat, depois de concluídos os trabalhos homéricos da viagem, é dedicada aos animais e plantas de Rodriguez. «**De todos os pássaros da ilha**», escreveu o chefe dos huguenotes, «**o mais Notável é aquele a que damos o Nome de Solitário, porque raras vezes é visto em Companhia, embora exista uma grande abundância deles. As Penas do Macho são de uma Cor castanha e cinzenta: o Bico e os Pés são como os de um Peru. Mas um pouco mais recurvados. Praticamente não têm Cauda, mas a sua Parte de trás coberta de Penas é Redonda, como a Garupa dos Cavalos, e são mais altos que os Perus. O Pescoço é direito, e um pouco mais longo em proporção que o de um Peru, quando levanta a Cabeça. O Olho é preto e vivaz, e a sua Cabeça não tem Pente. Nunca voam, porque as suas Asas são demasiado pequenas para lhes suportarem o peso dos Corpos; só lhes servem para bater, e rufar quando se chamam uns aos outros. Depois rodopiam por vinte ou trinta vezes juntos para o mesmo lado, no espaço de quatro ou cinco Minutos: os Movimentos**

das suas Asas fazem um barulho muito parecido com uma Castanhola, e podemos ouvi-lo a mais de duzentos Passos de distância. O osso das Asas torna-se maior junto da Extremidade, e forma uma pequena Massa redonda debaixo das Penas, do tamanho de uma Bala de Mosquete: isto e o seu Bico são a maior Defesa destes Pássaros.»

Mesmo assim, os pássaros são uma presa relativamente fácil.

«**É muito difícil capturá-los nos Bosques, mas é fácil nos espaços abertos, porque nós corremos mais depressa do que eles, e por vezes aproximamo-nos deles sem muitos Problemas. De Março a Setembro são extremamente gordos, e têm um sabor admirável, especialmente enquanto são jovens; e alguns dos Machos pesam quarenta e cinco Libras.**»

Quanto às fêmeas, «**são maravilhosamente belas, umas mais claras, outras castanhas. Nem uma Pena está desalinhada das outras ao longo dos seus Corpos, sendo elas muito cuidadosas a alinhá-las, fazendo-as todas certas com os seus Bicos. As Penas nas suas Coxas são redondas como conchas na ponta, e sendo muito espessas, têm um efeito agradável: têm dois Penachos nas Garupas, e as Penas aí são mais brancas que as restantes, o que representa muito agradavelmente o Pescoço de uma Mulher bonita. Quando estes Pássaros constroem os seus Ninhos, escolhem um Lugar limpo, juntam algumas Folhas de Palmeira para esse propósito, e amontoam-nas um Pé e meio acima do Chão, onde se sentam. Nunca põem mais que um Ovo de cada vez, que é muito maior que um Ovo de Ganso. O Macho e a Fêmea chocam-no juntos à vez, e o jovem não eclode senão ao fim de sete Semanas: durante todo este tempo eles sentam-se sobre o ovo, e depois educam juntos o jovem, que não é capaz de cuidar de si próprio durante vários Meses, e durante este tempo não toleram que nenhum Pássaro da sua Espécie venha até duzentas Jardas do perímetro do Lugar**».

Uma das afirmações de Leguat sobre as fêmeas do Solitário acabou por ecoar através dos séculos.

«**Caminham com tanto orgulho e graça na sua Compostura que não podemos deixar de admirá-las e amá-las; e de tal maneira que muitas vezes e sua Beleza lhes salvou as Vidas.**»

Ah sim? perguntou o nosso formidável conde de Buffon do seu trono do século XVIII.

«Leguat diz que as fêmeas do Solitário caminhavam com tanto orgulho e graça na sua compostura que não podiam deixar de admirá-las e amá-las, & este viajante assegura-nos de que muitas vezes a sua beleza lhes salvou as vidas. Se isto é verdade, e se o Solitário e o Dronte pertencem à mesma espécie, então temos que admitir que havia uma grande diferença entre o macho e a fêmea no que diz respeito à beleza.»

Os sinais da desgraça

A história que Leguat nos conta em «*Voyages et Aventures*» é simultaneamente tão gentil, tão pormenorizada, e tão colorida, que alguns autores do início do século XX decidiram estar perante um trabalho de ficção com partes dispersas pirateadas das outras centenas de publicações que circulavam na época sobre explorações no Índico. Concluíram que a passagem sobre as fêmeas do Solitário, orgulhosas e belas, não podia ser mais que um trecho de imaginação romântica. Ornitologistas, osteologistas e bibliotecários dedicaram anos das suas carreiras tentando ou reabilitar ou desacreditar o trabalho de Leguat. Só a descoberta das jazidas impressionantes de ossos do Solitário (relatada em contexto no capítulo III) conseguiu sancionar por fim esta questão em favor da verdade absoluta de tudo o que saíra da pena do huguenote francês sobre o ambiente natural de Rodriguez.

A ilha teve pouco tráfego depois da partida dos huguenotes. Entre 1706 e 1707, dá ideia que acamparam por lá uns oficiais ingleses, para a execução de um levantamento tão completo quanto possível de Port Mathurin, onde os protestantes franceses tinham construído as suas cabanas. Em 1712, o ministro da Marinha francês pediu informações sobre as capacidades da ilha, e recebeu de volta um relatório que a declarava de entrada difícil, mas disponível para a ancoragem de navios até trinta canhões. Este relatório também dizia que, excluindo a grande abundância de tartarugas, esta ilha não tinha qualquer interesse para a Companhia Francesa das Índias Ocidentais; mas por razões desconhecidas as autoridades francesas decidiram manter a possessão da pequena inutilidade rochosa. Em 1725, estabeleceram lá um superintendente e um guarda. A partir de 1740, este posto foi entregue a «**uma família de Negros**».

Em 1748, um tal almirante Boscawen examinou de novo a capacidade de Rodriguez para instalações e embarcações, e, numa data prévia a 1756, formou-se finalmente uma colónia devidamente regulamentada, com o objectivo específico de explorar a grande riqueza em tartarugas, destinadas a abastecer a Maurícia e Réunion com carne fresca.

«**A pesca de tartarugas marinhas**», escreveu em 1756 o cronista Charles Noble, «**é considerada tão útil na Maurícia, que têm sempre um regimento com um sargento na pequena ilha de Rodriguez, que recolhem toda a pesca para os barcos que são lá mandados em certas alturas, e para os navios que geralmente aportam à Maurícia nas suas rotas. Também têm um lugar especialmente bom escavado no solo, onde criam grandes números de tartarugas terrestres.**»

Isto, para nós, pode não parecer assim muito trânsito. Mas, algures pelo caminho, já tinha sido o suficiente para desgraçar o Solitário.

Em Maio de 1671, a primeira expedição científica aportou à ilha: o Abbé Pingrè, o seu assistente M. Tuillier, e um aventureiro inesperado de quem nenhum dos outros gostava chamado M. Le Gentil, foram enviados pelas Academia Francesa, sob os auspícios do Cardeal de Luynes e de M. le Monier, para observarem o trânsito de Vénus a 6 de Junho de 1761. Este grupo tinha instruções muito precisas na sua agenda, claramente concebidas num esforço para modernizar e disciplinar a ciência, como podemos deduzir das «**Instruções aos Zoólogos**» incluídas no diário de bordo:

«**O gosto por conchas raras já fez muitos viajantes prestarem mais atenção, nas suas pesquisas dentro deste género, para o que pode satisfazer a curiosidade dos amadores, mas não para o que pode dar alguma luz aos sábios. O ponto importante seria reconhecer todas as conchas de uma mesma costa, particularmente as espécies dominantes, e também a conformação dos animais que nelas habitam; seria também compararem, tanto quanto possível, as conchas petrificadas de diferentes lugares com as conchas vivas dos mares vizi-**

nhos, e verificar se as nossas conchas petrificadas da Europa têm análogos vivos em mares distantes, como parece já ter sido descoberto.»

Como já então mandava a tradição, Pingré instalou o seu observatório na aldeia de Leguat. Notou imediatamente que a herança dos huguenotes não sobrevivera ao teste do tempo, pois que agora «**todos aqueles que vivem em Rodriguez fazem profissão de serem Cristãos; mas cada um à sua maneira**», indo estas liberdades ao ponto de se verem escravos assistirem a orações «**oferecidas por um escravo que nunca foi baptizado**», tudo por ordem do comandante da ilha. Pingré também comentou que «**o trabalho de Leguat passa por um tecido de fábulas, mas encontrei aqui muito menos fábulas do que o que esperava**». Sendo assim, usou o diário de Leguat como guia para a sua exploração detalhada da ilha. Mas nunca acabou essa exploração, porque entretanto os ingleses ocuparam Rodriguez e expulsaram os franceses.

Mas houve pelo menos uma coisa que Pingré teve tempo para notar: o Solitário, se ainda existia, estava prestes a desaparecer. O seu amigo Puvigné dissera-lhe que estes pássaros ainda não estavam à data totalmente extintos, mas que se tinham de qualquer forma tornado extremamente raros, e já só se encontravam nas partes mais inacessíveis da ilha. Pingré fez tudo o que pôde para bater as mais inacessíveis de todas estas partes inacessíveis, mas voltou sempre de mãos a abanar. Nunca chegou a ver um Solitário.

Mais tarde, para comemorar a Expedição do Trânsito de Vénus, Le Monier propôs a colocação do Solitário entre as constelações do hemisfério sul, escolhendo para o efeito (talvez na melhor veia metafórica, quem sabe) um enclave minúsculo encavalitado entre Libra e Virgo, completamente destituído de estrelas brilhantes. Para piorar o cenário, na explicação oferecida em 1846 pelo ornitologista D. Hamem no «*Bulletin Phys-Math of the Academy of St. Petersburg*».

«**Sendo melhor astrónomo do que ornitologista, Monier inadvertidamente deu esta honra não à ave Didinae de Rodriguez mas ao Solitary Trush das Filipinas, desenhado por Brisson, em vez de ter usado a figura de Leguat, como deveria ter feito.**»

A visão solitária: O Solitário de Rodriguez, tal como foi visto e desenhado por Leguat durante os dois anos de exílio dos huguenotes franceses.

E pronto. Já não restava mesmo nada. O Solitário desapareceu nas estrelas.

2.2.2 — O QUE FALTA SABER

É triste termos de pensar que o Dodó já morreu. Mas isso só seria verdade se já tivéssemos mesmo remexido até tão fundo no seu legado que já não restasse mesmo pedra sobre pedra e nem um único mistério do seu passado atribulado estivesse já por resolver. Quando já não há perguntas, já não há história.

Mas esta história, como compete às boas histórias, não tem fim.

Por exemplo, ainda temos nas mãos um problema linguístico que permanece por resolver.

Até hoje, e provavelmente por ainda muito tempo depois do nosso, os estudiosos não conseguem entender-se sobre a genealogia do nome do pássaro doido. Vem mesmo da palavra portuguesa para doido, ou vem antes da palavra holandesa para preguiçoso?

As possibilidades mais remotas

Sim, até existem possibilidades mais remotas, Por exemplo, o snobe colonial inglês Sir Frank Swettenham (que já foi mencionado umas vez e será de novo no capítulo VI) recusa-se a acreditar na origem portuguesa de «Dodo», e oferece a seguinte explicação alternativa:

«**Sugiro que seja uma corruptela da palavra malaia *bodoh*, que quer dizer tonto, um pateta. Para os holandeses, que já estavam estabelecidos em Java, esta palavra devia ser bastante familiar, e, quando viram aquele pássaro de aspecto absurdo, é muito provável que lhe tenham chamado bodoh**.»

No entanto, por qualquer razão imperscrutável, a tese de Swettenham não angariou seguidores. A maior parte dos dodologistas prefere pensar que, se «Dodó» vem de «doido», então é porque foi derivado da palavra portuguesa.

Os principais concorrentes

Uma carta escrita pelo navegador inglês Emanuel Altham por volta de 1628 refere-se a «**uns pássaros muito estranhos a que os portugales chamam Do Do**». Este fragmento, portanto, defende a origem portuguesa. No entanto, no diário de uma expedição que vinha da colónia holandesa de Batavia em 1648, aparece-nos pela primeira vez o nome Dodo-arsen.

Como o fragmento inglês antecede o uso holandês da palavra em cerca de vinte anos, podíamos argumentar com alguma lógica que a denominação portuguesa foi pelo menos a primeira a aparecer, mesmo que não seja a que prevaleceu mais tempo nos registos. Mesmo assim, há vários autores que defendem a possibilidade de «Dodo» ser mesmo uma derivação do holandês dodars, dodaersen, ou dronten, todos termos usados nos diários das primeiras tripulações holandesas que visitaram a Maurícia entre 1603, 1606 e 1607.

Há um dodologista do século XIX extremamente influente chamado Hugh Edwin Strickland, que vai entrar em cena com todo o devido respeito no capítulo III. Este senhor estava incondicionalmente do lado da origem holandesa, e seguiu todas as datas de publicação das palavras de raiz holandesa, chegando ao detalhe de aliterações tais como Totersen. Na sua opinião, «**não há muita margem para dúvida quanto a este nome ter sido inicialmente derivado de Dodoor, que na língua holandesa quer dizer um trapalhão, e que se aplica muito bem aos hábitos e aparências deste pássaro**».

Strickland foi certamente uma das figuras mais destacadas no processo complicado de desenterrar o legado do Dodó dos seus labirintos de esquecimento, mas não foi de forma nenhuma a única autoridade respeitável a escrever sobre a questão do nome. E também não foi, certamente, o primeiro. Em 1643, há um pretendente a naturalista chamado Sir Thomas Herbert que viaja pelo mundo em descoberta e depois publica os seus «*Travels*». Neste livro, o autor apresenta uma figura de um pássaro a que chama o Dodó, e menciona o seguinte:

«**O Dodó é o primeiro. Este é um nome Português, e refere-se à sua simplicidade.**»

E, dando-nos provas indiscutíveis de que está mesmo a falar do nosso pássaro doido, acrescenta:

«**É um pássaro que por forma e raridade poderia ser chamado uma Phoenix (se vivesse na Arábia). Os seus olhos são redondos e pequenos, e brilhantes como diamantes. O seu corpo é redondo e extremamente gordo, o seu passo lento deve-se à corpulência. É melhor para os olhos que para o estômago: apetites mais gordurosos podem talvez louvá-lo, mas para o alimento indiferente pode provar ser ofensivo.**»

Dois séculos mais tarde, Strickland manifestou total desacordo. Notando embora que «**Sir Thomas Herbert foi o primeiro a usar este nome na sua forma moderna de Dodo**», recusou-se a aceitar as ideias do viajante inglês:

«**Diz-nos que Dodo é uma palavra Portuguesa; e, de facto, verificamos que "doudo" nesta língua quer dizer "tonto" ou "simplório". Mas nenhum dos navegadores portugueses parece ter mencionado o Dodo, nem sequer ter visitado a Maurícia subsequentemente à primeira paragem na ilha, portanto esta derivação parece assaz improvável. Parece-me muito mais razoável assumir que Dodars é uma palavra holandesa**

genuína, e que o pedante Sir Thomas, que se deliciava em etimologias bizantinas (e quem não se deleitava, nessa altura?), alterou esta palavra para Dodo no sentido de acomodar a sua teoria filológica.»

A ilha dos Cisnes

Mas Strickland está a contradizer-se. No mesmo livro em que lançou este ataque contra a possível origem portuguesa do nome, também escreveu o seguinte, duas ou três páginas mais à frente, ao discutir o primeiro nome que os portugueses deram à Maurícia:

«**Cerne pode ter sido uma transliteração de Cisne; e algumas fontes adiantam a possibilidade de os portugueses terem usado o termo ilha do Cisne por causa dos impressionantes bandos de Dodós que aqui encontraram.**»

Isto faz sentido, tanto mais que nem Cisne nem Cerne eram o nome de um dos pilotos, nem de um dos comandantes, nem de um dos governantes portugueses da época, nem de nenhum santo padroeiro dos marinheiros ou do dia em que chegaram os barcos, todos elementos de inspiração que se usavam para nomear novas descobertas. Como já vimos, há a hipótese de este ter sido o nome do barco de Fernandes Pereira, mas mesmo essa hipótese não está confirmada. Resta a hipótese de ter sido alguma coisa na Maurícia propriamente dita que inspirou os marinheiros no sentido de lhe darem este nome, mas não há nada na topografia da ilha que sugira um cisne. Restam os bandos de Dodós, que de facto parecem ter sugerido aos marinheiros uma certa semelhança com os cisnes: como também já vimos, há várias fontes do século XVII que descrevem estes pássaros estranhos como «**cisnes muito grandes**».

Para poderem ver estes «cisnes», os portugueses têm que ter passado algum tempo na ilha, pelo menos o suficiente para permitir a organização de incursões às florestas de ébano. Tendo encontrado o pássaro, o mais apropriado é que lhe tenham chamado «doudo», já que todos os relatos são unânimes em descrevê-lo como feio, gordo, estranho — e com uma falta de medo absolutamente suicida. É certo que depois das duas primeiras ancoragens os portugueses não voltaram à Maurícia; mas as histórias de criaturas estranhas reveladas nas terras virgens não precisavam de muito tempo nem de muita substância para se espalharem através dos portos marítimos dos Descobrimentos.

Esta ideia, no entanto, é atacada numa das raras descrições do Dodó que nos chegou da Maurícia propriamente dita, a monografia de Albert Pitot «*T'Eylandt Mauritius, esquisses historiques*», publicada em 1905. Discordando da hipótese do nome «ilha do Cisne» ter vindo da visão de bandos de Dodós, o autor adianta o seguinte:

«**Alguns supõem que os portugueses, vendo a ilha cheia de pássaros muito grandes que de certa forma lhes recordaram os cisnes, chamaram à ilha "ilha do Cirne", sendo Cirne a forma antiga da palavra Cisne. Isto seria aceitável se o pássaro em questão não fosse o Dronte, ou Dodó, o que implicaria uma total falta de julgamento estético por parte dos marinheiros. Como poderiam eles ter confundido uma criatura tão trapalhona e pesada com um cisne? Os Dodós só foram comparados com cisnes no que tocava a aferir tamanhos.**»

Se por um lado Pitot não acredita na associação entre o nome da ilha e a visão de criaturas com aspecto de cisnes, por outro lado dá-nos amplas indicações da associação entre Portugal e os primeiros tempos de existência de uma Maurícia colonizada por europeus. Citando fontes do século XVI, descreve os portugueses introduzindo na ilha «**porcos, cabritos, touros capturados em Madagáscar e aqueles macacos que eles gostam tanto de comer**». Também levanta a possibilidade de os portugueses terem chegado a formar uma pequena colónia na Maurícia, uma vez que fontes da época referem um «**povo de brancos**» que vivia «**numa ilha próxima de Madagáscar**». Desse povoado hipotético, tudo o que os holandeses teriam encontrado seria um barco a apodrecer na baía.

Mas há mais evidência a estabelecer ligações sólidas entre os portugueses e o nome do Dodó. Em «*A catalogue and description of the natural and artificial rarities belonging to the Royal Society*», publicado em 1681, o respeitado naturalista Nehemia Grew escreveu o seguinte sob o desenho de uma perna:

«**A perna de um Dodó, chamado *Cygnus cucculatus* por Nierembergius; por Clusius *Gallus gallinaceus peregrinus;* por Bontius chamado Dronte, que disse que por alguns era chamado (em holandês) Dodo-aers.**»

A mesma perna volta a ser mencionada em 1688 no «*Onomasticon*» de Charleton. Aqui o autor refere-se ao pássaro doido como «***Dodo lusitanorum*, o *Cygnus cucculatus* de Willughby e Ray**».

Ou seja, primeiro vem o «Cygnus». Que é como se diz «cisne» em latim, o que é evidente em português, e reforça a ideia da ilha dos cisnes como a ilha dos Dodós. E depois vem o «lusitanorum». Se Grew não concordasse com a origem lusitana do nome corrente do pássaro, teria porventura recorrido a esta terminologia?

A evidência portuguesa

Victor Proetz também discute o origem do nome do Dodó em «*Diary of the Dodo*». Infelizmente, nunca nos diz quais foram as suas fontes, porque existiram tempos, e ainda existem sítios, onde as pessoas podem publicar os seus artigos sem referências. Mas insiste que «Dodo" é mesmo um nome de origem portuguesa, e que os portugueses exploraram mesmo a ilha e tiveram mesmo contactos muito próximos com o pássaro.

«**Pedro Mascarenhas não deixou nada na Maurícia, excepto, diz-nos ele, algumas cabras e porcos para abastecerem os próximos viajantes com carne mais agradável ao paladar. Felizmente, Mascarenhas manteve um diário detalhado da sua viagem, que foi publicado em Lisboa no ano seguinte. Foram Mascarenhas e os seus tripulantes que descobriram o Dodo, e foram eles que chamaram ao pássaro "doudo", o que em português quer dizer qualquer coisa como idiota, tonto, ou desastrado**.»

Proetz subscreve também a alternativa do nome do barco do primeiro comandante para a etimologia do primeiro nome da Maurícia:

«**Diogo Fernandes Pereira, outro português, chamou à ilha ilha do Cerne, mas não, como uma certa autoridade acreditou, por ter pensado descobrir a ilha de que Plínio falou mas nunca identificou geograficamente a chamada ilha dos Cisnes. Também não foi por os seus marinheiros terem visto "pássaros grandes que os homens compararam a cisnes, o único exemplar que conheciam de tamanho semelhante", como afirmaram outras duas autoridades. Chamou-lhe Cerne,**

muito razoavelmente, segundo o nome do barco na frota de Afonso de Albuquerque do qual ele era o piloto.»

Mesmo assim, na versão de Proetz, se a ilha recebeu o nome por causa do barco e não por causa do pássaro, não deixa de ser evidente que os portugueses exploraram o seu novo achado e tiveram com o pássaro alguns encontros imediatos do maior interesse, nem que mais não seja lúdico.

«**Nenhum destes exploradores ficou registado como tendo trazido Dodós vivos para a Europa. Mas parece, por outro lado, que os comeram — ou pelo menos tentaram comê-los — na longa viagem de regresso a casa. Para o cozinheiro de um barco, o Dodó deve ter parecido o jantar perfeito — provavelmente era suficientemente grande para alimentar toda a tripulação. Deve ter pelo menos parecido maravilhosamente suculento e festivo, disposto numa travessa enorme e rodeado de legumes exóticos. Mas a tripulação recusou-se a aceitar aquele jantar, num levantamento de rancho que quase descambou em motim a bordo. O pobre, tonto Dodó, ainda por cima também era demasiado ridículo e rijo para poder ser considerado comestível.**»

Há mais evidências que suportam a etimologia derivada do português. Por exemplo, Buffon abraçou-a incondicionalmente — e o nosso dever é curvarmo-nos perante um naturalista extraordinário quando o temos à nossa frente. E ainda persistem alguns focos de evidência secundária.

Vamos em breve conhecer de perto uma senhora algo intrigante, de motivações desconcertantes, que deu pelo nome de marquesa Hachisuka, e que deixou recentemente de se encontrar entre nós. Esta senhora afirma que o Dodó vivo que inspirou as pinturas oriundas da corte de Rodolfo II em Praga foi «**trazido para a Europa pelos portugueses**». Argumenta que a etimologia da palavra sugerida por Herbert, «**embora pareça algo bizantina**», é «**agora consensual**». E depois explica aos leitores que, na sua opinião pessoal, se os portugueses chamaram ao pássaro Dodó «**foi provavelmente por causa do seu canto, talvez semelhante ao de um pombo, de quem o Dodó é primo, de forma que o som se pronunciava Doo-doo**». Num apontamento mais esclarecedor, revela-nos que, em 1561, que é a data que acompanha um baixo-relevo de um suposto Dodó encontrado em Vere por Oudemans (um episódio que será relatado em detalhe no capítulo III), «**as Mascarenhas eram bem conhecidas, e as relações entre a Holanda e Portugal estavam plenamente estabelecidas**».

O caminho do intercâmbio

Esta última afirmação da senhora marquesa merece uma pausa para pensar.

Se em 1516 os holandeses estavam constantemente a tentar expelir os portugueses das suas possessões coloniais. Se até o mesmo Maurice de Nassau que mandou Van Neck descobrir a Maurícia era o mesmo Maurice de Nassau que tentou reclamar o Brasil para a Holanda com tal impacto que ainda hoje lá tem seguidores. Se os dois países estavam constantemente à beira de entrarem em guerra aberta um com o outro. Se o cenário da época, como todos sabemos, era de cortar à faca — como é que as relações entre estes dois países estavam «**plenamente estabelecidas**»?

Nenhum dos poderes europeus que tentou estabelecer monopólios comerciais no Oriente durante os Descobrimentos foi meigo com a concorrência, e das vicissitudes e excessos desta imensa corrida ao ouro teremos detalhes gráficos em abundância no capítulo V. As relações entre Portugal e a Holanda neste período eram mesmo muito tensas, o que está amplamente documentado, numa grande variedade de formas, em numerosíssimas fontes da época. Tomemos, por exemplo, a seguinte passagem de Francisco Vaz d'Almada, que será um dos nossos guias para todos os detalhes escabrosos guardados no capítulo V:

«**Vimos dois navios holandeses à proa, e imediatamente começámos a desimpedir o nosso barco para a acção, o que fizemos com grande dificuldade, estando o barco tão carregado e em tão mau estado. Mesmo assim, conseguimos atingi-los duas vezes de lado nessa tarde, e continuámos a lutar contra esses dois navios pelo espaço de dezanove dias... Durante nove desses dias lutaram connosco do nascer ao pôr-do-sol, e finalmente reduziram-nos à condição mais miserável que possa ser imaginada.**»

O que quer dizer que, nessa altura, assim que os portugueses viam barcos holandeses abriam imediatamente fogo sem fazer perguntas; e os outros reciprocavam. Agora repare-se, porque isto nos leva mais para dentro da charada do Dodó, que, segundo o autor, quando estes barcos holandeses finalmente se afastam, «**acabaram por atingir Jacarta**». Como também veremos no capítulo V, Jacarta era o ponto onde os holandeses tinham a sua maior base oriental (e chamava-se então Batávia), base essa a que a Maurícia servia como colónia de repouso, enfermaria, e posto de paragem a meio caminho. E se calhar não é só uma coincidência que barquinho onde dois oficiais portugueses do barco de Almada vão ter com os holandeses para tentarem umas conversações infrutíferas se chame o «Maurícia» (este barquinho desaparece devido ao mau tempo e nunca mais ouvimos falar dele), e que o oficial mais graduado a bordo seja um mercador muito rico de Goa que fala holandês porque passou cinco anos numa prisão holandesa na Batávia. Isto é tudo uma linha muito emaranhada.

Uma ilação sólida, pelo menos, podemos tirar da acumulação de episódios destes na literatura e da infinidade destas pequenas coincidências: parece óbvio que Portugal e a Holanda estavam oficialmente em conflito de interesses, mas que simultaneamente mantinham entre si contactos muito estreitos.

Como?

E agora vem a única teoria inteiramente da minha lavra que me atreverei a oferecer em todo este livro. É que a profundidade da charada está mesmo a pedi-la. E nenhum dodologista é digno desse nome se não apresentar a sua própria teoria para qualquer coisa.

Eu proponho que as relações estreitas entre dois países em guerra venham da diáspora judia.

Nos nossos dias, Amsterdão está cheio de famílias de origem portuguesa. Essas famílias sabem o que é que as levou até ali. Durante o século XVI, os seus antepassados tiveram que fugir de Portugal para escaparem à garra cada vez mais apertada da Inquisição. Muitos deles tinham-se especializado ao longo dos séculos como ourives e cortadores de pedras preciosas. Amsterdão, livre do Santo Ofício e com uma indústria de lapidação de diamantes em franca expansão, era consequentemente um destino lógico.

E por isso é possível que centenas de famílias tenham chegado à Holanda vindas de Portugal numa altura em que as histórias do pássaro doido já se tinham tornado parte do repertório dos nossos embarcadiços. De «doido» a «preguiçoso» não vai uma grande distância, e esta distância é ainda menor se pensarmos no primeiro termo em português e no segundo em holandês.

«Doudo» pode ter passado a «dodars» ainda antes de Van Neck partir para o Oriente.

Agora, eu sou portuguesa, portanto não posso clamar que a minha tese não é facciosa. Muito pelo contrário. Eu admito que sou facciosa porque, sendo portuguesa, gosto de pensar que o Dodó tal como o conhecemos agora veio inicialmente de um nome que uns portugueses lhe deram quando o modelo de origem ainda estava vivo. Mas, mesmo assumindo à partida a minha falta de neutralidade, não deixo de ressalvar que me parece profundamente insensato que toda a comunidade académica moderna aceite sem segundos pensamentos nem verificação das fontes que o Dodó veio de uma palavra holandesa só porque foi isto que no século XIX decidiram uns senhores interessantes de sentimento anglo-saxónico que tinham sido uniformemente educados por Oxford e que já estão todos mortos há muito tempo.

Estão a ver? É que este pássaro extinto, que, como vamos ver a seguir no capítulo III, já nos fez pensar tanto e já empurrou tantas vezes para a frente as fronteiras do nosso conhecimento, continua a deixar-nos às voltas com as mais excitantes e ramificadas das interrogações de cada vez que vamos remexer no seu legado. Se um dia já tivermos estudado tanto que já podemos afirmar com toda a certeza de que raiz veio o nome do Dodó, certamente que no caminho para lá chegarmos levantámos ainda outra pedra que escondia ainda outra pergunta. Este pássaro faz-nos bem, porque está sempre a fazer-nos pensar.

E é por isso que este pássaro nunca morre.

«O império que o Homem tem sobre os animais é um império legítimo, que nenhuma revolução pode destruir. É o império do espírito sobre a matéria; é não só um direito da natureza, um poder fundado sobre leis imutáveis, como é ademais uma oferta de Deus, através da qual o Homem pode a qualquer instante reconhecer a excelência do seu ser; porque não é porque ele é o mais perfeito, o mais forte, ou o mais apto de todos os animais sobre os quais governa: se o Homem não passasse do primeiro da mesma ordem, os segundos juntavam-se entre si e uniam os seus esforços para lhe roubarem o império; mas é por superioridade da natureza que o homem reina e comanda; o Homem pensa, e portanto é o senhor de todas as criaturas que não pensam.»

Conde de Buffon, naturalista formidável
1797
«Empire de l'homme sur les animaux»

3 — A GÉNESE DO DODÓ MODERNO

Há nesta história um elemento que ainda só apareceu tangencialmente e que merece agora ser enunciado por extenso: o Dodó já esteve extinto por mais que uma vez, de mais que uma maneira. Primeiro deixou de estar vivo. Depois deixou de ser verdade.

Este pobre animal tinha dois graves problemas. Por um lado, assim que foi descoberto desapareceu muito depressa. E, por outro, foi descrito por quem disse que o viu como tendo uma anatomia a todos os títulos bizarra. Quer dizer, era todo um conjunto que, pura e simplesmente, não parecia credível. Em consequência, pouco tempo depois da sua extinção já o Dodó tendia a ser considerado não mais que uma fantasia. Quando entrou o século XIX, praticamente ninguém acreditava que o pássaro doido da Maurícia tivesse mesmo chegado alguma vez a existir, tal como nunca tinham existido as sereias, as serpentes marinhas, os monstros africanos que só viviam de ar ou as pessoas de braços na cabeça e olhos na barriga que saltitavam por cima do equador. Não existiam registos dignos de confiança. A maior fonte de evidência disponível baseava-se em desenhos ingénuos e histórias de algibeira impressas em papel barato, e ainda por cima eram obras que vinham de um período antigo e ultrapassado em que todos os marinheiros gostavam de encantar os que tinham ficado em terra com histórias fantásticas. Demasiado caricatural para ser verdadeiro, demasiado arquetípico para ser real, a criatura do Índico acabou por ser relegada sem remorsos para os confins nebulosos onde se amontoavam contos marítimos bizarros e lendas românticas sobre as paragens mais remotas do mundo.

Se hoje temos estes pássaros vivos e exuberantes em tantas frentes das nossas criações artísticas, devemo-lo ao esforço monumental que foi desenvolvido por um punhado de naturalistas em confronto. Estes foram os homens que tiveram que lidar com os mistérios da adaptação e da formação de novas espécies no preciso momento em que o mundo mudou radicalmente e sem retorno porque Charles Darwin introduziu no nosso cenário intelectual o conceito de evolução por selecção natural com o seu monumental «*A Origem das Espécies*» — e, assim fazendo, juntou os seus esforços aos de Marx e de Freud para dar início à modernidade.

As primeiras ideias de evolução contemporâneas de Darwin alinharam-se em muitas facções diferentes. Mas, por uma razão ou por outra, todas estas facções precisavam de recorrer à produção extravagante da Maurícia para fundamentar as suas teorias por forma a poderem erguê-las ao estatuto tão cobiçado de consenso universal. E, por isso, o que uniu estes investigadores entre si, e os fez guerrearem entre si com muito mais ardor do que com qualquer outro colega, foi a sua convicção inabalável de que o Dodó tinha existido mesmo: a existência do pássaro sem sorte era fundamental para validar as suas teorias respectivas sobre a adaptação e a extinção.

A controvérsia destes cientistas entre si, e com todos os cépticos que não acreditavam que o Dodó fosse mais uma maquinação pitoresca de um momento histórico já defunto, desenrolou-se durante todas as suas vidas, e só chegou a um fim consensual depois de os mais relevantes de entre eles terem morrido. Esta disputa académica particularmente acalorada centrou-se principalmente em Oxford. Provavelmente, foi por isso que um professor de matemática que pontificava em Oxford nessa altura e se chamava Lewis Carroll resolveu incluir um Dodó no País das Maravilhas. Mas a esse assunto voltaremos no capítulo VI.

3.1 — ENTENDER A CRIATURA

O principal pomo de discórdia no debate de Oxford sobre o Dodó centrava-se no próprio Darwin. O estrépito causado pela publicação de «*A Origem das Espécies*» deixou os naturalistas da época numa situação em que era impossível manter a neutralidade e não tomar nenhum partido. Podia endossar-se o conceito darwinista de evolução de uma forma ardente, ou então de uma forma prudente. Ou então podia rejeitar-se Darwin em bloco e subir a parada com edifícios teóricos que suportassem propostas anteriores sobre a evolução, como as de Buffon ou de Lamarck. Ou podia até ter mesmo muita ousadia e propor-se ainda um novo modelo, e depois suar muito para fazer com que esse modelo fosse consistente e resistente perante dados adversos.

O Dodó era uma espécie perfeita para corporizar esta controvérsia, porque a sua fisionomia extravagante se prestava a argumentos radicalmente divergentes sobre os fenómenos que permitem fazer uma espécie nova ganhar forma e estatuto autónomo a partir de moldes preexistentes. E foi assim que, com o Dodó como estandarte, em breve estavam formadas duas hostes adversas batalhando pela verdade final sobre os mecanismos da evolução.

Os que estavam do lado de Darwin encontravam no Dodó a confirmação de uma das teses para a especiação propostas pelo seu mentor: a possibilidade biológica de algumas espécies se formarem a partir de formas juvenis que se tornam sexualmente maduras e cumprem todo o seu ciclo de vida sem nunca atingirem o estado adulto. Este fenómeno, na época completamente desconhecido, está agora bem estabelecido e confirmado num grande número de organismos, e recebe a designação de *neotenia*.

Por outro lado, os que não aceitavam qualquer princípio de veracidade nas teses de Darwin olhavam para o Dodó e viam nele um veículo exemplar para as ideias coloridas de formação de espécies propostas com uma eloquência magistral pelo mais prolífico e influente de todos os naturalistas do século XVIII, o nosso conde francês com o título de Buffon. Buffon pensou na especiação como um fenómeno que ocorre através de várias vias de degeneração, impostas ao modelo original pelas condições ambientais e pelos hábitos reprodutivos.

Os polemistas de Oxford tinham pela frente uma audiência de colegas cépticos, mais inclinados para a catalogação do Dodó no grande saco de todos os pandemónios que saem dos voos da imaginação que há nos folclores. E por isso, para poderem levar para a frente as suas ideias, tiveram que ressuscitar o pássaro a partir dos únicos fragmentos de evidência a que tinham acesso. Existiam ossos capazes de formarem aproximadamente três Dodós, dispersos por muitos museus, que já são mencionados em catálogos do século XVII, confirmando a grande comoção que a seu tempo o Dodó causou na Europa. Para além disto, existiam agora tentativas vagas de reconstruir esqueletos inteiros. Existiam também os diários de bordo e as gravuras rudimentares dos marinheiros do século XVII. E, por fim, existia uma colecção diminuta de retratos a óleo do Dodó deixados para a posteridade por Hofnaegel e Savery.

O amor da marquesa

Há muitos problemas na análise deste espólio fragmentado. Alguns são-nos bem explicados por uma senhora que nasceu no Japão e ficou no registo como a marquesa Masauji Hachisuka, dodologista do século XX. A sua longa compilação de factos e imagens, «*Dodo and kindred birds*», foi publicada em 1953, o ano da sua morte. O livro é assaz bizarro, e faz-nos pensar várias vezes quem seria exactamente esta pessoa. Mas não temos nem um retrato dela. Só os seus escritos. Estes abrem com uma citação nostálgica dos salmos, recordando uma terra virgem que já não é a nossa, e que é a mesma citação que o taxonomista sueco Karl Linnaeus usou no século XVIII quando publicou o seu «*Systema naturae*» para classificar o mundo dentro de binómios bem definidos:

«Oh Jehova
Quam ampla sunt Tua Opera!
Quam sapienter Ea fecisti!
Quam plana est Terra possessione Tua!»

A seguir, a dedicatória da marquesa reza assim:

«Para
SUA FALECIDA MAJESTADE BORIS III.
Rei dos Búlgaros
Este trabalho é dedicado com gratidão por
A Sua Falecida Majestade mais devotada
E obediente serva
A AUTORA.»

Estando cumpridas estas cortesias introdutórias, Hachisuka dedica-se de alma e coração ao inventário de todos os problemas encontrados na organização final do puzzle do Dodó.

«**Como a maioria das ilustrações representa o Dodó numa forma muito gorda, foi seriamente discutido pelos Dodologistas se o efeito de excesso alimentar em cativeiro poderia ter introduzido alterações na fisionomia do pássaro que confundem a percepção moderna.**» Isto, acrescenta, foi finalmente considerado improvável, uma vez que todas as narrativas de viagens descrevem os Dodós com a barriga a arrastar pelo chão. Como escreveu Oudemans em 1907, «**a condição magra e ágil, e a condição gorda e trapalhona, podem estar relacionadas com a altura do ano. Mas uma condição gorda tão anormal provoca mais interesse que uma condição magra, em que o pássaro fica mais parecido com um peru, e por esta razão o Dodó é geralmente representado como gordo e estranho**».

Mas lembrem-se que isto são só conjecturas. E agora parem por um momento para considerarem quantos detalhes sobre o Dodó eram completamente desconhecidos, e tiveram que ser colados uns aos outros a partir de evidência secundária dispersa.

Por exemplo, por que é que decidimos que o Dodó vivia na floresta? Quase todos os retratos do século XVII o representam perto da água. Mas temos que acreditar nos relatos originais, que nos contam uma vez e mais outra como dúzias de Dodós foram capturados à mão entre as árvores. Parte-se agora do princípio de que os pássaros foram pintados perto da água porque na Europa eram mantidos em áreas cercadas com outras aves ornamentais, como gansos, patos, e cegonhas, todos visitantes das margens.

E quanto à canção do Dodó? Talvez o pássaro arrulhasse de facto à maneira dos pombos, como defende Hachisuka. Talvez fosse silencioso, como dizem os escritos antigos. Mas até os relatos datados do período dos Descobrimentos podem ser extremamente confusos a este respeito. Por exemplo, em 1669 Andersen e Iversen escreveram: «**Quando agarrámos um pela perna ele soltou um grito, outros vieram a correr para ajudar o prisioneiro, e esses foram também capturados.**» Ao mesmo tempo, os Solitários de Rodriguez foram descritos pelo conscienciosíssimo Leguat como «**vertendo lágrimas sem gritar**» quando são capturados:

Os alvos fáceis: «Os habitantes mais velhos asseguraram-me que estes pássaros monstruosos sempre lhes foram desconhecidos. Seja como for, é certo que por um século ninguém viu aqui animais desta espécie. Mas é muito provável que, antes das ilhas serem habitadas, os viajantes tenham encontrado algumas espécies de pássaros muito grandes, pesados e incapazes de voar, e que os primeiros marinheiros que aqui aportaram os tenham destruído devido à facilidade com que se deixavam apanhar.»

Morel, «Les oiseaux monstrueux nommés Dronte, Dodo, Cygne Capuchoné, Solitaire et Oiseaux de Nazareth», 1778

(de Strickland, «The Dodo and its Kindred; or the History, Affinities and Osteology of the Dodo, Solitaire, and Other Extinct Birds of Mauritius, Rodriguez, and Bourbon», 1848. Com autorização da Ernst Mayr Library, Museum of Comparative Zoology, Harvard)

«**Embora estes Pássaros possam às vezes aproximar-se familiarmente de nós, quando não os perseguimos, no entanto nunca se tornam Mansos: Assim que são capturados vertem Lágrimas sem gritar e recusam obstinadamente todas as formas de substância até que morrem.**»

E há a possibilidade de o grito do Dodó que atrai os seus companheiros ser um mal-entendido baseado nos hábitos dos papagaios. Embora Cauche tenha escrito que o Dodó «**grita como um patinho**», os autores modernos notam que nenhum outro membro da família do Dodó foi descrito como emitindo qualquer espécie de som, ao ser capturado ou em qualquer outra circunstância. Como comenta David Quammen, «**a canção do Dodó, se alguma vez ele teve uma, será desconhecida para sempre porque nenhum ser humano de quem tenhamos testemunho se deu ao trabalho de sentar-se na floresta e escutar**».

Da mesma forma, partimos do princípio de que o Dodó só punha um ovo depois de cada acasalamento porque Leguat nos descreveu com detalhe os hábitos de um primo chegado, o Solitário de Rodriguez.

Até a dieta do Dodó tem elementos de mistério, como salienta Hachisuka:

«**O mais provável é que o Dodó comesse frutos caídos no chão, especialmente frutos das palmeiras, que eram abundantes na ilha. Também podia comer bolbos, uma vez que as suas unhas e bico poderosos lhe tornariam fácil a sua escavação. E não é improvável que, quando ocorressem episódios sazonais de escassez alimentar, o Dodó se virasse para caranguejos e mariscos: o bico permitiria ao pássaro revirar as pedras à procura destas espécies.**»

Também encontramos sérios problemas no que toca a estabelecer uma data precisa para a extinção do Dodó. Só podemos inferi-la por evidência negativa: temos os diários datados daqueles que, como Peter Mundy, foram procurar Dodós na floresta e «**desta vez não encontrámos nenhum**». Mas nunca saberemos ao certo quando é que o último pássaro deu o último suspiro.

A maior das confusões

Para piorar ainda as coisas no que toca às circunstâncias difíceis em que decorreu o debate oitocentista de Oxford, a evidência que se tinha coligido até esses dias ainda não era *toda* a evidência. Por exemplo, há um artigo datado de 1918 em que Oudemans introduz novas variações que eram desconhecidas para os académicos que escreveram antes dele:

«**Em Agosto de 1909 visitei a *ville morte* chamada Vere na província holandesa chamada Zeeland, e aí vi uma pedra num frontão de uma casa que é bem conhecida por toda a gente que vive em Vere e por toda a gente que já visitou este sítio; a casa chama-se "In the Ostrich". No frontão há um**

O primeiro académico: «Os dedos eram curtos para uma perna tão espessa: pois que o comprimento do maior dedo do meio até à unha não chegava a exceder duas polegadas: o dedo de trás era menor que uma polegada e meia; mas as garras eram todas grossas, duras, pretas, com menos de uma polegada de comprido; mas a do dedo de trás maior que as outras, excedendo uma polegada.»

Carolus Clusius, «Exotica», 1605

(de Strickland, «The Dodo and its Kindred; or the History, Affinities and Osteology of the Dodo, Solitaire, and Other Extinct Birds of Mauritius, Rodriguez, and Bourbon», 1848. Com autorização da Ernst Mayr Library, Museum of Comparative Zoology, Harvard)

baixo-relevo que representa um pássaro de bico largo, pescoço espesso, asas curtas, plumas na cauda, e pernas grossas. Embora não seja ornitologista, reconheci imediatamente o Dodó. Mas o facto mais notável é que a pedra está datada de 1561, ou seja, antecede em 40 anos a representação mais antiga conhecida do pássaro extinto.»

Depois aparecem mais fragmentos perdidos:

«O Dr. Killermann de Regensburgo encontrou em 1912, num belo pergaminho de códex em Florença, uma imagem do Dodó, que mostra tão grande conformidade com a imagem do frontão que concluí que os artesãos de ambas as obras tiveram diante dos seus olhos um pássaro da mesma espécie, do mesmo sexo, na mesma fase de desenvolvimento, e na mes-

ma posição. A figura do Dodó no frontispício do *Variorum Navigationes*, de Bry, 1610, é conforme em todos os aspectos e com tanta exactidão com a imagem do pergaminho de Florença que estas duas figuras devem ser cópias de um desenho original que ilustra um dos muitos diários manuscritos respeitantes à viagem de Van Neck. O mais provável é que esse manuscrito se encontre também em Florença.»

Com a curiosidade atiçada pela descoberta que fez em Vere, Oudemans está disposto a vasculhar uma vez mais todo o historial do Dodó. Mas acaba de confundir os registos com mais um mal-entendido: o chamado Dodó de Florença, semelhante ao pássaro de Vere, foi depois identificado como representando antes uma fêmea do Solitário de Rodriguez. E hoje há quem diga que afinal era mesmo só uma avestruz.

Que confusão.

Os dados trocados

Restava espiolhar uma parte do espólio que poderia talvez ser muito relevante, os famosos retratos a óleo. Mas, oh meu Deus. A análise destes retratos acabou por ser uma tarefa homérica em mais que uma frente. Uma senhora que em 1979 apresentou na Yale uma tese de doutoramento sobre os desenhos de Roeland Savery refere-se ao debate de Oxford centrado nas criações artísticas da Escola de Praga de Rodolfo II e lamenta:

«Infelizmente, as conclusões deles têm um valor bastante limitado — porque chegaram às suas conclusões com base em análises defeituosas da evidência pictórica à sua disposição. Deixaram-nos apenas conjecturas. O estudo da sua literatura leva-nos através de um caminho tortuoso num labirinto quase impenetrável de afirmações não fundamentadas e material indevidamente apropriado.»

É devastador, não é? E é mesmo verdade. Eu senti o mesmo quando andei a estudar a literatura deles. Portanto, preparem-se para uma viagem tormentosa. Antes de mais nada, até a verdadeira origem dos retratos a óleo se presta a debate, como é mais ou menos evidente (primeiro é preciso ler e reler o texto muitas vezes) nesta passagem do «*Diary of the Dodo*» de Victor Proetz — que, como já vimos, foi publicado em 1964.

Proetz começa por invocar a figura de G. Edwards, «**que escreveu *The History of the Birds*, ilustrado por ele mesmo com grande beleza, e publicado entre 1743 e 1751**». Depois argumenta:

«**Se o retrato do Dodo que está no British Museum fosse da autoria de Savery, como toda a gente diz que é, então não percebo como é que está claramente assinado G. Edwards, F. R. S., AD 1759. O segundo volume de uma segunda série** [de Edwards], **publicado em 1760, usa o Dodó do retrato do British Museum como ilustração, e como as ilustrações do livro são impressas a partir de placas de cobre, o Dodó do livro está voltado para a direita. Edwards teve que ser obrigado a recorrer a um dos retratos de Savery para a sua ilustração, uma vez que em 1759 — a data tanto do retrato como da placa de cobre — já não existia nenhum Dodó vivo para servir de modelo, nem mais nenhuma fonte. Mesmo o Dodó embalsamado da colecção Tradescant-Ashmole já tinha sido queimado quatro anos antes, portanto já nem sequer existiam espécimes mortos que pudessem ser modelos. Toda a gente teve que usar o Dodó de Savery como modelo. É evidente que até**

Expulso do Éden: Este é um dos Dodós mais famosos de Savery. É um detalhe do quadro «A queda de Adão», que se encontra agora exposto na Galeria Real de Berlim.

Tenniel [o ilustrador original de "Alice in Wonderland"] **teve que recorrer a Savery para desenhar o seu Dodó em *Alice*.**»

Ficaram confusos? Todos ficamos, depois de passagens destas. Agora imaginem os pobres académicos que estavam a tentar pôr o Dodó em ordem menos de cinquenta anos depois da produção destas infames placas de cobre.

O trabalho mais árduo

O que estes homens suaram. As pinturas, desenhos, e gravuras, estavam dispersos por particulares, antiquários, e bibliotecas avulsas. Isto tornava-os mais difíceis de descobrir, identificar, reunir, e finalmente estudar enquanto conjunto. Mais vezes que menos, as recriações do Dodó nestas peças de arte recuperadas com tanto esforço não estavam exactamente feitas sobre cenários naturalistas: como discutiremos até ao mais ínfimo pormenor no capítulo IV, os quadros da escola de Rodolfo representavam com frequência grandes assembleias de animais bizarros e raros de todo o mundo trazidos para a Europa pelos Descobrimentos, organizados em composições ou mitológicas ou edénicas. Em consequência, os Dodós figuravam neles ao lado de criaturas espampanantes vindas de todos os quadrantes do horizonte, e nem sequer apareciam a fazer as coisas que um Dodó normal faria. E assim, e para que as suas observações fizessem mais sentido, os dodologistas de Oxford acharam que a melhor solução era extirpar os Dodós dos quadros, juntando-os a todos em ilustrações a cores e por vezes desenhando à sua volta detalhes da flora que lá deveria ter estado, ou então rascunhando à sua volta os contornos dos animais e plantas que os rodeavam nos quadros de origem, para que o leitor pudesse distinguir instantaneamente qual era o quadro específico que estava a ser analisado. Por seu turno, e apesar de todas as suas boas intenções, este tipo de expediente acabou por criar ainda mais desvios e confusões quanto à verdade original. Por exemplo, houve um quadro específico de Savery, onde o Dodó está parado à beira de um regato a olhar com grande gula para o que parece ser uma enguia pequenina na corrente, que no século XIX desencadeou um grande debate sobre a possibilidade de os Dodós terem sido carnívoros.

O grande dilema

Como é que se retira ciência digna de confiança de uma dúzia de ossos e um punhado de pinceladas? Se um feito desta magnitude podia desmoralizar os cientistas dos nossos dias, as tribulações do gang de Oxford aparecem-nos como ainda mais monumentais se tivermos em mente que o relato daquele senhor do ca-

Em toda a sua glória: Para conseguirem compreender melhor o objecto do seu estudo, os dodologistas do século XIX tiveram muitas vezes que decalcar os Dodós dos quadros originais «tipo Savery», onde participavam em assembleias coloridas de inúmeros animais exóticos, para depois os organizarem em figuras numeradas, por vezes desenhando à sua volta rascunhos do ambiente circundante na composição original, para esta poder ser mais facilmente identificada. Estes três Dodós foram decalcados de três quadros diferentes. O que está à esquerda a levantar a perna é o que deliciou Broderip **«em toda a beleza do seu corpo feio».**

(de Owen, «Memoir of the Dodo», 1866. Com autorização da Ernst Mayr Library, Museum of Comparative Zoology, Harvard)

pítulo II que viu um Dodó engolir pedras dentro de uma tenda montada numa rua de Londres era a única evidência credível de o Dodó ter alguma vez existido, uma vez que nunca mais ninguém tinha encontrado novos ossos no local de origem. Havia vários naturalistas amadores que passavam a vida nas ilhas do Índico ocidental e recolhiam colecções de peças excitantes e depois enchiam os museus da Europa com elas, mas nenhuma destas colecções incluía restos de Dodó.

Ainda por cima, partiu-se então do princípio completamente erróneo que, se os registos escritos do Dodó vinham da Maurícia, então o melhor sítio para procurar ossos seria Madagáscar. Isto porque Madagáscar era uma ilha próxima, mas muito maior, e com uma fauna nativa ainda mais abundante. O que na altura fazia sentido, porque hoje estamos todos familiarizados com o conceito da especiação extrema dos animais que estão por séculos e séculos confinados a ilhas sem contacto nenhum com o exterior, mas na época esta ideia ainda não era minimamente clara. De maneira que as pessoas revolveram Madagáscar à procura de vestígios do Dodó e como seria de esperar não encontraram nenhum, e depois notaram que os registos seiscentistas da fauna de Madagáscar nunca mencionavam Dodós, o que as deixou ainda mais confusas e deu ao pássaro doido uma conotação ainda mais fantasmagórica.

Isto era tudo profundamente desencorajador.

O Dodó demorou cerca de um século a morrer depois de ser descoberto. Agora ia precisar de mais dois séculos para voltar à luz do dia através de palavras, desenhos, e partes dispersas.

O protótipo da extinção

Os esforços académicos dos tempos em que as ciências são incipientes mostram os maiores méritos na sua capacidade de engenho. Toda esta barafunda de analisar quadros da Escola de Praga e procurar coligir registos antigos pode parecer-nos a nós muito ingénua, mas a verdade é que chegou mesmo a dar frutos. Não só acabou por validar a autenticidade do pássaro doido, como ainda por cima nos trouxe uma visão do Dodó muito mais brilhante e colorida do que a que de outra forma teríamos, tal foi a minúcia de detalhes e a riqueza de registos que os investigadores de Oxford acabaram por desenterrar da poeirada dos Descobrimentos.

Está na altura de entrar em cena um ornitologista inglês que se chama Hugh Edwin Strickland e que foi na altura o presidente da Ashmolean Society em Oxford, a última morada do patético Dodó empalhado de que falámos no capítulo II. Com a colaboração do seu associado Alexander Melville, Strickland publicou em 1848 um monumento que se chama «*The Dodo and its Kindred*». Este esforço formidável de trazer o Dodó de volta à vida começa com uma tentativa muito bonita de compreender e explicar a extinção:

«Parece, de facto, que a Morte é uma Lei da Natureza tanto na Espécie como no Indivíduo; mas esta tendência interna para a extinção pode em ambos os casos ser antecipada por causas violentas ou acidentais. Inúmeros agentes externos têm afectado a distribuição da vida orgânica durante vários períodos, e um destes agentes tem operado exclusivamente durante a época actual; *viz.* a agência do Homem, uma influência peculiar nos seus efeitos, e que se nos torna conhecida tanto por testemunho como por indiferença. O objectivo do presente tratado é exibir alguns exemplos notáveis da extinção de várias espécies orníticas, constituindo uma subfamília inteira, através da agência Humana, e sob circunstâncias de interesse peculiar.»

Ah. Este senhor vai falar-nos de uns pássaros extintos. Mas a publicação de «*A Origem das Espécies*» ainda está a dez anos de distância. Com este estado do conhecimento em mente, a prosa de Strickland torna-se particularmente pungente quando o encontramos a tentar discorrer sobre padrões de distribuição e adaptação das espécies, numa primeira tentativa de sintetizar o conceito ainda inexistente de ecossistema:

«Verificamos que existe uma relação espacial entre as estruturas de corpos organizados e os distritos da superfície da Terra em que habitam. Alguns grupos de animais e vegetais, frequentemente muito extensos, e contendo uma multitude de géneros e de espécies, estão de facto confinados apenas a certos continentes, e por vezes às ilhas adjacentes.»

A nota de pé de página que ilustra esta afirmação reza assim:

«Para citar uma instância entre milhares: o grupo dos Colibris, que contém centenas de espécies, está exclusivamente confinado ao continente Americano e ao Arquipélago das Índias Orientais.»

Tendo esclarecido o seu ponto, Strickland continua:

«**No estado presente da ciência devemos contentar-nos com admitir a existência desta lei, sem sermos ainda capazes de enunciarmos o seu preâmbulo. Sabemos que a lei *não* implica uma dependência da distribuição orgânica do solo e do clima; porque encontramos frequentemente uma identidade perfeita dessas condições em hemisférios opostos e em continentes remotos, cujas fauna e flora são inteiramente diversas. Também *não* implica que organismos próximos mas distintos tenham sido resultantes de desenvolvimento espontâneo a partir de um stock original único, porque (para dispensarmos outras objecções) encontramos ilhas isoladas que foram ejectadas do fundo do mar por actividade vulcânica (como as Galápagos, por exemplo) habitadas por formas terrestres próximas das do continente adjacente, embora estejam a centenas de milhas de distância, e nunca tenham, obviamente, entrado em contacto umas com as outras. Mas este facto *pode* indicar que o Criador, ao formar novos organismos para descartar as funções requeridas de tempos a tempos pelo equilíbrio sempre precário da Natureza, decidiu ser adequado preservar a regularidade do Sistema por modificação dos tipos de estrutura já existentes em localidades próximas, em vez de proceder *per saltum* e introduzir formas de aspecto mais estrangeiro.**»

Muito bem. Está lançada a fundação. Chegou a altura de introduzir a tal subfamília inteira de aves que Strickland escolheu para o fulcro do seu trabalho, pelo que seguidamente se dá início à descrição da «**espécie ornítica**» em causa.

«**Estas aves eram de grande tamanho e proporções grotescas, as asas demasiado curtas e fracas para o voo, a plumagem solta e descomposta, e o seu aspecto geral sugeria uma imaturidade gigantesca. A história destas aves é tão notável como o era a sua organização. Há cerca de dois séculos as suas ilhas natais foram pela primeira vez colonizadas pelo Homem, pelo qual estas estranhas criaturas foram rapidamente eliminadas. A sua extinção foi tão rápida e tão completa que as descrições vagas que delas fizeram os primeiros navegadores foram por muito tempo consideradas fabulosas ou exageradas, e estas aves, quase contemporâneas dos nossos**

avós, associaram-se na mente de muitos com o Grifo ou a Fénix da mitologia clássica. O objectivo do presente trabalho é vindicar a honestidade dos rudes viajantes do século XVII.»

Agora é necessário introduzir alguma taxonomia no quadro.

«**Chamarei a estas aves singulares os *Didinae*.**»

Strickland não decidiu escolher este grupo por mero acaso, ou por obra de qualquer capricho inspirado pelo aspecto extravagante das criaturas condenadas. Estas criaturas têm um poderosíssimo significado metafórico, pois que, como o autor nos recorda, figuram a História da humanidade como um símbolo incontornável:

«**Os *Didinae* fornecem-nos a primeira instância claramente demonstrada da extinção de uma espécie orgânica por agência humana.**»

Oops.

Está registado, e é a primeira vez que está registado na História do nosso conhecimento: a gente extermina espécies inteiras.

A produção extraordinária

Por esta altura Strickland interrompe as festividades para se dedicar a umas reflexões profundas (à época muito pouco usuais) sobre estes desaparecimentos.

«**Devemos encontrar a nossa consolação na reflexão de que o Homem foi destinado pelo seu Criador para "frutificar e multiplicar-se e encher a Terra e conquistá-la". O progresso do Homem na civilização, juntamente com o seu aumento numérico, estende continuamente o domínio geográfico da Arte invadindo os territórios da Natureza, e por isso o Zoólogo e o Botânico das idades futuras terão um campo mais estreito para as suas pesquisas do que o que nós usufruímos agora. É, portanto, o dever do naturalista preservar para os registos da Ciência o conhecimento de todos os organismos extintos ou em extinção, quando somos incapazes de preservar as suas vidas.**»

Infelizmente, esta tarefa não vai ser simples, e nós bem o sabemos:

«**O paleontologista tem, em muitos casos, muito melhores dados para determinar os caracteres zoológicos de uma espé-**

cie que pereceu há miríades de anos, do que aqueles que tentam entender um grupo de aves em que algumas das espécies ainda estavam vivas no reino de Carlos I.»

Mas, seja como for, vamos a isto:

«Muitas pessoas são familiares com os traços gerais dessa extraordinária produção da Natureza conhecida pelo nome de Dodó — esse Pássaro estranho e anormal, cuja aparência grotesca, juntamente com o falhanço de todos os esforços feitos durante o último século e meio para encontrar exemplares vivos, fez com que por muito tempo os naturalistas científicos duvidassem da sua existência. Possuímos, no entanto, evidência indiscutível de que este Pássaro já existiu na pequena ilha chamada Maurícia, e está estabelecido com não menos certeza que essa espécie foi completamente exterminada há cerca de dois séculos.»

As facções adversas

Agora esperem lá, porque aqui a coisa complica-se mesmo: aceitando que o Dodó tivesse mesmo sido real, de onde poderia ter vindo a sua morfologia tão estranha? Esta questão fundamental ia ser o centro da grande disputa entre Strickland e os seus colegas Richard Owen e William John Broderip, que entretanto tinham unido esforços para produzirem mais uma compilação monumental, «*Memoir of the Dodo*»: Broderip recolheu transcrições de relatos antigos e organizou-as num prefácio muito extenso, enquanto Owen meteu ombros à tarefa espinhosa de medir, descrever, comparar, e desenhar, para nossa instrução e ilustração, os ossos de Dodós acessíveis em museus.

Fora da dodologia, o nome de Strickland tornou-se virtualmente desconhecido para a posteridade. Owen, por outro lado, é uma entrada obrigatória em toda e qualquer enciclopédia. Ora aqui está um senhor a quem a rainha Vitória Ela Mesma ofereceu uma casa em Richmond Park. Este senhor publicou dúzias de artigos e monografias que marcaram profundamente o seu tempo, e estabeleceu uma reputação que o fez ficar conhecido como «O Cuvier Inglês» — e é verdade que o seu trabalho em anatomia e paleontologia comparadas foi desenvolvido na melhor tradição Cuvieriana, e só é comparável ao do próprio Cu-

A atracção turística: «Esta ilustração representa um famoso Dodó da Maurícia no centro. É uma fêmea adulta, do tamanho de um peru, observada na Holanda durante a estação nupcial, de Março a Setembro, quando o clima na Maurícia é fresco e seco, e o pássaro se torna extremamente gordo. Devido a uma acumulação pesada de gorduras as asas tombam com as pontas apontando para baixo. A barriga fica pendurada entre as pernas e quase roça o chão. A sua moela continha uma pedra grande, áspera, cinzenta, do tamanho de um ovo de galinha; e está registado que os rudes marinheiros que capturavam à mão dúzias de Dodós para comerem davam um grande valor à pedra para afiarem as suas facas. Este é o melhor desenho do Dodó, uma pintura holandesa de tamanho autêntico, feita por Roeland Savery provavelmente em 1626. Estava anteriormente na posse de Sir Hans Sloane e mais tarde passou para a posse de George Edwards, que o ofereceu ao British Museum como grande curiosidade. É popularmente conhecido como "o Dodó de Edwards". Foi daqui que foi derivado o desenho do Dodó que aparece em *"As Aventuras de Alice no País das Maravilhas"* de Lewis Carroll, um livro delicioso lido por quase todas as crianças de língua inglesa.»

Marquesa Hachisuka, «The Dodo of Mauritius», 1939

vier (que, para quem não sabe e como veremos à frente, era francês). Depois de ter sido cirurgião e professor de anatomia comparada e fisiologia no Royal College of Surgeons e na Royal Institution, Sir Richard Owen foi feito cavaleiro da Order of the Bath quando se reformou.

Owen começou a trabalhar em Londres como assistente de William Clifts, conservador da Hunterian Collection no Royal

College of Surgeons. Nesta categoria, foi premiado com dois acontecimentos que influenciaram o resto da sua vida. Antes de mais nada, acabou por casar-se com a filha de Clifts, a bela Caroline. E depois, em 1830, Clifts pediu-lhe que se responsabilizasse pela visita guiada às colecções do museu do grande naturalista francês Georges Cuvier, que estava de visita. A visita deve ter corrido muito bem, porque no ano seguinte Cuvier convidou Owen para uma visita a Paris. Até à sua morte, Owen referiu-se tanto a esta viagem como à sua visita ao museu de Cuvier como «**a maior influência no meu trabalho**».

Quando Clifts morreu, Owen tomou o seu lugar. Em 1856, foi nomeado superintendente dos departamentos de História Natural no British Museum, para os quais concebeu as novas instalações em South Kesington. Foi nesta altura que abandonou a carreira médica para se dedicar exclusivamente à investigação. A partir de 1828 já tinha começado a dissecar corpos de animais mortos vindos dos jardins da Zoological Society de Londres, e nas novas funções ficou com muito mais margem de manobra. O resto da sua vida foi consistentemente pontuado por grandes prémios em anatomia comparada, morfologia de vertebrados e geologia. Ajudou a delinear vários grupos naturais, e tornou conhecidos muitos organismos, tanto recentes como fósseis.

Estes estudos foram envolvendo Owen num enorme fascínio pela natureza dos monotrématos e marsupiais, vivos ou fossilizados. Partiram expedições atrás de expedições para a Austrália e para a Nova Zelândia, e todas elas trouxeram de volta novos espécimes para investigação. Ao mesmo tempo, Owen também se interessava imenso por primatas, sobretudo por macacos antropóides e pela sua relação com os humanos. De maneira que também partiram imensas expedições para África, que lhe mandaram mais espécimes para estudo e classificação.

Estes estudos ofereceram a Owen a maior de todas as suas gratificações intelectuais quando, em 1839, uma expedição que estava a trabalhar na Nova Zelândia sob as suas instruções descobriu um fémur com todo o ar de ter pertencido a um pássaro gigante já extinto e até então desconhecido, a criatura que agora conhecemos como a Moa da Nova Zelândia. Como veremos na próxima secção, esta descoberta foi da maior importância para o debate taxonómico em torno do Dodó, quando Owen estava, como sempre, ansioso por defender e fazer vingar as suas opiniões.

A amizade amarga

Owen não era propriamente um homem simples. Hoje é maioritariamente recordado, em medidas iguais, tanto pelas suas contribuições para o estudo dos fósseis animais como pela oposição fortíssima que ergueu às propostas de Charles Darwin. Owen dizia que não se opunha a Darwin exactamente no que respeita ao conceito de evolução, mas antes na questão da selecção natural; e, em alternativa, ofereceu umas noções muito complicadas de «transmutação das espécies», que não são minimamente claras, em parte por causa do estilo caprichoso do autor. Em 1848, declarou que conseguia imaginar pelo menos seis mecanismos através dos quais o Criador poderia ter actuado para criar espécies, mas que não iria enumerá-los. Estas declarações deram origem a um grande debate com um dos defensores mais activos de Darwin, o menino Thomas H. Huxley que ao lado de Owen era um jovenzinho imberbe e sem currículo. Este debate culminou em 1860 com um confronto público entre os dois homens que para Owen não podia ter sido mais patético devido ao grande baile que levou do jovenzinho, com todos os colegas a assistirem. Ainda por cima a cena passou-se durante um encontro da British Association for the Advancement of Science, uma instituição de que Owen fora o presidente em 1858 e que agora parecia estar maioritariamente contra ele. O azedume causado por este embaraço público parece ter levado Owen a manobrar e instruir por trás das cortinas o bispo Wilberforce na polémica interminável que este teve depois com Huxley.

Há um toque pessoal interessante nesta saga académica tão séria: Owen e Darwin tinham sido colegas em muito bons termos antes da explosão desta controvérsia. Owen foi apresentado a Darwin pelo já mencionado notável geólogo Charles Lyell (o senhor que redescobriu a data exacta da destruição do último Dodó embalsamado, mencionado no capítulo II), e os dois homens iniciaram uma colaboração toda amigável quando Darwin pediu a Owen que o ajudasse a classificar os seus fósseis da América Latina.

Talvez o discernimento de Owen tenha ficado seriamente abalado ao sentir que a sua enorme proeminência na Biologia ia ser seriamente ofuscada aquando da publicação de «*A Origem das Espécies*» em 1869 — ou então este grande senhor estava tão profundamente dedicado às ideias herdadas de Buffon (estas vão aparecer agora um bocadinho mais abaixo) que a explicação da evolução através de qualquer outro sistema alternativo lhe parecia uma heresia pura e simples. Decidido a desacreditar o seu colega, Owen escreveu uma longa crítica anónima da «*Origem*», publicada em 1860 na «*The Edinburgh Review*», sobre a qual Darwin comentou:

«**É extremamente maldosa, muito esperta, e temo que possa ser muito destrutiva. Deturpa a citação de algumas passagens, alterando palavras entre aspas. É preciso muito estudo para apreciar devidamente todo o azedume de muitos dos comentários contra mim.**»

À medida que as teses de Darwin começaram a ser mais consensualmente aceites pela comunidade académica, Owen modificou de certa forma a sua posição. Embora até ao fim negasse a doutrina de Darwin, acabou por admitir a plausibilidade das suas bases, e depois passou a insistir que fora ele o primeiro a detectar a verdade fundamental em que o princípio se baseava. Escusado será dizer que a amizade entre os dois homens nunca foi reatada.

A criação desorientada

Portanto, agora já sabemos que Richard Owen era no seu tempo uma figura proeminente da Biologia, com o seu poder sobre o mundo académico seriamente consolidado pela posição que ocupava no British Museum. Strickland era um cientista de créditos muito mais modestos. Mas estes dois homens lutaram de igual para igual pela verdade absoluta sobre a genealogia do Dodó, e nesta luta particular David ganhou mesmo a Golias. Strickland estava do lado de Darwin. Owen, pelo contrário, era não só um valente opositor de Darwin mas também o mais feroz combatente pelas ideias de Buffon. Partilhava com o conde francês a convicção inabalável de que o Dodó fora uma criação desorientada de um habitat demasiado jovem e pouco sensato. Ou seja, tanto Buffon como Owen pensavam que a Maurícia, sendo jovem e pequena, não conseguira inventar produções menos extravagantes e mais funcionais. Para ambos, o desastre resultante que dava pelo nome de Dodó apresentava todos os sinais da sua insipiência sem apelo nem agravo, com manifestações visíveis até nos hábitos reprodutivos: segundo Owen, o carácter monogâmico do Dodó destituía o pássaro «**até da excitação de um combate pré-nupcial sazonal**», permitindo-lhe «**continuar a alimentar-se e a reproduzir-se de uma forma preguiçosa e estúpida**», e assim bloqueando «**qualquer crescimento do cérebro proporcional ao gradualmente crescente incremento da massa corporal**».

A forma pela degeneração

Bem. E agora é melhor não irmos mais longe sem analisarmos primeiro como deve ser, e com todo o devido respeito, o que é que o propriamente dito Buffon escreveu quando propôs no século XVIII um modelo para a evolução. Tem que ter sido um modelo muito inteligente e muito sólido, porque ainda sobreviveu às ideias de Darwin por pelo menos trinta anos depois da publicação da *«Origem»*, e ainda parecia o veículo ideal para a transmutação dos animais para homens tão cultos, inteligentes e dedicados como Richard Owen. As referências constantes às ideias de Buffon na controvérsia entre Strickland e Owen empurram-nos repetidamente para um exame mais detalhado do raciocínio do grande conde sobre como é que a degeneração dos animais pode levar à formação de novas espécies.

Uma fonte óbvia para este exame é o capítulo «*Degeneração dos Animais*» incluído na secção de «*Quadrúpedes*» da gigantesca «*História Natural*» de Buffon.

No cenário de Buffon, as espécies animais são esculpidas pelos poderes de modelagem do seu ambiente. O seu primeiro exemplo é o próprio Homem, um protótipo em tempos homogéneo e agora subdividido numa grande variedade de raças «**degeneradas**» diferentes.

«As alterações tornaram-se tão grandes e notáveis que teríamos acreditado serem o preto, o lapão, e o branco, representantes de três espécies diferentes, se não tivéssemos a certeza de que Deus só criou um homem [Adão], **e também porque o preto, o lapão, e o branco, podem tornar-se unidos e propagar em conjunto a grande família da humanidade: o sangue é diferente, mas o germe é o mesmo.**»

Nestas misturas o Homem mostra uma elasticidade muito maior do que a encontrada nos animais, e mais ainda nas plantas; e, segundo Buffon, esta elasticidade vem «**menos do corpo do Homem que da sua própria alma**».

Esta elasticidade também nos permite penetrar mais profundamente nos mistérios da História da Terra:

«**A grande divisão da Terra é a dos seus dois continentes; esta divisão é mais antiga que todos os nossos monumentos; mas o Homem é ainda mais antigo, porque aparece nos dois mundos.**»

Os hábitos reprodutivos, essa manifestação tão peculiar da alma humana, trabalham sobre a diferenciação porque potenciam o efeito do ambiente: «**demora de 150 a duzentos anos para branquear a pele de um preto através da mistura com o sangue de um branco; mas precisaríamos provavelmente de outros tantos séculos para atingir o mesmo efeito apenas por acção do clima.**»

Mas é difícil delinear experiências precisas para testar estes pressupostos:

«**Teríamos que transportar alguns indivíduos desta raça preta do Senegal para a Dinamarca. Teríamos que colocar estes pretos e as suas companheiras num espaço estanque, e conservar a raça cuidadosamente, sem permitir nenhumas misturas; este meio é o único que podemos empregar para definir quanto tempo necessitaríamos para reintegrar a natureza do Homem, e, pela mesma razão, quanto tempo levou para mudar de branco para preto.**»

Também é preciso levar em conta as diferenças nas contribuições sexuais quando se organizam emparelhamentos cruzados para se aperfeiçoar uma raça: «**a força e o volume são características masculinas; a postura e a beleza são características femininas.**»

O poder do lugar

Mas a reprodução é só uma das variáveis que entram numa equação de muito maior envergadura. Várias outras causas actuam sobre a espécie produzindo diferentes manifestações físicas. Por exemplo, não podemos deixar de considerar a importância dos hábitos alimentares, uma vez que a comida é a forma como a terra modela o corpo, tal como o céu modela a pele através de alterações de cor. A causa nutricional encontra-se mais manifesta nos herbívoros que nos carnívoros, uma vez que as plantas nunca podem abandonar o seu solo de origem, e portanto transmitem mensagens muito mais consistentes àqueles que as comem.

«**Em geral, a influência do alimento é maior, e tem efeitos mais pronunciados, nos animais que vivem de ervas e de frutos; aqueles que, pelo contrário, vivem das suas presas, variam menos devido a esta causa, e mais devido à influência do clima; porque a carne é um alimento já preparado e já assimilado à natureza do carnívoro que a devora; enquanto que a erva é um produto primário do solo, tem todas as propriedades do solo, e transmite imediatamente propriedades terrestres ao animal que a come.**»

Buffon ilustra este conceito com uma comparação entre os carneiros do mundo e os carneiros da Europa:

«Todos apresentam a marca do seu ambiente: nalguns aspectos tornaram-se mais perfeitos, noutros apresentam mais vícios. Mas como aperfeiçoar-se ou mostrar vícios são a mesma coisa para a natureza, são todos degenerados, porque todos sofreram alterações.»

Buffon salienta que, tal como o efeito da reprodução mostra rapidamente efeito na diferenciação das raças humanas, o efeito da terra e do céu actua mais depressa nos animais porque os animais, ao contrário do Homem, tendem a ter hábitos alimentares semelhantes, estão mais dependentes do solo, e não podem construir cabanas ou enfiar casacos, ou mesmo acender uma fogueira, encontrando-se portanto muito mais expostos à influência dos elementos. Esta é também a razão que faz com que os animais representativos de uma mesma espécie tendam a aparecer todos num mesmo sítio: é o sítio que melhor os protege na sua incapacidade de auto-socorro.

Os males da escravatura

Juntamente com «**a temperatura do clima**» e «**a qualidade do alimento**», Buffon enuncia uma terceira causa responsável pela degeneração dos animais: «**os males da escravatura.**» De acordo com a sua tese, os animais escravizados acabam por perder até alguns dos seus traços naturais originais, de depois disto já não conseguem sobreviver sozinhos.

Aqui está como a escravatura pode levar a deformidades transmissíveis, tal como é visível naquela que o autor considera a mais castigada de todas as raças, o camelo:

«Nasce com bossas nas costas, e com calosidades nas pernas e no peito: as suas calosidades são evidentemente feridas causadas por fricção constante, uma vez que estão cheias de pus e de sangue corrompido. Como transporta sempre uma carga pesada, a pressão da sela tornou impossível aos músculos das costas desenvolverem-se harmoniosamente, e depois fez a carne das áreas adjacentes ficar inchada; e como, sempre que o camelo quer descansar e dormir, o fazem cair primeiro sobre as patas da frente, e como o animal foi lentamente adoptando ele próprio este hábito, todo o peso do seu corpo recai por várias horas seguidas, todos os dias, sobre o seu peito e os seus joelhos; e a pele destas partes é apertada, friccionada contra a areia, perde os pêlos, espessa, e torna-se desorganizada.»

Quanto aos animais livres, menos dependentes da alimentação e do clima e não atingidos pela intervenção humana, a variação, segundo Buffon, vem sobretudo dos seus hábitos reprodutivos: as espécies monogâmicas e de reprodução mais lenta têm menos variações, e aquelas que mudam frequentemente os parceiros, têm várias crias por ninhada, e se reproduzem mais que uma vez por ano são as que variam mais. Isto parece ocorrer em correlação directa com o tamanho e a perfeição da espécie: os animais grandes e complexos reproduzem-se lentamente enquanto os animais inferiores e pequenos proliferam com grande rapidez.

A explicação dos prodígios

As semelhanças entre os animais do Novo e Velho Mundo pareceram a Buffon tão pronunciadas que o conde afastou a hipótese de serem resultantes de degeneração. Na sua opinião, essas semelhanças provavam que os dois continentes já tinham em tempos estado unidos, e que o Atlântico só os tinha separado depois de os animais vindos de uma única fonte original se terem instalado de ambos os lados. A modelagem através dos elementos seguiu depois o seu curso dos dois lados do oceano, criando as espécies dos nossos dias tal como as vemos agora. Buffon acrescentou que depois desta separação os animais americanos se tornaram mais pequenos e mais degenerados, um argumento que enfureceu sinceramente Thomas Jefferson.

Todo este processo de especiação através da degeneração pode agora parecer-nos pouco menos que prodigioso. Mas foi o próprio Buffon que nos disse logo:

«**E o que é um prodígio, na natureza, senão um efeito mais raro que os outros?**»

O estado infantil

Era por estas ideias que Owen tinha tão grande estima. Mas já vimos que Strickland, muito pelo contrário, se pôs desde o início do lado de Darwin. Sendo assim, e como é argumentável que o Dodó se parece com um patinho feio que foi subitamente insuflado para proporções gigantescas, o presidente da Ashmolean Society adiantou uma genealogia interessante:

«**O Dodó oferece-nos um desses casos, dos quais temos tantos exemplos na Zoologia, em que uma espécie, ou parte dos órgãos de uma espécie, se mantém para sempre num estado não desenvolvido ou infantil.**»

Para reforçar o seu argumento, o autor adianta exemplos semelhantes como a Baleia da Gronelândia «**que nunca ultrapassa a fase de aleitamento**» e do Proteu «**que nunca ultrapassa a fase de girino**». Da mesma forma, o Dodó nunca teria ultrapassado a fase de passarinho que ainda está no ninho, «**revestido de penugem em vez de penas, e com asas e cauda tão curtas e frágeis que se tornavam absolutamente inúteis para o voo**».

Este conceito não era para agradar a Owen. Na conclusão de «*Memoir of the Dodo*», o grande anatomista referiu-se a todos aqueles que, como Strickland, defendiam modelos de evolução baseados no aproveitamento de órgãos incipientes como «**estigmatizadores de Buffon**». Owen ridiculariza as passagens de Strickland mencionadas acima, e depois pergunta:

«**E o que é que os estigmatizadores de Buffon têm para oferecer *en lieu* da sua teoria tal como aplicada à origem desta espécie de pássaro?**»

Isto é o que Strickland, pelo menos, tinha para oferecer:

«**Pode à primeira vista parecer difícil explicar a presença de órgãos que são praticamente inúteis. Porquê, poderíamos**

De repente o Dodó gritou: «Acabou a corrida!», e todos se reuniram à volta dele, ofegando, e perguntando «Mas quem ganhou?»
O Dodó não podia responder a esta pergunta, e ficou durante um bom bocado com um dedo encostado à testa (a posição em que normalmente vemos Shakespeare, nos quadros que o representam), enquanto os outros esperavam em silêncio. Por fim o Dodó disse «Todos ganharam, e todos recebem prémios».
Alice achou que toda esta cena era muito absurda, mas estavam todos com um ar tão grave que ela não se atreveu a rir, e, como não conseguia pensar em nada para dizer, limitou-se a fazer uma reverência, com o ar mais solene que conseguiu arranjar.

Lewis Carroll, As Aventuras de Alice no País das Maravilhas

O pássaro das maravilhas: Esta placa de cobre apareceu pela primeira vez no «*Journal*» de Pieter van der Broeke em 1646. Representa um Dodó fêmea nas primeiras fases de mudança de pena, antes de aparecer a condição volumosa característica. O bico acaba de perder as bainhas.

perguntar, tem a Baleia germes de dentes que são completamente inúteis para a mastigação? Por que tem o Proteu olhos, se foi criado especialmente para habitar a escuridão? E por que é que o Dodó foi dotado de qualquer espécie de asas, se essas asas são completamente inúteis para a locomoção? Estes factos aparentemente anómalos são na realidade indicações de leis que ao Criador agradou seguir na construção dos seres organizados; são inscrições em hieróglifos desconhecidos, que estamos bem certos de quererem dizer *qualquer coisa*, mas cujo alfabeto só agora começámos a decifrar. Existem, no entanto, bases razoáveis para acreditarmos que o Criador deu a cada classe de animais um tipo de estrutura definido do qual nunca se desviou, mesmo nas modificações de formas mais excêntricas e extravagantes. Assim, se supusermos que a ideia abstracta de um Mamífero implica a presença de dentes, a ideia de um Vertebrado a presença de olhos, e a ideia de um Pássaro a ideia de asas, podemos então compreender por que é que na Baleia, no Proteu e no Dodó esses órgãos foram meramente suprimidos, e não totalmente aniquilados.»

Para Owen, este conceito é no mínimo risível. E este é o seu comentário, tal como inicialmente apresentado numa carta que enviou para o «*The Times*» em Maio de 1866:

«**Alguns naturalistas argumentam que é apenas necessário exibir a forma-tipo, ou "centro", de cada género ou família. Mas não dos dizem o que é essa "forma-tipo". É um termo metafísico, que implica que a Força Criadora tinha um padrão de orientação para todas as formas divergentes ou convergentes em cada género ou família. Esta ideia é destituída de provas; e os que fazem mais barulho advogando a ideia de que os espécimes exibidos nos museus deviam limitar-se a "tipos" não contribuíram em nada para aliviar as dificuldades do curador quando faz a selecção.**»

No parágrafo seguinte Owen professa o seu orgulho em se considerar praticamente só na cruzada contra as formas-tipo, e logo a seguir congratula-se por as suas próprias ideias terem sido adaptadas e parafraseadas pelo presidente da British Association for the Advancement of Science. Concluídas estas cortesias, que são longas, o grande senhor explica-nos por fim como pensa que o Dodó chegou a existir:

«O Dodó exemplifica a ideia de Buffon da origem das espécies a partir de desvio de um tipo original mais perfeito por degeneração; e as consequências conhecidas da falta de uso de um dos órgãos locomotores e do uso excessivo de outro indicam as causas secundárias que podem ter operado na criação deste tipo de pássaro, de acordo com a concepção filosófica de Lamarck. Os jovens de todos os pombos eclodem dos ovos com asas proporcionalmente tão pequenas como o Dodó: esta espécie reteve essa característica de imaturidade. A condição principal que tornou possível a existência e sobrevivência desta espécie na ilha Maurícia foi a falta de predadores que pudessem perseguir um pássaro enorme incapaz de voar. A introdução de destruidores deste tipo tornou-se fatal para a espécie, que já não tinha meios de fuga. O pombo da Maurícia reteve a sua capacidade de voo e continua a existir.»

O último argumento

Strickland não podia concordar com quaisquer ideias sobre evolução herdadas de Buffon.

«Tenhamos cuidado com a atribuição de epítetos como *imperfeição* a estes organismos anómalos. Cada animal e planta recebeu a sua organização particular não com o propósito de deslumbrar os observadores mas sim com o propósito de assegurar a sua sobrevivência. A sua perfeição, portanto, não consiste no número ou na complexidade dos seus órgãos, mas sim na adaptação da estrutura global às condições externas em que está destinada a viver. Portanto cada departamento da criação inorgânica é igualmente perfeito, o animálculo mais humilde, ou a mais simples molécula, sendo tão completamente adaptados ao seu habitat apropriado e às funções a que estão destinados, como o próprio Homem, que proclama ser o rei de tudo. Esta visão da criação é certamente mais filosófica que as ideias rudes e profanas acarinhadas por Buffon e pelos seus seguidores, um dos quais chamou ao Dodó *un oiseau bizarre, don't toutes les parties portaient le caractere d'une conception manquée*. Este autor imagina que tal imperfeição foi o resultado da impaciência juvenil da ilha vulcânica recém-formada que deu à luz o Dodó, e indica que um ve-

lho continente mais estável teria produzido um artigo muito melhor.»

E este é o último argumento de Owen:

«Seja como for, a verdade tem que ser dita. O *Didus ineptus,* devido à sua estrutura degenerada ou imperfeita, como quer que seja que a adquiriu, está morto.»

Contra factos não há argumentos.

A dieta misteriosa: Quando Strickland e Owen escreveram os seus livros, conheciam-se cinco quadros com imagens do Dodó. Este era o do quadro de que todos gostavam mais, um dos Orfeus de Savery. Consideravam-no «**o mais animado de todos os Dodós pintados**», a ponto de Strickland considerar que tinha forçosamente que ter sido pintado a partir de um espécime vivo. Este pássaro parece estar a olhar para uma enguia dentro de água com sinais evidentes de gula. Isto levou os dodologistas a debaterem com ardor se o Dodó poderia ter incluído animais aquáticos na sua dieta.

(de Owen, «Memoir of the Dodo», 1866. Com autorização da Ernst Mayr Library, Museum of Comparative Zoology, Harvard)

3.2 — CLASSIFICAR A CRIATURA

Didinae? Didus ineptus? Gallus peregrinus? Cygnus cucculatus? Lusitanorum? Até agora já encontrámos todos estes nomes científicos aplicados ao Dodó. Mas de onde é que vieram? Por que é que há tantos? Por que é que estes vários nomes são todos tão diferentes uns dos outros?

Ah. Pois é. Acontece que o Dodó foi uma figura tão influente na definição da nossa cultura moderna que até conseguiu ser de uma importância pivotal na organização e consolidação da taxonomia. Classificar o Dodó em termos científicos foi uma tarefa tão dura como compreender quer o seu modo de vida quer os factores que tinham determinado a sua morfologia extravagante. E, por tudo isto, os dodologistas tiveram que pensar muito, debater ainda mais, discorrer ainda mais para convencerem os seus colegas das suas ideias — e, com tudo isto, como aconteceu em tantos outros casos, a ciência evoluiu mais depressa e melhor do que teria evoluído sem o ímpeto desta charada de asas curtas.

A taxonomia que usamos hoje estabeleceu-se solidamente enquanto disciplina de pleno direito dentro das ciências vivas a partir do século XVIII. É claro que muitos cérebros concorreram para a sua génese, mas é fundamentalmente considerada a filha intelectual do naturalista sueco Karl Linnaeus, o senhor do vulgar de Lineu, que na época concebeu o seu sistema binário para classificar não só os animais e as plantas mas também os minerais. O sistema em questão destinava-se a alinhar todo o mundo vivo (de que os cristais fizeram muitas vezes parte) dentro de chavetas precisas de proximidade maior ou menor, dependendo da fisionomia, fisiologia, e comportamento global de cada espécie. No entanto, quando os binómios de Lineu começaram a agrupar os animais em grupos distintos de indivíduos relacionados uns com os outros, o Dodó da Maurícia, o Dodó Branco de Réunion, e o Solitário de Rodriguez, estavam já extintos. Enquanto metade dos naturalistas continuava a insistir que estas criaturas bizarras eram apenas visões antigas sem contrapartida no mundo real, a outra metade deitou mãos à obra e tentou encontrar-lhes um nicho taxonómico.

O Dodó da Maurícia começou por receber o nome de *Raphus cucculatus. Raphus* foi uma invenção do naturalista Moehring, na tentativa de latinizar a palavra holandesa *reet*, um termo não muito fino para dizer o traseiro. *Cucculatus* era apenas uma maneira mais digna de dizer cuco. Esta designação significa, portanto, qualquer coisa vagamente parecida com «pássaro género cuco com rabo».

O tesouro de família: A popularidade do estudo do Dodó manifesta-se não só no número impressionante de publicações, traduções e ilustrações referentes ao pássaro, mas também em incidentes como a sua aparição num brasão em 1688. Uma família com o apelido Dronte decorou o seu escudo com um pássaro de origem desconhecida, embora a descrição se baseie evidentemente em Clusius e Bontius: **«Tomamos o sabre com o nome Dodó, ou mais propriamente Dronte. Este pássaro exótico é igual a um Cisne em Grandeza, e é por alguns autores chamado *Gallus peregrinus e Cygnus cucculatus,* um Cisne com Capuz; mas é de forma muito diferente. Porque a cabeça está coberta (por assim dizer) com uma certa membrana, que se parece com um capuz. O bico é longo e espesso, amarelo junto à cabeça, a ponta preta; a mandíbula superior é curva na ponta, a mandíbula inferior tem uma mancha azul entre o amarelo e o preto. Está coberto por penas finas e curtas, e faltam-lhe asas, e em vez destas tem quatro ou cinco penas pretas compridas; a parte traseira do corpo é redonda, achatada, e carnuda, em que a cauda é de quatro ou cinco penas recurvadas, enroscadas juntas, da cor das cinzas. As pernas são curtas e espessas com dedos aguçados, amarelados; as garras pretas. Coxas revestidas por penas pretas, o resto do corpo cinzento.»**

Randle Holme, 1688, Academy of Armory and Blazon

Como o Dodó não se parecia minimamente com um cuco, e ainda por cima o pormenor do rabo não era assim propriamente esclarecedor quanto às características da espécie descrita já que todos os pássaros têm rabo, o rei dos taxonomistas, o propriamente dito Karl Linnaeus, resolveu dar à pobre criatura um nome mais decente. Acabou por decidir-se por *Didus ineptus,* qualquer coisa como «Dodó trapalhão». Esta nova designação não é propriamente do mais elogioso que veio ao mundo; mas adaptava-se tão bem ao mito do Dodó gordo e parvo que foi de facto considerada decentíssimo por muitos dos contemporâneos de Lineu: houve imensa gente que deixou mesmo de usar o *cucculatus* e se passou para o *ineptus.* Seguiram-se várias décadas ao dia em que Lineu cunhou este nome, durante as quais o *Didus* foi *ineptus* à saciedade, mas houve sempre uns puristas que não acharam graça à subversão fundamental das leis da taxonomia que a nova nomenclatura simbolizava: dizem estas leis que, em caso de dúvida ou de falta de consenso, o primeiro nome científico dado a uma espécie é aquele que deve prevalecer. Como no caso de um pássaro extinto sobre cuja biologia pouco ou nada se sabia a ordem de todos os outros factores era arbitrária, os apologistas do *Raphus cucculatus* acabaram por unir as suas vozes em protesto quanto ao desrespeito às regras patente no uso de *Didus ineptus.* Lineu tinha sido um dos mais fervorosos defensores da regra de ouro durante os seus longos anos de cruzada para estabelecer a ordem no universo taxonómico. Não havia contra-argumento a opor à regra de ouro. O Dodó trapalhão voltou a ser um cuco com rabo.

O prémio de consolação para o desenlace desta pequena charada foi o Dodó branco de Réunion, obviamente um parente muito próximo do Dodó da Maurícia mas ainda por baptizar em latim. Este, sim, podia ficar mesmo *Didus ineptus.* Mas, como era claramente uma espécie diferente de um mesmo género, optou-se antes por *Didus borbonicus.* Isto porque, à época, Réunion se chamava Bourbon. O nome específico do pássaro branco deveria assim ser uma homenagem aos Bourbons, então a casa real francesa. Claro que, tendo presente a cara de parvo sempre associada ao Dodó gordo e lento, é discutível se esta homenagem era assim tão dignificante como isso; mas, pelo menos, seja o que for que isto queira dizer sobre a forma como os cientistas viam a família real da França, foi consensual.

Faltava o Solitário de Rodriguez, e a este ninguém sabia mesmo o que é que havia de fazer. Acabou por ser classificado como um género diferente de uma mesma família, e baptizado com a nomenclatura vaga de *Pezohaps solitarius,* qualquer coisa como «o pombo solitário que caminha». A família que incluía os três pássaros extintos recebeu o nome de *Raphidae,* segundo o primeiro nome do Dodó da Maurícia.

Infelizmente, a taxonomia não é nenhum selo incontornável de credibilidade. Como já vimos, à medida que os anos passavam e as memórias se esbatiam, cresciam cada vez mais as suspeitas quanto à autenticidade do pássaro estúpido de asas ridículas. Em 1900 ainda existiam autoridades da História Natural que insistiam na falta de provas concretas de que esta criatura alguma vez tivesse existido. Para trazerem o Dodó de volta à realidade, aqueles que acreditavam no pássaro estavam sob sérias pressões para explicarem onde é que se poderiam alguma vez ter localizado os *Raphidae* no meio de todas as bifurcações e todas as ramificações da evolução.

A avestruz

Lineu foi simultaneamente o principal culpado e a vítima mais destacada no pandemónio desencadeado pelas primeiras tentativas de esclarecer esta questão urgente. Quando escreveu as crónicas da sua vida exilada em Rodriguez, este Leguat que está sempre a aparecer (mas só vai aparecer como deve ser no capítulo V) escreveu várias vezes sobre uma criatura a que se referiu como o «**gigante**»: um pássaro de seis pés de altura, com pernas muito delgadas e um corpo muito esguio. Este gigante poderá ter sido uma garça ou um grou, mas um dos contemporâneos de Leguat descreveu-o como uma espécie de avestruz. E foi assim que se espalhou a ideia errónea de que o Solitário de Leguat também poderia ter sido uma avestruz, só que com pernas muito curtas. De maneira que Lineu, quando estava a pôr o Reino Animal em ordem, à falta de melhor alternativa e certamente com as melhores das intenções, arrumou o Solitário e a restante família como avestruzes de patas curtas.

A galinha contra o abutre

Esta maneira de resolver as coisa era a bem dizer absurda, mas a verdade é que as alternativas também não eram nada que inspirasse os corações. A meio do século XIX as opiniões estavam ferozmente divididas — e Richard Owen, já de relações cortadas com Darwin, estava prestes a confrontar outro grande mestre. Como já vimos antes, o proeminente naturalista francês Georges Cuvier, agora recordado e na altura soberanamente respeitado pela importância das suas investigações em paleontologia e geologia respeitantes à estrutura dos animais vivos e fossilizados, conheceu o cirurgião inglês em 1830 e convidou-o para uma visita de estudos em Paris. Owen fez esta visita um ano mais tarde, e estudou cuidadosamente os espécimes de Cuvier no Museu Nacional de História Natural. Mas este estudo conjunto, aquele que depois Owen incensou até ao fim da sua vida como o factor mais influente de toda a sua carreira, parece ter conduzido os dois grandes homens a conclusões divergentes quanto à natureza do Dodó. Mantiveram-se amigos cordiais até à morte de Cuvier, dois anos depois da visita do jovem Owen. No entanto, até exalar o último suspiro, Cuvier defendeu sempre, sem qualquer espécie de dúvida, que o Dodó era uma variedade de galinha, como ele sempre tinha acreditado. Owen, pelo seu lado, voltou de Paris convencido que o Dodó era um tipo de abutre; e defendeu sempre esta ideia com igual fervor.

Os fósseis gigantes

Há uma conferência de Owen, «*Observations on the Dodo, Didus ineptus*», lida pela primeira vez numa sessão pública da British Association for the Advancement of Science em Julho de 1846, que nos dá uma boa ideia, e muito comovente, da dificuldade e complexidade em que os dodologistas do século XIX se viram envolvidos por todos os lados quando tentaram classificar o Dodó. Esta conferência fala de novos contingentes de ossos de um «**novo género de Pássaro gigantesco sem asas**», presumivelmente extinto, incluindo «**dez espécies, uma delas com a surpreendente altura de dez pés**», que tinham sido recentemente desenterrados na Nova Zelândia: foi nesta altura que o kiwi *Apteryx* entrou em cena, e Owen era a figura de proa desta grande aventura. Já sabemos que o estudo de pássaros gigantes agora extintos era um dos grandes fascínios de Owen. Em parte, este fascínio foi desencadeado pela descoberta do colossal *Archaeopteryx,* aquela tal moa da Nova Zelândia. Já vimos que a moa foi o primeiro pássaro fóssil conhecido. Owen conseguiu arrematar o primeiro exemplar escavado da terra para o seu museu e descreveu-o para publicação em 1863. A evidência crescente de que a fauna do nosso planeta já tinha de facto incluído vários grupos de pássaros enormes que não voavam, espalhados por diferentes latitudes, tornava a existência do grande Dodó com cara de parvo cada vez mais credível.

A excitação criada pela descoberta de vestígios de pássaros gigantes desaparecidos já estava atiçada pelo *Archaeopteryx* e pelo *Apteryx*, e atingiu o rubro com a confirmação de que uma espécie qualquer de avestruz monumental tinha até há muito pouco tempo corrido pelas planícies de Madagáscar, ainda por cima uma ilha próxima da Maurícia. Olhem como David Quammen descreveu esta criatura surrealista em 1966:

«Na ilha de Madagáscar viveu em tempos uma criatura aparentada com as avestruzes que se erguia dez pés acima do chão, pesava meia tonelada, e marchava com estrondo sobre a paisagem num par de pernas elefantinas. Sim, era um pássaro. Mil libras de osso, carne, penas. Este não é um monstro hipotético, não é uma fantasia impossível de Heródoto ou Marco Pólo. Num museu escalavrado em Antananarivo vi o seu esqueleto; vi o seu ovo de dois galões. Os paleontologistas chamam-lhe *Aepyornis maximus*. A espécie sobreviveu até que os europeus chegaram a Madagáscar e começaram a caçá-la, a cortá-la em postas, a transformar o ecossistema a que ela pertencia, a fritar os seus ovos generosos. Há mil anos, o *Aepyornis maximus* existia só naquela ilha; agora não existe em lado nenhum.»

Se o *Aepyornis* ainda causa este tipo de êxtase num ecologista moderno, imaginem o assombro que a sua sombra mastodôntica projectou sobre os ornitologistas do século XIX. Por causa da sua existência, certamente, mas também por causa da sua morte. A extinção de antepassados colossais, por causas naturais ou por intervenção directa do homem, era uma coisa de que antes não se falava e que agora estava a transformar-se num parâmetro cada vez mais claro e mais bem definido. Como Owen escreveu no seu característico estilo conturbado, numa outra memória, esta lida em sessão pública pela primeira vez em 1848 e intitulada «*On Didornis*»:

«As concordâncias em distribuição geográfica de formas ainda existentes ou recentemente extintas de classes de Vertebrados de sangue quente que são ilustradas pelos vestígios de Elefantes, Rinocerontes, Hipopótamos, Hienas, e grandes espécies de Bovinos e Cervídeos nos depósitos pleistocénicos da Ásia e da Europa — e pela ausência destes, e presença de Preguiças, Tatus, Papa-Formigas, etc., gigantescos e extintos em depósitos coevos da América do Sul — e que foram espantosamente elucidadas pela descoberta recente de Cangurus, Morcegos e Dasiúros nas cavernas e lençóis friáticos de água doce da Austrália — continuam a receber adições notáveis e conclusivas com a descoberta repetida, nos depósitos fluviáticos da Nova Zelândia, dos vestígios de formas gigantescas de pássaro, aliadas àquelas espécies mais pequenas que existem aí e somente aí. Esta conformidade de localização geográfica dos pássaros gigantes extintos com os mais pequenos ainda vivos na Nova Zelândia é ainda mais espantosa se levarmos em conta que estes constituem os maiores representantes de animais de sangue quente na ilha, que, antes do advento do Homem, parece ter sido destituída de quaisquer mamíferos terrestres.»

Os transformistas

As implicações da extinção de espécies na construção da taxonomia foram claramente detalhadas por um contemporâneo belga de Owen, o naturalista Selys-Longchamps, numa conferência intitulada «*The Classification of Birds Since Linnaeus*» publicada em 1879. Como muitos dos académicos do seu tempo, Longchamps tendia a simpatizar com o conceito então completamente revolucionário de que uma espécie pode dar origem a outra através de modificações muito lentas: uma ideia que, duas décadas depois de Darwin ter publicado «*A Origem das Espécies*», costumava ser chamada «transformismo». No entanto, este belga também acreditava que nem todas as espécies tinham conhecido o privilégio de se transformarem para poderem adaptar-se a novos ambientes.

«Alguns colegas querem estruturar a genealogia de todos os pássaros actuais com a indicação da sua proveniência, seja ela nobre ou minúscula. As tentativas de exploração deste caminho requerem, é certo, uma grande imaginação, e desencadeiam uma certa sedução sobre o nosso espírito; mas, sempre que tentam empurrar estas suposições para trás no tempo em direcção a criações anteriores à nossa, até à Era Secundária, por exemplo, não podem apresentar mais que vagas hipóteses e ficam claramente distanciados da ciência positiva.»

E isto porquê? Porque, como é agora evidente para qualquer aluno do secundário mas na época começava apenas a ser entrevisto como séria possibilidade...

«Desde tempos históricos muito antigos, desapareceram várias espécies. É muito provável que um número considerável de animais de outros períodos geológicos tenha perecido, quer sob a influência de uma alteração no ambiente quer sob pressão de competição vital, *sem chegarem a ser transformados*, e consequentemente sem deixarem descendentes.»

Isto, obviamente, é um problema sério tanto para os taxonomistas como para os evolucionistas.

«Como podemos discernir os detalhes desta longa necrologia? Nessa altura não existiam naturalistas para registarem as mortes!»

Longchamps dá-nos dois exemplos de antepassados extintos abruptamente. Um baseia-se nos pássaros gigantes sem asas da Nova Zelândia. O outro, como parece ser obrigatório neste período, volta a remeter-nos para o Dodó.

«Quando os portugueses descobriram as ilhas Mascarenhas, estas ilhas não tinham habitantes; mas os Portugueses encontraram lá uma grande abundância de pássaros extraordinários, os Drontes. Se os povos de Madagáscar tivessem visitado estas ilhas antes, não devemos ter dúvidas de que os Drontes teriam desaparecido imediatamente. Mais tarde, quando os seus vestígios fossem escavados, como fo-

ram recentemente, os transformistas teriam assumido ser aquela a raça original de todos os pássaros nessas ilhas.»

E é isto que Longchamps lamenta:

«**Hoje, esta nova escola que se apoia sobretudo em especulações derivadas da zoologia natural e da evolução, e também de estudos fisiológicos, parece ignorar demasiado o conhecimento puramente zoológico dos seres.**»

O que Longchamps espera é que se consiga obter um consenso lúcido e generalizado sobre os mecanismos da evolução. Só o conhecimento das origens dos animais vivos, afirma, poderá ajudar-nos a classificar esses mesmos animais com bases tão sólidas quanto razoáveis. Por outro lado, estudar a fundo os mesmos animais vivos por si mesmos é também da maior importância.

«**O conhecimento aprofundado de uma espécie, tal como esse conhecimento existe nos nossos dias, parece-me absolutamente obrigatório para aqueles que estão a tentar estabelecer a origem dessa espécie. Deveriam expandir a sua investigação ao nível das raças geográficas e climatéricas, uma vez que essas raças podem ajudá-los a compreender as modificações sucessivas reveladas pelo registo fóssil.**»

A história nos ossos

Estão a ver, passa-se a acção numa época em que muitas considerações diferentes e problemas urgentes estão a fermentar e a borbulhar juntos no grande caldeirão da Biologia, para no fim produzirem o molde em que se baseiam os nossos pensamentos sempre que pensamos nestas coisas. O entendimento da vida na Terra está prestes a mudar para sempre, mas a grande viragem não estará completa enquanto a chaveta taxonómica do Dodó não estiver esclarecida.

«**O interesse pela História dos pássaros terrestres de asas curtas (brevipenateos) que foi excitado pela investigação especial dos vestígios da Nova Zelândia, induz-me a juntar aqui algumas observações que fiz durante uma visita recente a Oxford, sobre os famosos pé e cabeça do Dodó guardados no Ashmolean Museum**», escreveu Owen na abertura da sua memória final sobre o pássaro doido, aquela em que afirmou, com todo o peso da sua proeminência, que o Dodó pertencia à família dos abutres.

A gente nesta altura já percebeu muito bem que Owen era um homem dado a grandes disputas e a polémicas poderosas. Mas, neste caso preciso, não parece provável que o Cavaleiro tenha decidido considerar o Dodó um abutre só pelo prazer de medir forças com a autoridade ainda projectada pela sombra do seu antigo mestre e amigo Georges Cuvier — que, se bem se lembram, decidira que o Dodó ficaria melhor arrumado na tribo dos galináceos. Desta vez, Owen deve ter sido mesmo persuadido a confrontar outro grande homem das suas lides pelo peso da evidência que julgou encontrar nos estudos que fez de toda a colecção disponível à época de ossos certificadamente de Dodó: um pé e uma cabeça, o que restava da carcaça queimada no Ashmolean Museum, muito pouco para o julgamento distraído de um leigo mas uma fonte assombrosa de informação para o estudioso dedicado. Aliás, este estudo de Owen é uma demonstração maravilhosa, e a todos os títulos comovente, do desafio que os dados do seu tempo apresentavam a todos os dodologistas, um desafio que projectou a anatomia descritiva para alturas absolutamente épicas: estas pessoas tiveram que virar-se repetidamente para os ossos de um pé e de um crânio. E implorar aos ossos que falassem.

O segredo do pé

Owen fez falar estes ossos como ninguém, se bem que o seu estilo complicadíssimo atrapalhe muitas vezes o pensamento de quem tenta ler-lhe os artigos e seguir-lhe as ideias. Numa prova indiscutível de sinceridade, começou por referir todos os detalhes que parecem colocar o Dodó *longe* dos abutres. Estes detalhes aparecem sobretudo na organização do crânio. Depois de uma lista muito comprida e detalhada de todas as linhas de divergência possíveis e imaginárias que encontrou por aqui, Owen desce então até ao pé. E este pé, ao que parece, guardou de facto um segredo importantíssimo: os seus ossos revelam um grande número de semelhanças relevantes entre o Dodó e os abutres. E são semelhanças de efeito duplo: não só aproximam o Dodó dos abutres, mas ainda por cima distanciam-no seriamente das águias, um outro grupo que andava a ser sugerido com bastante insistência para albergar a família dos pássaros doidos. Depois de pesar todos os dados, Owen conclui que os ossos do pé lhe contaram mesmo uma história que faz sentido. E então escreve o seguinte, no que é também uma boa amostra da maneira impossível como ele escrevia:

«No total, então, o carácter Raptorial prevalece mais na estrutura do pé do que na estrutura geral do bico do Dodó, e a presente quantidade limitada do nosso conhecimento anatómico do Pássaro extinto da Maurícia suporta a conclusão de que esta é uma forma extremamente modificada da ordem Raptorial. Destituído do poder de voar, teria tido poucas hipóteses de obter alimento predando membros da sua própria classe; e se não subsistia exclusivamente de matéria organizada morta ou em decomposição, muito provavelmente restringia os seus ataques à classe dos Répteis e dos peixes litorais, crustáceos, etc., que o seu dedo traseiro e unhas bem desenvolvidos teriam permitido capturar e segurar com uma garra muito firme.»

Tendo dito isto, e muito mais no espaço de imensas páginas cheias de medidas e conjecturas, Owen continua perfeitamente consciente de que a descodificação completa da linguagem dos ossos está longe de se encontrar concluída. E tem ideias claras sobre como poderíamos fazer avançar o conhecimento:

«Se fizéssemos buscas nos depósitos superficiais das grutas e na aluvião dos rios da Maurícia e de Rodriguez tão diligentes como as que se fizeram na Nova Zelândia no que respeita aos pássaros extintos gigantes e sem asas dessa ilha, não há qualquer dúvida de que este esforço louvável seria igualmente importante e igualmente bem sucedido no avanço da nossa compreensão do Dodó.»

O grande pombo

É verdade que o bico recoberto do Dodó tinha alguma semelhança com o dos abutres, mas de outra forma era a bem dizer impensável que um Dodó gordo e lento pudesse derivar de algum parentesco com um abutre esguio e rápido. Quando Owen proferiu esta conferência levantaram-se logo várias vozes a recordar que, por muito que os ossos do pé de um pássaro e outro tivessem bastantes semelhanças, qualquer leitura cuidadosa dos diários dos viajantes que tinham visto Dodós vivos revelaria demasiadas discrepâncias para unificar estas duas famílias — e logo à cabeça vinha a dieta estritamente vegetariana do pássaro doido, em alto contraste com a vida necrófaga dos abutres.

Numa ironia final que ilustra bem todas as armadilhas do registo fóssil que começara por empurrar Owen para o estudo do Dodó, estudos posteriores demonstraram que o seu precioso *Archaeopteryx* tinha sido reconstruído de pernas para o ar. O fóssil magnífico do Cavaleiro foi reexaminado em 1954, e nessa altura os autores notaram que a face dorsal do bicho tinha sido confundida com a face ventral. Ainda por cima, Owen tinha deixado passar dois pormenores importantíssimos: o osso da quilha, que era liso, provando que o bicho podia deslizar mas não podia voar; e a estrutura da caixa craniana, que era semelhante à de um réptil.

À medida que Cuvier e Owen foram perdendo o seu poder sobre a taxonomia, o Dodó foi retirado da companhia tanto das galinhas como dos abutres e arrumado por aqui e por ali sem que ninguém se sentisse satisfeito. Ao longo dos anos, associaram-no aos pinguins, depois às gaivotas, depois ao íbis, depois às garças.

Mas já tinha começado a emergir uma possibilidade alternativa. Podemos vê-la em forma quase final num artigo de Samuel Cabot publicado logo em 1847, intitulado «*The Dodo: a rasorial and not rapatious bird*». No início, o naturalista americano recorda-nos que «**Cuvier tomou um lado e o Prof. Owen tomou o outro**», depois do que trata de demonstrar sem mais demoras que nenhum dos homens tinha razão.

«**Depois de examinar uma cabeça, um externo e um úmero, descobertos sob uma escoada de lava na Île de France [Maurícia], Cuvier diz-nos que *não deixaram qualquer dúvida no meu espírito de que este grande pássaro pertencia em tempos à tribo dos galináceos*.**»

Segundo Cabot, esta associação do Dodó às galinhas era disparatada. Mas a associação com os abutres também não fazia qualquer sentido. Se os estudiosos anteriores tivessem olhado para os ossos por um outro prisma, teriam escutado uma história muito diferente.

A história seria a seguinte, relatada num estilo que também não é dos mais facilmente penetráveis:

«Se não me engano, Mr. Owen examinou apenas a cabeça e o pé. Descreve todos os pontos em que o crânio do Dodó difere do dos *Vultridae*. Agora, neste ponto preciso em que Mr. Owen diz que o Dodó se desvia da ordem a que ele o associa, o Dodó concorda com os *Columbidae*. Todos os pombos têm uma testa alta, uns mais do que os outros. Depois Mr. Owen omite um ponto em que o Dodó difere de todas as aves de rapina, e se não me engano de todas as outras aves, excepto os pombos, viz., a proeminência da mandíbula inferior dos dois lados sob a superior; vemos isto mais marcadamente nos jovens pombos que ainda estão no ninho, que nessa altura têm uma semelhança notável com o Dodó.»

Ou seja. Segundo Cabot, temos de admitir que tanto Cuvier, «**o próprio grande pai desta ciência**», e Owen, «**um grande e excelente anatomista comparativo**», se enganaram redondamente. Distraídos com galinhas e aves de rapina, nem sequer repararam nas analogias columbófilas.

E se querem mesmo saber como Cabot descreve estas analogias...

«A superfície de articulação assemelha-se à dos pombos excepto onde esperaríamos que diferisse; é mais profunda e marcada, o que seria necessário devido ao peso muito maior que tinha que sustentar, e da importância muito maior de não ocorrer qualquer deslocação, uma vez que o pássaro não tinha outro meio de locomoção. A forma geral e as proporções do pé são quase as mesmas que as dos pombos, sendo os dedos mais curtos e mais robustos. As garras são muito semelhantes às de algumas rolas terrestres, e de forma alguma semelhantes às das aves de rapina. A sola dos pés não tem nenhuma das calosidades rugosas proeminentes que vemos no pé de todos os Raptores; e nisto, uma vez mais, assemelha-se à dos pombos. A ponta dos dedos dos pés não tem alargamentos para a inserção das garras que vemos em todas as aves de rapina, mas é antes precisamente como a dos pombos.»

Cabot baseia as suas afirmações nas descrições de Van Neck e Warwik, de Bry, de Clusius, de Herbert, de Bontius, todos eles figuras que já se nos tornaram familiares nesta jornada através

«Não muito tempo depois, um amigo informou-me de que tinha visto um quadro num antiquário pintado por um dos Saverys, e de que tinha quase a certeza de estar um Dodó num dos cantos. Mandei buscar o quadro, e, é bem verdade, no canto da direita, e consequentemente para a esquerda do espectador, em toda a beleza do seu corpo feio, lá estava o pássaro!»

Broderip, «Notice on an original painting, including figure of the Dodo, in the collection of the Duke of Northumberland, at Sion House», 1848

A memória escondida: Este desenho de um macho gordo depois da época da reprodução foi feito a tinta-da-china por Adrian van de Venne. Foi descoberto dentro de uma cópia do «*Exotica*» de Clusius, e datado de 1626.

da dodologia. Todos eles tinham enchido as suas narrativas de dicas para classificarmos o Dodó como um pombo muito grande. Depois de rever cuidadosamente todos estes dados à luz da sua nova inspiração, o autor chega a quatro conclusões fundamentais.

«1ª. Que a carne do Dodó era boa para comer, e muitas vezes usada para aprovisionar navios. Isto nunca aconteceria se os Dodós fossem abutres.

«2ª. Que embora fossem incapazes de voar, ou mesmo de executarem movimentos rápidos, os Dodós eram muito gordos; o que certamente não seria o caso se fossem Abutres, ou qualquer outra forma de ave de Rapina; cujo carácter obri-

ga forçosamente a que se alimentem de matérias animais, pois que não podemos imaginar que um pássaro tão volumoso, requerendo tais quantidades de alimento, tivesse alguma possibilidade de obter suficiente substância animal para a sua subsistência.

«3ª. É evidente que os Dodós tinham moelas, o que não é o caso em qualquer ave de Rapina.

«4ª. Penso que é muito claro que o Dodó era um pombo gigantesco, e que na sua forma geral, tipo de penas, etc., se parece mais com um pombo jovem do que com um pombo adulto. Podemos talvez ousar concluir que pertencia com propriedade a uma época anterior à presente, e que se extinguiu porque o seu tempo chegara ao fim.»

A caça ao esqueleto

Por muito desastrado que fosse o estilo de Cabot, as suas conclusões eram absolutamente certeiras. E, se passaram relativamente despercebidas à data da publicação, foram muito reforçadas logo no ano seguinte, quando Strickland publicou «*The Dodo and its Kindred*». Ainda não existiam esqueletos disponíveis para investigação, mas Strickland tirara todo o proveito possível do estudo dos quadros de Roeland Savery. A sua teoria final defendia com muita firmeza que o Dodó era mesmo uma forma modificada de pombo gigante. O stock original colonizara as Mascarenhas há muito, muito tempo. No processo de adaptação ao ambiente das ilhas, os animais foram-se tornando cada vez mais pesados, e finalmente acabaram por perder a capacidade de voar.

A ideia de comparar os Dodós gordos e parvos com pombas gentis e elegantes levantou muitas sobrancelhas e provocou outras tantas risadas.

Strickland morreu em 1853 num acidente ferroviário, antes de poder ver a sua teoria vingada em toda a linha.

Pouco depois da sua morte, uma equipa de exploradores descobriu na Samoa um pássaro grande, poderoso, com um bico espesso e recoberto. Parecia um pombo grande, mas o bico era igual ao do Dodó. A rola da Samoa podia ser o elo intermédio entre os pombos da Europa e o pássaro doido da Maurícia.

Mas como é que esta bela teoria podia ser demonstrada?

«Homer caiu na cama com estupor e adormeceu imediatamente. Foi imediatamente parar ao País das Maravilhas. E lá estava o Dodó — não o pássaro extinto cheio de penas, como na ilustração de Tenniel, mas o resto miserável do último espécime embalsamado, o fragmento que estava no museu dentro da caixa de vidro. O crânio e o pé ossudo flutuavam por cima de Homer nos ramos de uma árvore.
«Você é como o Gato de Cheschire», disse Homer delicadamente, começando uma conversa. «Só consigo ver uma parte de si.»
O Dodó suspirou e esticou o seu pé patético. «Estes bocados de mim são tudo o que existe. Vivo no terror de desaparecer completamente.»
«Claro, com certeza», disse Homer, recordando-lhe a verdade dolorosa. «Você está extinto, essa é que é essa.»

Jane Langton, 1996, «Dead as a Dodo»

Pedindo aos ossos que falem: O esqueleto de Dodó, reconstruído a partir de ossos de animais diferentes, oferecido ao Comité de Recordações Históricas da Maurícia por Th. Sauzier.

É aqui que o debate sai finalmente de Oxford e regressa à origem, com um interesse renascido pelo pássaro doido a criar agitação entre os naturalistas residentes na Maurícia, atingidos pelo frémito de ver um puzzle complicadíssimo quase a chegar ao fim. Três destes homens formaram a Society of Natural History e foram procurar ossos de Dodó. Não tiveram sucesso ao princípio, e deve ter sido isto que lhes voltou as atenções para Rodriguez. Talvez procurar numa ilha mais pequena.

Rodriguez tinha tradicionalmente vivido numa placidez insuperável desde a partida dos huguenotes, descontando apenas as turbulências não tão grandiosas como isso associadas à troca de potentados coloniais. Mas agora, com o interesse redobrado pela procura de ossos de Dodós ou de parentes, a ilhota estava prestes a ser invadida por hordas de naturalistas, uns mais autodidactas que outros.

Esta é a versão dos acontecimentos segundo o comandante L. S. Oliver, prefaciador e organizador da edição moderna do diário de Leguat:

«**Na Maurícia tinha sido formada a Sociedade de História Natural sobre a fundação da antiga Société d'Emulation. Em 1830, o secretário da Sociedade, M. Desjardins, obteve certos ossos, incrustados em estalagmite, que tinham sido encontrados muitos anos antes (cerca de 1789) numa gruta de Rodriguez; e esta descoberta parece ter levado M. Telfair** [um dos fundadores da Sociedade] **a pedir encarecidamente ao coronel Dawkins e a Mr. Eudes, que estavam então em Rodriguez, para fazer mais buscas de ossos de Didinae. Mr. Eudes foi bem sucedido quando escavou de uma grande caverna vários ossos, incluindo alguns de um pássaro muito grande que já não existia na ilha. Note-se que um pássaro de tamanho tão grande como o indicado por estes ossos nunca tinha sido visto por Mr. Gory, que residia ali há quarenta anos, i. e. desde 1790. As escavações seguintes foram feitas pelo Capt. Kelly, R. N., do H. S. S. Conway, a pedido de Mr. Cunninghame, mas a busca foi infrutífera. Os ossos obtidos por M. Telfair foram exibidos em Paris por Mr. Cuvier e subsequentemente comparados por Messrs. Strickland e Melville com os restos do Dodó no Ashmolean Museum em Oxford. A reconstrução de um esqueleto ideal a partir destes espécimes mostrou que a espécie a que pertenciam estava inequivocamente aliada com, se não mesmo idêntica a, o Dodó, e foi correctamente depreendido que pertenciam à espécie descrita e figurada por Leguat como o Solitário. Foi também descoberto por estes eminentes naturalistas que os pontos de acordo entre estas duas espécies extintas eram** ***partilhadas em comum com os Pombos, e não existem noutras espécies de ave*****. Um triunfo do diagnóstico ornitológico.**»

Os fragmentos perdidos: Como já não existiam mais exemplares embalsamados e só meia dúzia de gravuras e desenhos lhes recordavam o pássaro morto, os dodologistas do século XIX tiveram que congregar o objecto do seu estudo a partir de várias fontes de evidência dispersa. O esqueleto nesta ilustração foi reconstruído com ossos de vários Dodós, e à sua volta desenhou-se a silhueta do pássaro.

Muito bem, mas a gente já percebeu que este «**triunfo**» não se ergueu do nada de um dia para o outro.

Em 1864, Mr. Edward Newton, então auditor-geral da Maurícia, visitou Rodriguez e obteve mais alguns ossos. Nos dois anos que se seguiram, escavou-se uma grande quantidade de mais ossos, que foram enviados para Cambridge, onde o auditor-geral juntou esforços com o seu irmão Prof. Albert Newton para reconstruir o «**admirável, mesmo se não totalmente perfeito**» restauro final do Solitário desaparecido. Ainda segundo Oliver,

«a extraordinária fidelidade da descrição que Leguat fez do pássaro foi confirmada em todos os pontos. Um borboto muito singular na asas, causado por ferimentos recebidos durante a luta, reconfirmou totalmente a seriedade de Leguat quanto à pugnacidade destes pássaros por demais curiosos, que parecem ter lutado rufando as penas das asas, como fazem os pombos».

Os ossos do Solitário estimularam os naturalistas amadores da Maurícia para continuarem os seus esforços. Desta vez, o líder do grupo ia ser um professor primário chamado George Clark.

Isto contado assim até parece o grande começo de uma série de grandes descobertas, mas a verdade é que, nas primeiras tentativas, Clark e os seus colegas continuaram a não conseguir descobrir nada.

O lago dos sonhos

Depois de muitos falhanços, Clark arranjou finalmente uma hipótese de trabalho promissora. Lembrou-se de que o solo da Maurícia não era adequado ao depósito de resíduos fósseis. Na sua maioria era argila espessa ou lava vulcânica, e as chuvas tropicais pesadas, atingindo este estrato duro, arrastariam sempre os ossos para longe antes de eles terem tempo para se incrustarem suavemente no solo.

Onde procurar ossos, então?

Debaixo de água, deduziu Clark. Ocorreu-lhe um local preciso que lhe pareceu o cemitério ideal para estes ossos elusivos, um delta pantanoso e lamacento formado ao pé da cidade de Mahebourg pela convergência de três rios. Em 1863, Clark contratou um grupo de trabalhadores para dar início às escavações. E foi assim, finalmente, que os ossos do Dodó começaram a voltar à luz do sol. E em grande abundância. Foi possível reconstituir espécimes inteiros, que depois foram despachados para museus de todo o mundo. Clark publicou um relatório da descoberta em 1865, exactamente o mesmo ano em que Lewis Carroll imortalizou o primeiro Dodó literário com a primeira edição de «*Alice in Wonderland*» (obra tratada como merece no capítulo VI). Se já alguém viu o esqueleto de Dodó que está em Nova Iorque no American Museum of Natural History, ou o que está em Washington na Smithsonian Institution, então agradeça o engenho e arte de um professor primário das colónias.

O lago onde estivera escondida a descoberta de Clark chamava-se «Mare aux Songes», o que, como disse um dos dodologistas, «**parece mais o título de uma sonata de Debussy do que o nome de um pântano**». E agora vamos dar voz ao próprio descobridor, que bem merece porque ainda por cima escreve com intensidade e animação, citando alguns excertos do seu longuíssimo artigo na «*Íbis*» de 1866:

«**Os ossos do Dodó estavam embebidos apenas na lama no fundo da água na parte mais funda do pântano; não havia nenhum entre os ossos de tartaruga da margem. Empreguei muitas mãos nesta pesquisa; mas encontrei poucos exemplares de ossos de Dodó até que comecei a cortar uma massa de ervas flutuantes com cerca de dois pés de espessura que cobria a parte mais funda do pântano. Nas lama debaixo desta folhagem tive a gratificação de encontrar os ossos de muitos Dodós.**»

Como não seria de estranhar devido às vicissitudes da colonização da ilha, nenhum dos presentes na ocasião, nem sequer os mais velhos dos velhos, tinha a menor ideia de que espécie de criatura poderia ter deixado ali aqueles ossos (discussão arrojada deste problema no capítulo VI).

«**Todos os espécimes parecem ter pertencido a pássaros adultos; e nenhum apresentava qualquer marca de ter sido cortado ou mordido, ou da acção do fogo. Isto faz-me acreditar que todos os Dodós de que aqui encontrámos as relíquias eram habitantes ou deste pântano ou das suas redondezas; que todos morreram de morte natural; e que eram extremamente abundantes na Maurícia. O espanto de alguns crioulos mais idosos, cujos pais ou avós ainda se lembravam de Labourdonnais** [o primeiro governador da Maurícia digno desse nome; mais do mesmo no capítulo V], **quando viram uma quantidade tão grande de ossos de pássaros enormes a sair do lodo, era quase comovente.** ***Como***, **diziam eles,** ***puderam estes ossos vir aqui parar? Nem os nossos pais nem os nossos avós ouviram nunca falar destes pássaros, ou alguma vez encontraram ossos destes.***»

A localização dos ossos permite a Clark extrapolar mais alguns detalhes sobre o estilo de vida do Dodó — e estes detalhes assentam como uma luva nas narrativas do século XVII.

«O Mare aux Songes e as terras à sua volta estavam cobertos de florestas espessas no início deste século; agora não resta nem uma árvore. Devido à sua posição abrigada e aos ribeiros perenes que correm para as suas águas, deve ter sido um enclave de eleição para os Dodós e outras aves dos pântanos.»

Por seu turno, este raciocínio fornece ao autor uma ideia mais clara do quanto o habitat original da Maurícia foi degradado; e também lhe permite estabelecer conclusões mais firmes quanto ao mistério da dieta do Dodó.

«Pessoas mais idosas que viveram toda a vida nas florestas asseguram-me que existiam dantes frutos selvagens em abundância para sustentarem qualquer número de aves suficientemente grandes para os comerem, e maturando numa sucessão que facilmente garantiria essa subsistência durante todo o ano. Parece-me provável que também as sementes de várias plantas, independentemente da sua dureza, pudessem ter sido comidas por aves cujo poder digestivo podemos imaginar ter sido igual ao da Avestruz.»

A árvore genealógica estava finalmente desenhada, e as últimas peças do puzzle começaram a encaixar nos buracos deixados em branco por demasiadas perguntas sem resposta baseada em dados concretos.

Tinha existido mesmo uma família de aves aparentadas recolhida em paz durante séculos no segredo das Mascarenhas, até que um choque frontal com a humanidade registado durante a viragem do século XVI para o século XVII a varreu para sempre do número dos vivos. Aparentemente, o Dodó cinzento da Maurícia fora o primeiro a sucumbir, seguido pelo primo branco de Réunion, e, mais tarde, pelo grande Solitário de Rodriguez. A análise detalhada dos ossos, que agora já não eram dois ou três mas antes centenas, revelou que estas criaturas sem sorte tinham sido mesmo tão estapafúrdias como as visões bizarras dos contos marítimos. E o mundo ficou a saber, graças à obra de Clark, que Strickland tinha mesmo razão. Os Dodós eram mesmo uma espécie de pombo. Os pombos mais robustos e mais esquisitos de todos os tempos. Adaptados até ao ponto de se encontrarem facilmente condenados à extinção.

De onde veio esta bicharada? Aqui ainda podemos especular durante muitos e bons anos, porque a biologia evolutiva é uma das áreas da vida que comporta mais especulações, e certamente o campo onde os grandes peritos entram mais facilmente e mais aguerridamente em conflito, no século XXI como no século XIX. Por mim, acho perfeitamente satisfatória a versão proposta pelo meu mestre Stephen Jay Gould, que quase me matou quando lhe propus uma alternativa mais simplista. Reza assim: há vários milhares de anos, um ramo colateral dos pombos modernos assentou arraiais nas ilhas do Pacífico e evoluiu para dar origem a aves grandes com bicos formidáveis. Outro ramo colateral voou sobre o Índico e estabeleceu-se no isolamento total das Mascarenhas. No processo de adaptação às suas novas condições de vida, as aves deste ramo foram-se tornando maiores e menos lestas até atingirem o ponto em que mal se mexiam e também não sentiam qualquer necessidade disso. E, se não foi precisamente assim que as coisas se passaram, foi pelo menos, e de certeza, de uma forma muito parecida.

«Na maioria dos animais, o peso significa força; mas aqui apenas provoca lentidão; a avestruz e o casuar não são mais capazes de voar que o dronte, mas ao menos são muito velozes na corrida; mas o dronte parece imobilizado pelo seu próprio peso, & de ser capaz apenas de arrastar-se; parece ser composto de uma matéria bruta, inerte, onde não foram usadas suficientes moléculas vivas; tem asas, mas estas asas são demasiado fracas, e demasiado curtas, para o levantarem no ar; tem uma cauda, mas esta cauda é desproporcionada e está fora de sítio; parece o peru que se enrolou nos restos de um pássaro, & a Natureza, ao dar-lhe estes enfeites inúteis, parece ter querido culminá-los com o embaraço do excesso de peso, a ineptitude dos movimentos, & a inércia da massa, & fazer a sua espessura pesada ainda mais chocante porque pertence a um pássaro.»

Buffon
1770
«Histoire Naturelle des Oiseaux»

4 — O DODÓ DE ORIGEM

Este capítulo lida com uma questão absolutamente fundamental para quem tenta orientar-se no labirinto do Dodó. É uma questão tão incontornável que, mesmo sem estar ainda em estudo, já aflorou várias vezes à superfície nos capítulos anteriores. A ver: como é que sabemos tão bem com que é que se parecia este pássaro estranho, até aos pormenores mais ínfimos da forma das penas nas asas, ou das cores no contorno dos olhos? Descrições escritas existiam mais que muitas, mas as palavras nunca chegariam, só por si, para construir no nosso cérebro uma imagem tão inimaginável como um Dodó. Também existiam diversas gravuras, mas na sua maioria eram tão grosseiras que nunca poderiam revelar-nos os detalhes mais finos e delicados.

Para grande sorte dos dodologistas, uma imagem vale mais que mil palavras. Graças ao espírito do tempo e ao poder das coincidências, a corte demencial de Rodolfo II em Praga floresceu exactamente no tempo muito breve em que estavam a chegar Dodós vivos à Europa, pelo que uma destas criaturas fantásticas foi viver para uma colecção de raridades como nunca houve outra. Felizmente, e de novo não se sabe bem em que medida só por obra do acaso, dois dos pintores de Rodolfo viram este Dodó com os seus próprios olhos. E assim se fez a História.

De maneira que chegou a altura de irmos fazer uma visita devidamente demorada a este imperador e aos seus artistas.

4.1 — OS PINTORES DO IMPERADOR

Joris Hoefnagel, que ficou conhecido sobretudo como miniaturista, nasceu em Antuérpia. Instalou-se em Praga em 1590, e foi lá que morreu dez anos mais tarde, na data em que começou o século XVII. Era um homem de inclinações estóicas, que escreveu dois poemas memoráveis sobre Albrecht Dürer, cujos quadros «*A Lebre*» e «*O Escaravelho*» lhe serviram como fonte de inspiração para duas das imagens apresentadas a Rodolfo no manuscrito «*Os Quatro Elementos*». Nestes poemas Hoefnagel invocava um grande número de imagens recorrentes nos círculos rodolfinos, nomeadamente o ideal enciclopédico do artista culto. É também evidente nestes textos a influência do «*Ars Poetica*» de Horácio, sobretudo nas passagens que reflectem sobre a combinação do *utile* com o *dulce* na natureza.

Sob a asa do imperador, Hoefnagel dedicou a sua arte à representação de animais e plantas com o que os críticos da especialidade tendem a considerar «**uma medida excepcional de virtuosismo**». É considerado o primeiro pintor da corte do Sacro Império Romano que imortalizou o Dodó num retrato a óleo, uma miniatura muito bonita que de início foi erroneamente datada de entre 1610 a 1626, e posteriormente foi recuada no tempo para o último ano da vida do pintor, quando cinco barcos holandeses com Dodós vivos a bordo chegaram a Amsterdão entre Julho de 1599 e Agosto de 1600.

Mas este não era, ainda, o pintor fundamental do Dodó. Esse só chegou a Praga em 1604, desta vez vindo de Utrecht. Chamava-se Roeland Savery, e basicamente construiu uma carreira para a posteridade representando cinco vezes o pássaro mais assombroso de todas as colecções assombrosas de Rodolfo. Embora o mais provável seja que a inspiração lhe tenha vindo da visão do Dodó em Praga, Savery usou a criatura nos seus quadros sobretudo depois de ter abandonado a corte de Rodolfo em 1619 para regressar a Amsterdão. Aqui teve um período de grande criatividade que durou até à sua morte em 1639, e que legou ao mundo vários quadros e esboços que imortalizaram o pássaro doido em toda a sua glória. Como discutiremos bastante neste capítulo, ainda há muito que debater sobre quais dos Dodós postos nos quadros foram mesmo baseados em desenhos do pássaro vivo. Mas, em qualquer dos casos, temos bastantes razões para acreditar que, depois de terminar os seus serviços para Rodolfo, Savery continuou a representar a bizarria da Maurícia uma vez e mais outra, nalguns casos só de memória. Daqui resultaram liberdades poéticas como Dodós com membranas interdigitais semelhantes às dos patos — e, como já vimos no capítulo III, destas escapadelas artísticas resultaram por sua vez grandes pólos de desacordo entre os dodologistas do século XIX que ressuscitaram dos mortos o pássaro que só podia ser uma fábula mas afinal existiu mesmo.

4.1.1 — O HOMEM

Roeland Savery foi inicialmente instruído pelo seu irmão mais velho na arte de representar animais e plantas. De início, contentou-se com a imitação do estilo já bem firmado de Van Coninxloo e Pieter Breughel, explorando paisagens com cenas de aldeia que incluíam frequentes, se bem que não dominantes, aparições de animais domésticos. Foi chamado à corte de Rodolfo II em Praga para desempenhar uma missão muito específica: viajar até aos Alpes tiroleses e pintar quadros esplendorosos das suas montanhas e formas de vida natural, para que o imperador carcomido pela gota pudesse apreciar o esplendor do seu vasto império sem ter que viajar através dele.

E, realmente, enquanto estava a soldo de Rodolfo, Savery transformou-se num grande mestre da paisagem alpina. Mas este não foi o seu legado mais importante. Embora quase ninguém lhe conheça o nome e muitos o associem apenas ao Dodó, a verdade é que estamos perante um homem que veio a ser uma inspiração para muitos outros e que desbravou caminhos novos para a História da Arte. Foi Savery quem cunhou a expressão «**naer het leven**». E, com ela, introduziu na pintura um toque que ainda não tinha sido experimentado.

«**Naer het leven**» quer dizer qualquer coisa como «*a partir da vida*». Quando Savery fez desenhos dos habitantes de Praga, e de outras paragens da Boémia, à procura de figurantes para os seus quadros, incluiu no conjunto todos os detalhes do mundo humilde que os rodeava. Muitas vezes marcou nos desenhos anotações respeitantes à cor, para que o resultado final fosse mesmo o que o artista tinha à frente dos seus olhos. Inúmeros estudos destes foram depois usados em quadros, servindo representações da cavalaria húngara, de acampamentos militares, ou de festividades nas aldeias. E isto era novo. O «**naer het leven**» impõe a observação, em vez da introspecção ou da projecção de ideias internas, como a grande fonte da criação artística: propõe que a arte retrate a verdade da vida.

Inspirados por este estímulo, os pintores rodolfinos afastaram-se das mitologias e das alegorias e começaram a interessar-se por cenas que fossem tão fiéis quanto possível à vida real. Esta «pintura do menor» teve o efeito irreversível de introduzir nas telas o que até então tinha mesmo sido considerado como uma forma inferior de vida, celebrando por fim as naturezas-mortas, as paisagens, e as famosas composições figuradas exclusivamente por animais.

Savery esticou as convenções rodolfinas de tal forma que acabou por criar novas normas estilísticas, e novas categorias de pintura. Até à sua entrada em cena, todos os estudos de animais, de criaturas marinhas, e de insectos, vindas da corte imperial de Praga, apareciam apenas em miniaturas: o holandês transformou-as em fantasias gigantescas que cobriam paredes inteiras. A pintura de paisagens floresceu, várias vezes inspirada em estudos directos da natureza. E tanto as naturezas-mortas como os retratos de animais acabaram por ser considerados sujeitos de pleno direito, tão meritórios do cavalete como a realeza europeia.

Ora aqui está um homem que parece destinado aos favores e à fama imperiais. Mas, por qualquer razão, de uma qualquer maneira que não ficou nos registos, o mal-estar generalizado que flutuava sobre todo aquele carnaval do Rodolfo, os seus pintores, os seus sábios de todas as confissões, e as suas colecções de todas as variedades de parafernálias perturbantes — a estranheza de todo aquele ambiente parece ter perturbado Savery. O grande animalista abandonou Praga em 1616, estabeleceu-se em Amsterdão, depois partiu para Utrecht em 1619, e quando aí morreu e foi enterrado em 1639, era apenas um homem pobre e mentalmente perturbado.

A testemunha: Um retrato de Roeland Savery.

O que é que podemos extrapolar desta carreira pouco linear? Savery, como todo os pintores da sua época, precisava certamente de encontrar um nicho pelo qual pudesse ser reconhecido, uma espécie de marca de água ou de etiqueta. As suas paisagens incluíam animais desde o princípio da carreira, tanto nas cenas de aldeia como nas imagens dos Alpes. O holandês deve ter percebido desde cedo que se dava bem no departamento faunístico. E por isso os animais foram-se tornando cada vez mais proeminentes, e cada vez mais empurrados para a frente, à medida que o seu trabalho progredia. A partir de 1610, e sobretudo de 1618 em diante, tornou-se um virtuoso da representação de cenas zoológicas, especializado em cenas paradisíacas, em versões de Orfeu encantando a fauna selvagem, e em temas bucólicos permeados por alusões míticas. Estes quadros tinham muita saída na Holanda da época. Andava no ar um grande e vasto interesse pelos detalhes da natureza. E, ainda por cima, estava na moda um fascínio por animais exóticos mais particularmente centrado nas cortes.

O que nos faz voltar ao Dodó.

O criador ecléctico

Segundo Kurt Erasmus, que defendeu uma tese de doutoramento sobre Savery em 1908, há quatro quadros do holandês em que aparece um Dodó: «*O Paraíso*», datado de 1626; «*Paisagem com Pássaros*», datado de 1628; um «*Orfeu*» sem data que é provavelmente de 1626; e um outro «*Orfeu*» sem data, este provavelmente de 1628.

Ainda segundo Erasmus, isto quer dizer que Savery pintou todos os seus Dodós entre 1626 e 1628, quando era membro da corporação de pintores de Utrecht — ou seja, já bastante tempo depois de ter abandonado a corte de Rodolfo, o que anularia a possibilidade de os animais terem sido copiados do espécime vivo que o imperador incluiu na sua colecção, apesar da vivacidade que exibem na tela.

Erasmus defende que Savery deve ter visto pela primeira vez o Dodó vivo que incluiu nos quadros já depois do regresso à Holanda, e nunca enquanto estava em Praga a soldo de Rodolfo, uma vez que «**de outra forma teria incluído esta ave logo nos**

quadros que fez em Praga, e não apenas em algumas das suas obras mais tardias».

Contudo, esta versão é contrariada pelas teses tanto de Jonaeth Spicer-Durham como de Thomas Kaufman Dacosta, ambos estudiosos posteriores da obra de Savery e ambos convictos de que foi o Dodó de Rodolfo que forneceu a Savery a sua primeira e mais importante fonte de informação.

Estabelecer uma verdade definitiva nesta matéria torna-se uma tarefa ainda mais espinhosa quando compreendemos que Savery nem por sombras assinava e datava todas as suas obras, além de que não era exactamente aquilo a que poderíamos chamar um pintor previsível. Muitos dos seus trabalhos foram, e provavelmente outros tantos continuam a ser, atribuídos a Gillis van Coninxloo, Henrik Goltzius, Paul Vrill, Hendrik Avercamp, Jacob Savery (o tal irmão mais velho, prestes a merecer mais atenção), Paulus van Vianen, Gillis de Hondecoeter, Allart van Everdingen, Rembrant, Lambert Doomer, Herman Saftleve e Antonie Waterloo — bom, só alguns exemplos entre outros. O espectro de estilos pouco comum sugerido por este inventário excede até a «norma» ecléctica dos contemporâneos de Savery na Holanda e na corte de Rodolfo em Praga.

É, estamos metidos numa história em que nada é simples. Quanto mais avançamos pelo labirinto, mais difícil se torna encontrar o caminho certo. O melhor é começarmos por ver quem era Savery e o que é que os estudiosos da matéria têm a dizer a seu respeito, para ver se começamos a compreender como é que o Dodó chegou a ser pintado.

A família errante

As colisões e rupturas da Reforma desencadearam um período de migrações em massa nos Países Baixos, onde o Norte se encontrava divido entre Calvino e Lutero e o Sul estava sob o comando do muitíssimo católico rei Filipe II de Espanha, I de Portugal. Aqui, algumas famílias reformadas escolheram fugir para a Inglaterra, e outras para a Alemanha; mas a maioria optou por partir simplesmente para o Norte. O destino de eleição de todas estas pessoas era sempre Amsterdão, o centro do poder marítimo e da prosperidade. Como já muita gente disse muitas vezes, o crescimento e enriquecimento sem precedentes do Norte da Holanda durante a primeira metade do século XVII vieram em grande medida da infusão directa de sangue fresco e dinheiro antigo na sociedade local.

Em geral, sempre que há crises económicas os primeiros a sofrer são os artistas, à cabeça de todos os produtores de bens e serviços que não são indispensáveis à sobrevivência. Mas também é verdade que os artistas são os que podem fazer as malas e partir mais depressa para irem ganhar a vida noutro sítio, com muito mais leveza do que quem depende de terrenos ou de instrumentos complexos. Durante os dias de glória de Amsterdão chegaram à cidade para prosperarem pintores vindos de todos os campos de batalha religiosos da Europa, com pelo menos 150 a fugirem das províncias holandesas de Filipe II.

Roeland Savery era um destes pintores.

O homem do Dodó nasceu em 1576, filho de Maerten Savery e Catelina van der Beecke. Era o filho mais novo, com os manos Hans, Jacob e Maeken já à sua frente. Ninguém sabe exactamente como é que o chefe da família ganhava a vida, mas há sólidas evidências de que não era um artista, pelo que não desempenhou qualquer papel na educação de Roeland. Esta tarefa ficou antes a cargo do mano Jacob, geralmente descrito com bastante laconismo como «**um pintor medíocre**» e por vezes erroneamente apresentado como o pai de Roeland. Como vimos, parece que Jacob instruiu desde cedo o seu irmão mais novo sobre como pintar animais e paisagens. E, por muito medíocre que tenha sido, é bastante evidente que foi ele quem sustentou a família durante os anos da perseguição religiosa, uma vez que o clã passa o tempo a fazer e desfazer malas ao sabor das posições arranjadas pelo mais velho.

Quase todos os fugitivos religiosos eram reformados, mas os Saverys eram anabaptistas. Com o tempo a maioria deles acabou por aceitar as doutrinas de Calvino, embora há quem diga que Roeland foi anabaptista até ao fim da vida. Em qualquer dos casos, não era gente benquista ao rei católico de Espanha. Algures no início da década de 80, o pai Maerten abandonou a Flandres com toda a sua família, tirando o mano Maeken, a quem não se sabe o que aconteceu.

Começaram por estabelecer-se em Kortrijk, uma cidade cheia de anabaptistas tecedores de linho onde, segundo um relatório de 1604, «**muitos artistas sem grande valor ganhavam a vida fazendo imagens no pano**». Mas a estada foi curta, por razões tanto económicas como religiosas. Em 1581 as tropas espanholas tomaram a cidade, e não reinstauraram a Inquisição mas só deram duas alternativas aos hereges: converterem-se ou partirem. No mesmo ano deflagrou lá no sítio uma epidemia de peste, tornando a sobrevivência dos Saverys ainda mais precária. A indústria de tecelagem de linho, relativamente modesta à data da chegada da família, fechou por completo as portas pouco depois da invasão espanhola. Alguns dos artistas mais talentosos da escola juntaram-se à corporação de Antuérpia, uma encruzilhada europeia sempre cheia de gente, e um entreposto quase obrigatório nas migrações de refugiados religiosos para o Norte. Os Saverys também partiram para Antuérpia, apenas com uma breve escala intercalar em Dordrecht, onde Jacob foi aprendiz do pintor Hans Bol.

Entretanto a comunidade anabaptista que costumava tecer linho em Kortrijk foi realojar-se em bloco em Haarlem, onde Jacob foi pago para pintar em 1585. No entanto, o gosto flamengo por grandes pinturas em linho ou tela pendurados das paredes parece não ter encontrado grande saída na Holanda, pelo que, em 1591, a família seguiu Jacob para Amsterdão, onde «**Jacques Savery von Cortrijk Schilder**» adquiriu cidadania a 15 de Outubro. Aqui morreu de peste em 1603, e deixou atrás de si um pupilo muito capaz: o irmãozinho Roeland.

As florestas mágicas

Os historiadores de arte gostam de dizer que os artistas da comunidade flamenga que se refugiaram em Amsterdão a partir da última década do século XVI tiveram um papel pivotal no florescimento rápido da escola holandesa de pintura comparável ao dos surrealistas franceses que se refugiaram em Nova Iorque durante a Segunda Guerra Mundial. A esmagadora maioria destes pintores flamengos era protestante, por um lado, e paisagista, por outro. Pelo menos alguns devem ter rejeitado conscientemente os temas devotos por antipatia confessional às imagens, preferindo antes as lições da vida terrena e as revelações da Natureza. A cidade não tinha colecções palacianas, mas estava cheia de pequenas galerias privadas de amadores e artistas, cada vez melhor recheadas de desenhos e pinturas, e a abarrotar de pinturas de mestres flamengos trazidos para o Norte pela emigração e pelo comércio. Por volta da altura em que o mano Jacob adquiriu a sua cidadania, os pintores de Amsterdão estavam a tornar-se cada vez mais famosos pelas suas representações do mundo natural, tanto no paisagismo romântico como no naturalismo científico. Coninxloo chegou de Frankenthal e adquiriu cidadania em 1597, e em breve estava a criar no papel e em painéis umas florestas misteriosas tão luxuriantes que, como muito poeticamente nos assegura um relato da época, as próprias árvores se sentiram com inspiração para crescerem com mais vigor.

Foi neste caldo de cultura que Roeland cresceu. A partir de 1600 começam a aparecer alguns desenhos e uma grande abundância de pinturas. Embora se saiba pouco sobre os seus primeiros anos de vida artística, a evidência secundária parece indicar que o nosso homem começou por desenvolver os seus talentos como animalista sob a orientação do irmão, e a seguir, claramente inspirado por Coninxloo e Breughel, os expandiu como paisagista. As suas florestas mágicas, ainda mais pujantes que as dos dois mestres, terão ganho uma reputação que acabou por chegar aos ouvidos de Rodolfo. Seguiu-se a chamada a Praga em 1604, e depois passaram dez anos em que Savery foi um dos incontáveis pintores da corte mais estranha alguma vez instituída na Europa.

A escola sem pupilos

Em 1604 já Rodolfo se estabelecera firmemente como um grande patrono das artes, e já Praga era um centro artístico dos mais aclamados. Mas era, também, um centro muito peculiar. O termo «escola de Praga» é apenas uma designação de conveniência, porque se constituiu fundamentalmente como uma reunião de talentos individuais, de homens que por regra não recebiam pupilos porque tinham sido ali agrupados por desejo de um único homem, pagos para agradarem exclusivamente a esse homem dentro de uma grande variedade de estilos e tarefas. Rodolfo seria o imperador do Sacro Império Romano, mas interessava-se muito pouco pela expansão do revivalismo católico através das artes visuais. Estava muito mais virado para a utilização da pintura em glorificação da sua própria imagem. Esta glorificação podia estabelecer-se através de vários níveis metafóricos, e a primeira metáfora distribuída a Savery foram as montanhas espectaculares e os vales fecundos destinados a simbolizar a vastidão e magnificência do império.

Tanto quanto se percebe, Savery passou os seus dois primeiros anos ao serviço de Rodolfo a calcorrear as montanhas do Tirol e os vales da Boémia, aparentemente na companhia de um qualquer membro da aristocracia nunca identificado, acumulando um manancial estupendo de esboços para as suas paisagens de cortar a respiração, e simultaneamente desenvolvendo novas técnicas e soluções visuais que fizessem os penhascos saltar da tela. Depois vêm os anos de Praga, o período de maior actividade e crescimento de toda a vida do pintor, de onde resultaram mais de cinquenta quadros e centenas de desenhos, incluindo todos os seus famosos desenhos de camponeses que fizeram a vida dos pobres entrar na pintura. Também há muitos desenhos da própria cidade de Praga, que agora são preciosos para o conhecimento da paisagem urbana nos anos de Rodolfo. Há outros tantos ramos de flores. E há esboços e mais esboços dos animais exóticos das colecções de Rodolfo que mais tarde irão figurar nas grandes telas gloriosas de zoologia paradisíaca.

O regresso a casa

Depois da morte de Rodolfo, Savery ainda se manteve por um tempo ao serviço do usurpador Mathias. Em 1613 aparece um ofício assinado por Mathias requisitando o pagamento de trezentos florins «**ao nosso camermaler e leal, querido Roeland Savery**» como compensação de soldos atrasados de Rodolfo. Assim que recebeu o dinheiro, Savery partiu para Amsterdão no que deveria ser uma viagem de três meses. E a seguir nunca mais voltou a Praga, embora Mathias tenha feito vários esforços para o ter de volta.

Sabe-se pouco sobre as razões de ser desta partida. Uma irmã do pintor casou-se em Amsterdão em 1613, e foi também nesse ano que Jacob morreu, deixando ao irmão mais novo a incumbência de organizar e gerir a herança. Não ficou registada nenhuma explicação para o abandono da corte imperial. Só se sabe que Savery se instalou em Amsterdão, desenhou activamente a cidade, continuou a aperfeiçoar as suas fórmulas bem sucedidas de pintura de animais e de paisagens, e começou também a interessar-se pela representação de celeiros e pátios de quintas, num início discreto do que mais tarde seria um tema de eleição para a pintura holandesa.

Os novos interesses

Em 1619 Savery mudou-se para Utrecht e juntou-se à corporação de São Lucas, numa nova etapa artística que iria desenrolar-se por mais vinte anos. Segundo os seus contemporâneos, só trabalhava de manhã, passando o resto do seu muito tempo livre em «**alegre companhia**», quase sempre secundado pelo seu sobrinho Hans Savery. Durante a primeira década desta última fase Savery prosperou à sombra das suas fórmulas de sucesso comprovado — que devem ter sido mesmo muito bem cotadas, a avaliar pelos setecentos florins pagos em 1626 pela Cidade de Utrecht por um dos seus quadros da série «*Paraíso dos Animais*», destinado a presentear uma Amelia von Solms no seu casamento com um Frederick Hendrik. Por acaso, este ano também marcou a chegada a Amsterdão de um dos Dodós vivos trazidos da Maurícia, o que poderá explicar por que é que aparece um Dodó numa posição destacada no quadro agora conhecido como o «*Jardim do Paraíso*» de Berlim. Savery também vendeu quadros em 1637 ao príncipe do Liechtenstein, e em 1637 ao rei Carlos I de Inglaterra.

O interesse do público holandês por este tipo de trabalho terá vindo, certamente, da afluência colonial recém-adquirida nos Países Baixos; mas também deve ter sido composto por factores muito mais subtis que em cada período histórico influenciam o gosto das classes mais educadas, tais como a excitação generalizada em torno da publicação de toda a ordem de narrativas de viagem, a curiosidade resultante por toda e qualquer forma animal considerada exótica, e o interesse crescente pela História Natural «científica». Ainda por cima, esta fase da vida de Savery coincidiu com um revivalismo súbito e notável do interesse pelas fábulas de Esopo, centrado na edição de «*Ébatement Moral des Animaux*» ilustrada por Marcus Gheeraerts publicada em Antuérpia em 1578. Deste trabalho resultaram muitas traduções e variações, que culminaram na Holanda, nos anos de 1617, 1621, 1623 e 1633, com o triunfo das «*XXV Fables des Animaux*» de Steven Perret, com ilustrações derivadas de Gheeraerts. Savery não foi em si mesmo um ilustrador de livros de fábulas, mas é evidente que o interesse geral por estes livros deve ter estimulado as simpatias do público para as suas composições de jardins zoológicos a abarrotar de espécies raras e coloridas.

O velho mestre

No início deste período, entre 1617 e 1620, cada vez mais desinteressado de temas da vida real situados fora de perímetros como a quinta ou a pastagem, e muito raramente o mercado, Savery produziu a sua última série de excelentes quadros do reino animal, cada vez mais densamente povoados e cada vez mais removidos da austeridade do naturalismo estrito. O artista tinha perdido interesse no desenho, mas aproveitou esboços antigos de casas velhas e pitorescas da Holanda ou de ruínas «romanas» para transformar algumas das folias zoológicas numa espécie de cenas pastorais algo estranhas. Foi também nesta altura que o seu trabalho como «florista» atingiu o zénite, culminando com um «*Bouquet*» de 1624 considerado pelos críticos «**caprichosamente fresco e subtilmente orquestrado**». E, ao mesmo tempo, começou a fazer escola. Os terrenos montanhosos dos seus desenhos alpinos apareciam agora em escalas menos assustadoras que estavam claramente a seduzir as novas gerações de jovens paisagistas, e as suas paisagens tirolesas acabaram por ser copiadas ou adaptadas durante décadas por um grande número de artistas holandeses.

Se muitos destes últimos quadros exibem a qualidade de um artista maduro em plena forma, há inúmeros outros, assinados R. SAVERY, que na melhor das hipóteses foram produtos de linha de montagem feitos por mãos inexperientes com uma supervisão mínima do grande mestre. Algumas destas obras mais descuidadas são provavelmente do tal sobrinho Hans Savery da «**alegre companhia**», que por seu turno trabalhava em colaboração com o seu irmão Pieter Savery. Seguem-se as obras que são pura e simplesmente de imitadores, e estas aparecem em números que indicam claramente o sucesso de Savery no seu tempo. Os principais copistas da zoologia festiva foram Gillis e Gijsbert de Hondeco, ou d'Hondecoeter; e mais recentemente identificou-se o pintor de Leiden A. Elsevier como um fabricador de quadros de animais de Savery.

Roeland provavelmente não se preocupava assim muito com os imitadores, porque ele próprio detestava perder tempo com pupilos. O sobrinho Hans foi o único jovem a fazer mesmo o tirocínio artístico sob a sua tutela. De qualquer forma, teve de certeza colaboradores, nomeadamente pintores de figuras humanas; e, provavelmente, em caso de necessidade contratava assistentes. Para estas funções não devia faltar mão-de-obra, porque é indiscutível que entre 1620 e 1630 um grande número dos jovens artistas mais talentosos de Utrecht tinha uma forte atracção pelos desenhos e pinturas do mestre, tanto no que respeita ao trabalho da época como às fases precedentes.

Perante toda esta evidência, a gente imaginaria o homem que nos imortalizou o Dodó a cores dentro de extravagâncias exuberantes a morrer tranquilamente no seu sono, rico, respeitado e gratificado. Mas na sua elogia, escrita em 1639, um ano depois da sua morte, W. Rogman sugere que, no fim da vida, o artista já não tinha controlo sobre a razão. Como vimos, outros relatos dizem isto de uma forma mais frontal, esclarecendo que Savery morreu pobre, louco e abandonado. Sic transit gloria mundi.

4.1.2 — O CONTEXTO

No tempo de Savery, o tipo de representação dos animais bem patente dos seus quadros costumava basear-se solidamente na noção simples e veneranda de que o Homem recebera directamente de Deus o privilégio e a responsabilidade do domínio sobre as criaturas da Terra, tal como estabelecido no Génesis e no Salmo 8. Por seu turno, esta noção determinava a contemplação atenta destas criaturas para se conhecer melhor o seu Criador, e para aprender a discernir a virtude e o erro que o Criador distribuíra universalmente pela Sua criação. Quadros a óleo como os de Savery vinham directamente da tradição artística de ilustração de manuscritos, e potenciavam o seu apelo pelas associações que o espectador educado pudesse tirar da experiência, apreciando a obra em mais que um nível estético.

A ciência e a fábula

O século XVI ficou marcado pela enorme popularidade dos escritos de História Natural, num espectro que ia de reedições e versões dos grandes clássicos de Albertus Magnus e Bartholomeus Anglicus aos novos tratados de Kinrad Gerner e Pierre Belon. A este estímulo juntou-se ainda a popularidade crescente das narrativas de caça, e dos comentários em verso ou em prosa às fábulas de Esopo. Estes três géneros diferentes apoiam-se em dois temas comuns. O primeiro tema é que a expansão do conhecimento e a alegria da contemplação do mundo natural são importantes não só por si mesmos, mas sobretudo para glorificar e satisfazer o Criador. O segundo tema é que o Homem tem direitos sobre os animais que lhe foram dados directamente por Deus. Estas divagações filosóficas sobre o significado dos animais chegaram a criar um subgénero, sobretudo em França, onde se reacendeu um debate já centenário sobre os méritos dos animais quando comparados com os do Homem. Discutiu-se então vivamente se as «bestas», como os «selvagens», sendo mais «naturais» que o Homem, não seriam por isso mesmo superiores. Se quisermos mencionar só um exemplo do que saía das penas de quem andava a explorar estes meandros, podemos citar uma obra do divulgador Edward Topsell chamada «*The Fowles of Heaven or History of Birds*». É o prólogo para uma versão inglesa que nunca chegou a ser publicada do tratado «*Ornithologia*» de Ulisse Aldrovandi, escrito entre 1599 e 1603. Reparem no pressuposto para a importância de lermos este livro sobre pássaros:

«**E primeiro começaremos pela Necessidade sem a qual nem os usos são úteis nem as dignidades são honrosas. Deus Todo-Poderoso fez os pássaros e submeteu-os ao Homem, como um súbdito conhecido de um Senhor conhecedor. Não é digno desse nome o Senhor que não conhece os seus súbditos.**»

E mais adianta Topsell, numas secção intitulada «*The Dignity, Necessity and Delightful Uses of the Historie of Fowles*», a propósito das aves exóticas:

«**Pela admiração das quais** [as ditas cujas aves exóticas] **nós que fomos feitos criaturas racionais nos sentimos compelidos a admirar ainda mais o Seu Poder... através da nova revelação de antigas Criaturas, cujas demonstrações ficaram per-**

didas quando se perdeu o Paraíso, e foram agora recuperadas a tempo da nossa Redenção.»

O crescimento do interesse artístico pelas criaturas de Deus era um reflexo deste mesmo espírito de curiosidade que permeou as ciências «observacionais» do período. Os quadros transformaram-se em jardins ou colecções zoológicas idealizadas, com o potencial de estimular a mente, não só para o deleite inocente mas também tanto para a recordação como para a descoberta. E é provável que tenham chegado até a servir uma das formas metafísicas do estudo que ainda eram a regra em 1600: funcionarem como um teatro da memória, em que os observadores treinavam a sua capacidade de se lembrarem de todas as espécies representadas em cada cena. Os pintores imitavam o mundo natural para imitarem e superarem os poderes criativos da Natureza. E, ao mesmo tempo, satisfaziam aquela grande curiosidade pelos fenómenos mais excessivos dessa mesma Natureza que se constituiu em imagem de marca da época.

Para estreitarmos ainda mais a ponte entre a arte e a ciência do período de Savery, devemos referir que algumas das suas obras, como o «*Birdyard*», podem ter resultado de encomendas particulares de algum naturalista de Amsterdão ou de Leiden. Provavelmente, aquele quadro específico apareceu porque uma pessoa de interesses científicos estava interessada numa exibição fiel ao original de espécies tanto exóticas como nativas. Mas essa pessoa, porque este era o ar do tempo, queria que essa exibição fosse concebida de forma mais artística e ilusionística do que a constante das gravuras mais estéreis utilizadas para séries ou para livros, ou das colecções mais sóbrias de guaches isolados. Ou seja, naquela altura alguém quis ter à sua frente um jardim ornitológico de sonho, cheio de poder alusivo e também cheio de vida. Como muitas das variações sobre o mesmo tema que Savery produziu a seguir, o «*Birdyard*» corporiza a nova tradição do jardim ou parque animal idealizado onde o naturalista, o poeta, o coleccionador, ou qualquer outra alma sensível, podem entrar para lerem da cena o que as suas almas lá foram procurar.

A paz impossível

As obras dentro do género que catapultou Savery para a fama têm uma fixação um pouco surpreendente na representação de predadores e das suas presas (animais que nunca poderiam coexistir pacificamente na Natureza) descansando amigavelmente lado a lado, em variação atrás de variação do tema de Isaías em que o lobo há-de pastar com o cordeiro num tempo messiânico que ainda está por chegar. Mais vezes que menos, há um agente humano, ou pelo menos de aparência humana, tal como Orfeu, Adão, ou Noé, que preside sobre esta harmonia nada terrena.

Não há qualquer evidência de que Savery, por si mesmo, desse grande importância à identidade das diferentes figuras históricas que convocam estas assembleias serenas de animais naturalmente hostis. Os seus idílios zoológicos do período de Praga (uma série de pelo menos cinco quadros) estão exclusivamente restringidas ao tema de Orfeu; mas esta presença poderia ser uma resposta aos gostos e visões do patrono, e não uma expressão directa das idiossincrasias do artista. É fácil imaginar que o poeta arquetípico exercesse um grande fascínio sobre Rodolfo. Orfeu é a corporização renascentista da cultura humana e do governo harmonioso, o homem dotado com a magia e a sabedoria necessárias para pôr fim (nem que seja só de forma temporária) às hostilidades naturais num exemplo explícito de harmonia cósmica. Esta suposição torna-se ainda mais credível se soubermos que representações de Orfeu por outros pintores eram coisa que abundava nas colecções de Rodolfo, e que há pelo menos mais dois casos em que o poeta aparece a encantar os animais.

Aliás, nos quadros de Savery a magia de Orfeu tende a apresentar-se como um segundo pensamento. Por exemplo, no primeiro quadro da série de Praga os animais apresentam-se dois a dois, numa organização perfeitamente adequada à bicha para entrar na Arca de Noé, mas completamente despropositada para a história do bardo. Além disso, o Orfeu de Savery está normalmente a encantar animais tanto selvagens como domésticos, o que contraria a versão básica da lenda segundo Ovídio, em que só os animais selvagens responderam à sua lira. E não podemos deixar de notar que, na maioria das reuniões zoológicas presididas por Orfeu em quadros de Savery, os animais nunca parecem estar a prestar assim grande atenção ao Orfeu propriamente dito. Como que num gesto simbólico de ruptura com as fixações de Rodolfo depois de ter abandonado a corte de Praga, em quadros posterio-

Onde está Wally? Uma das extravagâncias zoológicas de Savery. Agora descubram o Dodó neste quadro.

res Savery até sobressaltou a harmonia idílica destas cenas introduzindo apedrejamentos de Orfeu pelas mulheres da Trácia, enquanto uma primeira onda de perturbação parece finalmente correr entre os animais reunidos. Como se quisessem rasgar a visão antiga de Rodolfo em bocadinhos cada vez mais pequeninos, os emuladores de Savery, que pintaram na sequência do apogeu do mestre, muitas vezes fizeram o pobre Orfeu vestir antes a roupa de um pastor tocando música em trajos do século XVII.

Adão e Eva: Dois dos quadros da série dos Paraísos de Savery, cheios de animais exóticos.

4.1.3 — O ARTISTA

Agora que já estamos informados sobre as várias facetas da vida e obra de Savery, está na altura de nos focarmos naquilo que é hoje a sua maior distinção para quem anda a visitar os museus: as miríades de celebrações do reino animal em pinturas e desenhos, esta fonte muito estranha de onde o Dodó brotou para a posteridade escutando Orfeu, entrando na Arca, ou saltitando pelo Paraíso.

Orfeu: Um dos quadros da série em que o bardo encanta os animais.

A procura de fontes

Os primeiros temas zoológicos de Savery, executados entre 1600 e 1601 e portanto anteriores à sua estadia em Praga, já contêm aves e bestas em poses precisas que irão aparecer outra vez e mais outra ao longo da sua carreira. Por exemplo, há um macaco que aparece pela primeira vez nas costas de um dromedário diante da Arca, e que depois salta de cena para cena, ao longo de sucessivos quadros subsequentes, sem nunca abandonar a sua postura original. Estes animais que passam de uma tela para outra, figurando em muitas cenas diferentes mas nunca perdendo a primeira pose em toda a sua precisão, são uma das características mais consistentes da obra ecléctica de Savery. Há alguns exemplares, como o casuar que foi frequentemente confundido com o Dodó durante as análises de quadros e gravuras feitas no século XIX, a garça a levantar o voo, e o dromedário ao lado do leopardo, que aparecem logo nos primeiros quadros e continuam impassivelmente a aparecer até 1620. Este homem deve ter-se preocupado séria e substancialmente, desde o início da sua vida artística, com a construção de um repertório vasto de modelos desenhados «**naer het leven**» que depois lhe permitisse sustentar a vivacidade notável das suas criações na tela. Mas atenção: isto não implica necessariamente que vários dos modelos incluídos nesta grande base de dados não tenham sido originalmente reproduzidos da vida real por mãos alheias.

É bastante claro na obra de Savery que o autor não sentia necessidade de ter visto ele próprio todos os modelos vivos para se sentir confortável com a veracidade das formas incluídas nas suas recriações dos esplendores da Natureza. Por exemplo, só para usarmos duas espécies exóticas escolhidas ao acaso, onde é que Savery poderia ter observado o búfalo de água do «*Jardim do Paraíso*», ou o casuar do «*Birdyard*», quando ainda estava em Amsterdão? Não havia nenhuma colecção principesca de espécimes raros a que pudesse ter acesso na cidade, e embora o Amsterdam Dolhof, ou Jardim dos Prazeres, possuísse uma pequena área de aves e bestas, era mesmo muito pequena e pouco variada. A corte da Casa de Orange em Haia veio a ter uma colecção zoológica famosa em Het Loo, mas ainda não estava constituída nesta altura. E Leiden tinha um jardim botânico afamado (aquele onde Clusius iniciou a tradição das túlipas), mas não existia contrapartida zoológica.

Claro que podemos sempre invocar as exibições ocasionais de quadrúpedes e pássaros exóticos a que se dedicavam em igual medida feirantes e capitães de barcos demandados às rotas das Índias; e Amsterdão, sendo o porto principal da Holanda, seria logicamente a cidade com mais espectáculos destes. Por exemplo, o tal de casuar que nos quadros parecia um Dodó chegou pela primeira vez a Amsterdão em 1579 com o regresso da expedição comandada por Cornelius Houtman (ver capítulo V). Em 1605, o omnipresente Clusius relatou no seu «*Exoticorum libri decem*» (o tal que é frequentemente designado simplesmente como «*Exótica*») que esta pobre ave expatriada foi vendida a Graf van Solms (pai daquela Amelia que recebeu como prenda de casamento da cidade de Utrecht um quadro caríssimo de Savery) em Haia, que depois o ofereceu ao arcebispo de Colónia, que por seu turno o ofereceu ao sempre ávido Rodolfo. Algures pelo caminho, não é de todo improvável que Savery tenha visto este pássaro. Mas é também indiscutível que este tipo de recurso tinha as suas sérias limitações, não só em variedade como em acessibilidade. Ou seja, faz bastante mais sentido deduzir que Savery estudou as formas e as cores de muitos dos seus animais em gravuras feitas por outros autores. Até porque, nos seus quadros zoológicos de 1600 e 1601, para os quais o pintor juntou uma colecção impressionante de desenhos e esboços incluindo alguns do mano Jacob, quase todas as espécies estão representadas de perfil e sem movimento — certamente a forma mais fácil de desenhar, mas também aquela que, até aos nossos dias, se adequa melhor aos requisitos descritivos dos manuais de História Natural.

Da mesma forma, e consubstanciando o recurso pelo pintor a autores de referência trabalhando sobre animais em cativeiro, há um pormenor curioso no tal dromedário que aparece logo no «*Jardim do Paraíso*» de 1601. Neste quadro, como em muitas das outras cenas apinhadas de espécies diferentes feitas a seguir, o corpo do animal está praticamente todo tapado por outros bichos. Mas a gravura original que serviu de base para os quadros revela que o dromedário tem uma capa vestida. É certo, uma capa seria uma peça de sobrevivência quase obrigatória em circos, feiras ou colecções privadas de países frios — mas para que é que o dromedário precisaria dela no Paraíso? Outro exemplo é o papagaio que aparece no «*Bouquet*» de Utrecht, datado de 1624. O bicho está virado sobre as costas, na imagem precisa de um espécime pronto a ser dissecado em laboratório. E também não é por acaso que os leões estão em repouso em todos os reinos animais oníricos representados nos diversos «*Orfeus*»: o repouso coaduna-se à paz etérea destes paraísos idealizados, mas é também a postura habitual dos animais em cativeiro. Mais tarde, Savery usou estes mesmos esboços para umas representações mais brutais da vida dos felinos fora do Paraíso, e aqui deve ter-se socorrido do estudo de esculturas, que existiam em grandes quantidades nas colecções de Rodolfo.

Um dos autores de referência de Savery foi o outro homem de Praga que pintou o Dodó, Joris Hoefnagel. Segundo um relatório da época por um tal de Van Mander, Hoefnagel «**fez para o imperador Rodolfo quatro livros, um de todos os animais com quatro pés, o segundo dos rastejantes, o terceiro dos voadores, e o quarto dos nadadores, ou peixes, e recebeu por eles mil moedas de ouro**». Estes livros emblemáticos com iluminuras preciosíssimas eram as tais, já referidas, que se intitulavam em conjunto «*Os Quatro elementos*». Muito no espírito dos círculos rodolfinos, constituíam um catálogo ideal da criação animada de Deus, compreendido sob a autoridade cósmica dos quatro elementos e a autoridade moral das suas inscrições. A circulação destes livros indica que Hoefnagel era considerado pelos seus pares como um naturalista de pleno direito, que aliás aparece citado num catálogo de 1607-11 como uma autoridade em nomes latinos de peixes, ao lado do respeitadíssimo Clusius. Hoje sabemos que Savery usou exaustivamente os compêndios de Hoefnagel para os seus desenhos de flores.

Outras fontes óbvias de Savery foram as gravuras preparadas em 1551 para a «*Historia Animalium*» de Konrad Gerner. E há animais que devem ter vindo de imagens ainda mais antigas, como os leopardos marrecos de faces humanas angustiadas que colam direitinhos na herança de antropomorfismo facial dos bestiários medievais. Também há sugestões de que, já em Praga, Savery poderá ter encontrado inspiração em miniaturas islâmicas do início do século XVII oferecidas a Rodolfo por embaixadas vindas da Pérsia, particularmente «*A Reunião dos Pássaros*» do compêndio persa «*Linguagem dos Pássaros*».

Os milhares de esboços

Combinando todos estes meios e recursos, e certamente visitando parques zoológicos europeus sempre que se lhe oferecia essa possibilidade, Savery já tinha em sua posse um jardim zoológico de papel muitíssimo respeitável em 1601. Esta base de dados cresceu depois exponencialmente durante os anos de Praga, o que é confirmado pelo facto de quase todos os seus desenhos datados de animais serem deste período.

Nas colecções de Rodolfo, Savery podia encontrar tudo e mais alguma coisa. Aqui tinha ao seu alcance esculturas, animais embalsamados, gravuras, iluminuras, até partes de corpos mais ou menos conservadas em frascos. Onde é que Savery estudou o tatu e o crocodilo que rastejam pela relva no «*Jardim do Paraíso*»? O inventário de 1621 das colecções de Rodolfo em Praga lista exactamente um tatu e um crocodilo embalsamados. E as mandíbulas abertas, arreganhadas, do «*Javali em Fuga?*» Provavelmente foram calmamente esboçadas no interior de um salão, porque há numerosas entradas de inventários listando cabeças destas que ornamentavam as paredes como troféus de caça.

Outra preciosidade para qualquer animalista que trabalhasse no domínio de Rodolfo seriam as aves embalsamadas. Estas estavam mesmo imóveis, o que as tornava de certeza modelos apetecíveis para estudos e esboços. E, de facto, alguns dos pássaros que sobrevoam vários quadros de Savery, sobretudo os mais tardios, parecem muitas vezes ter ficado de repente destituídos do poleiro a que estavam agarrados; e há outros que parecem colados ao nível do chão, às vezes paralisados em poses tão dramáticas quanto artificiais.

Também sabemos que Savery nunca travou qualquer conhecimento pessoal com um rinoceronte. Sendo assim, o bicho fantasmagórico que emerge por trás de várias grandes assembleias, com a sua primeira aparição registada no «*Animais diante da Arca*», foi com grande certeza derivado de gravuras. Por exemplo, é evidente que o rinoceronte fortemente couraçado e de ar atento do «*Orfeu*» de 1617 foi derivado ou de uma ilustração gigantesca de Gerner, ou da ilustração que aparece no «*Theatrum moram*» de E. Sadeler, que por sua vez também derivou indirectamente de Gerner.

Há um «*Orfeu*» dos primeiros anos de Praga que inclui ao fundo uma ilhota, e nessa ilhota está um cachalote reluzente, a deitar um grande repuxo, com um olho muito aumentado e uma barbatana transformada em orelha. Esta aparição poderá ter vindo das próprias memórias de Savery, que provavelmente viu baleias dadas à praia muitos anos antes de executar o quadro, ou em Beverwijk em 1598 ou em Noowijk aan Zee em 1601. Outra hipótese é o modelo de Savery derivar de uma gravura muito circulada e copiada que J. Matham produziu a partir de um desenho de Goltzius representando uma baleia que deu à praia em Beverwijk em 1598.

Durante a sua estadia na corte, Savery acumulou inúmeros esboços de leões e cavalos, e também teve acesso a modelos vivos para desenhos de leopardos, raposas, ursos, e um lobo. E, claro, examinou uma grande abundância de aves exóticas. Rodolfo tinha uma águia de estimação que deve ter sido mantida em aposentos principescos, e há relatórios da altura que falam de outras águias em áreas cercadas. No álbum intitulado «*Museum des*

Kaisers Rudolf II» também aparecem desenhados de forma perfeitamente convincente flamingos, casuares, papagaios e um Dodó. É indiscutível que Savery desenvolveu um carinho especial pelos movimentos do Dodó, como é patente no seu desenho «*Dodos*», iniciado em Praga por volta de 1610 mas provavelmente só acabado em 1618, em que o pássaro doido aparece em duas posturas diferentes (este desenho fundamental, em que o pássaro mostra uma vivacidade inigualada em todas as outras suas representações, está agora na colecção da E. B. Crocker Art Gallery em Sacramento, na Califórnia, e é por isso geralmente referido como «the Crocker composition»). Provavelmente este Dodó era o mesmo que o que aparece nas aguarelas do museu, só que aqui já era mais velho. O único Dodó de que há registo em Praga foi embalsamado em 1611, portanto é possível que todos estes diferentes Dodós, e ainda o Dodó que serviu de modelo para a miniatura de Hoefnagel, fossem na realidade todos a mesma criatura sem sorte em etapas separadas do seu exílio europeu.

Já agora, como ele pintou tanto, um pouco de estatística, pois que até esta é possível. É interessante analisar o uso que Savery fez da sua impressionante base de dados de esboços de animais. Por exemplo, notaremos que o veado aparece mais que qualquer outro animal, e que os machos de grandes armações que simbolizam a caçada real estão representados por mais cabeças empalhadas ou esculpidas que qualquer outro item do inventário da colecção de Rodolfo feita em Praga no ano de 1621. Enfim. Mariquices.

Os detalhes menores

As plantas que rodeiam estas cenas idílicas são tão arbitrárias como a lógica que preside à convocação dos animais para as assembleias. Num Paraíso há um elefante que se esfrega numa árvore europeia de folha caduca, enquanto que outro Paraíso está cheio de palmeiras. Nestes detalhes, Savery não dá quaisquer mostras de querer ser consistente (aliás, muitas das suas palmeiras ostentam o que parecem ser pinhas cheias de pinhões), valorizando apenas os melhores enquadramentos. No Paraíso com palmeiras o pintor estava tão interessado em transmitir a sensação de habitat tropical que até decorou a areia junto à agua com uma profusão impressionante de conchas exóticas (e espécimes destes eram mesmo coisa de que nunca houve míngua nas colecções de Rodolfo), e adaptou cenas de livros de viagem da época, como o «*India Orientalis*» de Bry, publicado em Amsterdão em 1601. Alguns dos quadros de leões e leopardos da década de 20 também ostentam palmeiras, mas certamente mais por razões estéticas do que por desejo realista de introduzir uma flora não europeia — noutros quadros há elefantes encostados a carvalhos, e camelos diante de muros cobertos com hera.

O humorista

Já vimos que uma das características das assembleias animais de Savery é o seu carácter aditivo, com mais e mais espécies inseridas no conjunto de forma aparentemente aleatória, mas destinada a produzir um efeito estético e filosófico em que o todo é mais que a soma das partes. Já salientámos uma especificidade deste animalista único, aquela das espécies que aparecem exactamente na mesma pose de quadro para quadro. Falta referir um outro aspecto em que Savery também foi mestre e pioneiro, que no seu tempo era um toque exclusivo da sua obra, e que se foi tornando cada vez mais tradicional entre os pintores das gerações seguintes: as assembleias de animais têm muitas vezes pormenores de um humor discreto mas eficaz, e há casos em que o modelo salta sem dificuldade para o nível da caricatura.

Num quadro exibido pela primeira vez em Leninegrado em 1909, primeiro vemos uma vaca. Só depois é que reparamos que também lá está a cabeça de outra vaca, repousando amigavelmente nos quartos traseiros da primeira. Mas esta segunda cabeça não tem corpo. Noutro exemplo, há um estudo para o «*Jardim do Paraíso*» em que um elefante está a tentar coçar um sítio difícil de alcançar. Savery especializou-se nesta arte de captar bestas nobres e imponentes em momentos menos dignificantes da sua vida quotidiana, e fê-lo melhor que ninguém no seu tempo, mas transpôs poucos destes exercícios para a pintura. O elefante que se coça no estudo não aparece no quadro final. Poderíamos argumentar que até no Paraíso um pobre animal precisa de coçar-se de vez em quando, mas decoro é decoro. Os reinos animais de Savery nunca o violam.

Nos estudos para os camelos, podemos ver os traços fisionómicos dos animais evoluindo mais e mais para a sua própria caricatura à medida que os esboços a giz progridem. O desenho final, «*Dois Camelos*», revela uma grande familiaridade do pintor com o seu modelo, que permite ao artista passar do realismo sóbrio para um humor ligeiro. O mesmo se aplica ao tal desenho «*Dodos*», aquele que agora é mais conhecido como «The Crocker composition». Aqui vemos dois animais, capturados naquilo a que Spicer-Durham chama «**posturas características mas ignóbeis**», que corporizam magistralmente a diferença entre a vivacidade de um modelo vivo e a rigidez de um espécime embalsamado, esculpido, ou impresso. As suas proporções estão exageradas num efeito deliberado de caricatura, com uma facilidade que nos garante que aqueles bichos, a certa altura, estiveram mesmo a mover-se diante dos olhos do pintor. A cabeça maciça e a garupa pesada aparecem exageradas no que mais tarde seria a imagem de marca de todos os desenhos modernos de Dodós para meninos, e o sorriso evoca segundo Spicer-Durham «**a famosa estupidez confiante do Dodó**» (ora aqui está um bom exemplo, tirado de uma tese de doutoramento moderna, da persistência inquestionada do mito do Dodó gordo e parvo). Numa companhia muito distinta que inclui «*Elefante com Um Macaco*» e «*Dois Camelos*», este cartoon avant la lettre assinala um parêntesis particular dentro da carreira do pintor, associado aos últimos anos de Praga, em que as composições finais exibem elementos de caricatura. Muito provavelmente, foi a partir de esboços elaborados na preparação deste desenho do Dodó que Savery depois construiu o Dodó retratado no «*Orfeu*» de 1617, este agora maduro, gordo, e completamente estático.

E está homenageado o trabalho de um homem que marcou a História da Arte ocidental por ser o primeiro animalista significativo num género de quadro a óleo que floresceu instantaneamente na sequência destes paraísos com Dodós. A sua obra está hoje dispersa pelas cidades onde os turistas visitam os museus que albergam as coroas de glória do seu estilo. Um Dodó de 1626 está em Berlim. Um Dodó de 1628, provavelmente copiado do de 1626, está em Viena. Um Dodó incluído num paraíso saído do cavalete de um emulador de Savery chamado Gaiemare tomou residência na colecção do duque de Northumberland. O Dodó mais famoso de todos, quase de certeza também de Savery, está em Londres. E foi só em 1868 que se descobriu em Viena a miniatura de Hoefnagel, que tinha aparecido primeiro e depois andara desaparecida durante muito tempo. É o que nos resta de um pássaro que já esteve vivo.

4.2 — O IMPERADOR DOS PINTORES

O Sacro Imperador Católico Romano Rodolfo II nasceu em Viena, foi educado em Espanha, e coroado rei da Hungria, Boémia e Alemanha. Era o chefe de um império fundado pelo mitológico Carlos Magno. Com o seu quartel-general administrativo e residencial instalado em Praga, Rodolfo interessou-se profundamente por química, alquimia, astrologia e astronomia, e transformou-se no grande protector dos dois pioneiros que desencadearam a Revolução Científica quando tiraram a Terra do centro do Universo: o dinamarquês flamejante Tycho Brahe e o seu famoso discípulo alemão Johannes Kepler.

Rodolfo foi o maior coleccionador do seu tempo, tanto de antiguidades como de arte recente e contemporânea, funcionando simultaneamente como um patrono excepcional das artes que enviou os seus agentes em missões de caça ao tesouro para todos os quadrantes da Europa, acabando por criar um museu que ultrapassava os ideais renascentistas de conjuntos idealizados de obras arte para criar a imagem de marca do novo espírito inquisitivo que marcou a sua era.

O grande interesse do imperador em investigar os fenómenos da Natureza valeu-lhe epítetos como «**maior e mais entusiástico admirador e amante das flores como das artes**» ou «**Deus dos jardins**». Com os sábios que escolheu a dedo para o rodearem, logrou realizar o aparentemente impossível: criou dentro do seu universo fechado um ambiente cintilante de criatividade e pesquisa, onde a experiência e a descoberta, e novas invenções tanto em arte como em ciência, podiam encontrar abrigo, suporte, protecção, e espaço para se expandirem. Foi dentro desta fortaleza de sabedoria e ousadia que Kepler fez os cálculos que constituem a maior contribuição que o mundo recebeu da Praga rodolfina.

Infelizmente, por muito positivos e influentes que fossem os seus prazeres na ciência e na arte, Rodolfo era também um homem profundamente perturbado, que herdou um quinhão nada desprezível da tendência dos Habsburgos para a insanidade. Começou a ter ataques severos de depressão muito cedo no seu reinado, e estes episódios começaram rapidamente a tender para a demência; e as suas políticas acabaram por conseguir não agradar a nenhuma das facções religiosas, nem nenhum dos estratos sociais, nem nenhum dos grupos étnicos formados pelos seus súbditos. A partir de 1611, viveu praticamente como um prisioneiro em Praga, cercado por todos os lados pelo seu próprio irmão Mathias e pelas suas hordas hostis de boémios. Um ano mais tarde, Rodolfo morreu em casa, e as suas colecções começaram a desaparecer de Praga sem demora. Foi a maior pilhagem do mundo.

4.2.1 — O HOMEM

Pode ser um lugar-comum afirmar que se Rodolfo II e a sua corte nunca tivessem existido nenhum criador de ficções teria ousado inventá-los, mas isto lá por ser estafado não deixa de ser verdade. Este Habsburgo perturbado com um poder que nós já não entendemos, rodeado por uma imensa coterie de alquimistas, cabalistas, necromantes, filósofos naturais, astrónomos, pintores e escultores, entrincheirados num palácio rodeado de muralhas e recheado das misturas mais eclécticas e vastas alguma vez coleccionadas na Europa, não caberia na imaginação de ninguém. E, se não fossem este rei inimaginável e a sua corte inacreditável, a imagem viva do Dodó nunca teria chegado até nós. O que não foi por acaso. Foi mesmo porque aquele homem sustentava e acarinhava cientistas e artistas, e exortava os seus pintores a interessarem-se pelos fenómenos naturais, tudo isto numa época em que os fenómenos naturais que mais enchiam o olho eram forçosamente as faunas bizarras reveladas pelos Descobrimentos. Então quem era o homem por trás deste mundo fantástico, e como era exactamente o mundo que ele criou e em que viveu?

O mundo mais estranho

Tycho Brahe fazia horóscopos para Rodolfo, e todas as suas predições eram más. Uma delas foi que o seu leão de estimação, o mesmo leão a quem os guardas do jardim zoológico uma vez atiraram um barbeiro-filósofo que acabava de perder as graças do imperador, o precederia na morte por apenas alguns dias. Vários anos mais tarde, em Janeiro de 1612, o leão morreu aos pés do dono. O dono tomou-se de angústia e de terror. Caiu sob as colunas italianas da sua última morada e prisão no pavilhão Belvedere, foi levado para o quarto por pajens e criados, e entrou em convulsões terminais de agonia. Diz-se que nesse dia os pinheiros em torno das águas escuras e profundas da Fosse aux Cerfs ainda ostentavam as gaiolas onde um dia Rodolfo pendurara para deixar morrer os seus alquimistas que tinham ousado erguer-se em rebelião.

Também se diz que o fantasma de Brigita nessa noite rondou todas as ruas de Praga, procurando beijar os homens com os seus lábios gélidos, à procura do sabor dos lábios de Michal. Michal era um dos escultores de Rodolfo. Brigita fora a sua amante até ao dia em que ele a esfaqueou no meio de uma cena de ciúmes. Quando os seus restos foram encontrados já meio podres no fundo da Fosse aux Cerfs, Rodolfo condenou à morte o amante assassino — mas, antes, obrigou-o a pintar o que restava de Brigita para a sua colecção.

O corpo de Rodolfo ficou exposto durante oito dias na capelinha ao lado da Sala Venceslas, um espaço tão vasto que costumavam fazer-se lá torneios a cavalo. Enquanto o irmão Mathias organizava a estratégia para expandir o seu poder na Europa, a mulher de Mathias, que estivera durante muito tempo prometida a Rodolfo e depois fora por ele rejeitada sem mais explicações, rezou sem descanso pela alma do defunto, ajoelhada ao lado do caixão.

Outra coisa que se diz é que o Sacro Imperador Católico Romano, coroado com a missão de defender a fé católica da gangrena crescente da Reforma por um lado, e dos ataques constantes dos Turcos por outro, dedicou antes o seu reinado inteiro à procura incessante do elixir da eterna juventude. Morreu com o frasco do elixir ainda atado à volta do pescoço por um cordão de seda. Um padre chamado Kaspar Zrucky z Rudz entrou na câ-

O homem que mudou o tempo: Rodolfo II de Habsburgo.

mara ardente para roubar o elixir e bebê-lo logo de seguida. Kaspar já vira Rodolfo ansioso, atormentado por demónios sem conta, temendo todos os homens em vestes religiosas e entrando em transe diante do crucifixo desde que um horóscopo anunciara que também ele, como Henrique III da França, morreria às mãos de um religioso. O velho monarca tinha-se tornado cada vez mais temeroso e supersticioso, cada vez mais nas mãos de toda a espécie de charlatães e de toda a ordem de ataques de raiva e desespero, os famosos ataques que o mergulhavam por semanas em melancolias insuportáveis e o atormentavam com visões aterradoras e sonhos mórbidos, enquanto o seu corpo continuava a apodrecer em vida. Nos seus últimos anos, tentara suicidar-se duas vezes, primeiro virando contra si um punhal que inicialmente se destinava a trespassar um traidor (os criados conseguiram impedi-lo de ir até ao fim), e da segunda partindo uma janela, agarrando num pedaço de vidro e enterrando-o na garganta (os criados, uma vez mais, conseguiram impedi-lo de ir até ao fim). Kaspar observara de perto todos os passos da destruição de Rodolfo, mas continuava a acreditar no elixir. Roubou-o, bebeu-o, foi preso, e enforcou-se na cadeia.

O destino de Kaspar não impediu os outros de fazerem coisas parecidas. Ainda antes do enterro final de Rodolfo no dia 1 de Outubro, Jeronym Makovski conseguiu comprar a sua libertação da cadeia prometendo aos guardas revelar-lhes a localização de muitos dos tesouros escondidos de Rodolfo. Makovski fora durante muito tempo o chefe do guarda-roupa imperial. Nessa altura, tinha por hábito vestir-se com as roupas mais finas do seu senhor, cobrar uma entrada substancial, e fazer-se passar por Rodolfo, dando audiências a súbditos créditos na semiobscuridade das cavalariças, onde os cavalos empoados, decorados a capricho, de crinas e caudas entrançadas com prodígios de habilidade, mastigavam o farelo em manjedouras de mármore. A pilhagem, numa versão ou noutra, há muito que era de tradição entre a entourage de Rodolfo. Estas primeiras pilhagens, privadas e discretas, feitas logo a seguir à sua morte, ainda eram só um prenúncio pálido do gigantesco bodo aos pobres que vinha aí.

O tesouro mais espantoso

Os estragos sérios nas colecções imperiais começaram depois da segunda defenestração de Praga. Os checos pareciam ter então uma grande simpatia pelo hábito de manifestarem o seu desagrado com representantes políticos atirando-os pela janela. O dia 23 de Maio de 1618 marcou o início de uma série de tormentos sem nome e sem fim que os católicos e os protestantes infligiram uns aos outros, uma história triste a que agora chamamos a Guerra dos Trinta Anos. Nesse dia, furiosos com a recusa de Fernando II, sucessor de Mathias, que sucedera a Rodolfo, em respeitar as liberdades que lhes tinham sido asseguradas pela Carta de Majestade de Rodolfo, os representantes dos estados protestantes atiraram os governadores imperiais pelas janelas do palácio. Os governadores aterraram em pilhas de lixos diversos e não sofreram grandes danos físicos, mas a sua queda foi o pretexto para numerosos objectos de arte de valor incalculável, usados como meros projécteis, voarem também pela janela para se desfazerem em mil bocados irrecuperáveis dezasseis metros mais abaixo.

O primeiro inventário das colecções de Rodolfo foi feito logo a seguir, em 1619. Como a pilhagem ainda mal tinha começado, listaram-se mais de três mil quadros, incluindo trabalhos de Miguel Ângelo, Leonardo, Rafael, Giorgione, Dürer, Holbein, Cranasch, Breughel, Ticiano, Tintoretto, Veronese e Rubens; juntamente com duas mil e quinhentas esculturas, e milhares de objectos totalizando uma soma então considerada inatingível: dezassete milhões de florins.

Rodolfo sempre tivera medo de inventários. É por isso impossível formarmos uma ideia completa do que os seus tesouros terão originalmente compreendido. Mas temos factóides e apontamentos que cheguem para formarmos uma ideia. Uma ideia impressionante, a todos os títulos.

A mais longa queda

Como que para dar razão ao imperador, o estabelecimento do primeiro inventário foi imediatamente sucedido pela maior pilhagem registada até à data. No dia 17 de Novembro de 1620, o duque Maximiliano da Baviera decidiu pagar a si mesmo a ajuda que trouxera a Fernando II. Carregou mil e quinhentos carros com peças de arte e objectos preciosos, de tal forma que os cavalos quase não conseguiam puxá-los. Dizia-se que um tal cortejo de riquezas nunca fora visto na Terra desde que a rainha do Sabá trouxera os seus tesouros a Salomão.

Onze anos mais tarde, o príncipe eleito da Saxónia carregou até deitar por fora mais cinquenta carros e levou-os para casa.

A 26 de Julho de 1648, Konigsmark tomou posse do palácio fabuloso. Do espólio destinado à rainha Cristina da Suécia, outra grande coleccionadora e amante das artes, destacou para si mesmo cinco carros a transbordar de ouro e prata.

Depois da Guerra dos Trinta Anos, uma comissão encarregada de avaliar o estado do palácio relatou só ter encontrado estátuas partidas e molduras vazias. Mas este teve que ter sido um relatório ou feito à pressa ou deliberadamente distorcido, porque, quando a imperatriz Marie-Thérèse decidiu redecorar o palácio em 1749 (e assim apagar todos os vestígios de como fora a vida no tempo de Rodolfo), ainda amealhou uma grande fortuna em quadros vendidos para a pinacoteca de Dresden.

Mas não pode ter vendido tudo, porque quando, mais tarde, Frederico II assestou os seus canhões ao palácio, ainda destruiu centenas de objectos de arte. Os criados que se encontravam no interior encheram caixas e mais caixas de preciosidades que tentaram proteger escondendo-as nas caves, e na sua fuga desesperada partiram mais umas centenas de peças delicadas em porcelana, cristal e mármore.

No dia 14 de Maio de 1788, José II decidiu transformar o velho palácio, o maior orgulho do povo de Praga, na caserna para as suas tropas. Para limpar completamente o sítio de todos os vestígios que ainda pudessem interferir com manobras militares, decretou a realização do leilão mais tresloucado de sempre. Antes de começar o leilão, José ordenou que todos os objectos considerados sem valor fossem postos em sacos, e atirados para a Fosse aux Cerfs como lixo: estatuetas, moedas, conchas, fósseis, medalhas, cristais e moldes de gesso mergulharam sem glória na lama. Quarenta anos mais tarde, a caça a estes tesouros ainda era o maior entretenimento dos miúdos da rua de Praga.

Neste leilão, o famoso «*Das Rosenkranzfest*» de Dürer, um quadro que Rodolfo fizera transportar em ombros para cruzar os Alpes como uma relíquia sagrada, foi despachado por meia dúzia de moedas. A estátua de Ilioneu, pela qual Rodolfo pagara dez mil ducados, foi comprada por trinta cêntimos.

E ainda restaram peças. Em 1876, um inspector mandado de Viena encontrou mais quadros, e organizou uma transferência discreta entre capitais.

Os ocupantes nazis ainda tinham tesouros para pilhar, uma vez que mandaram caixas atrás de caixas para a Alemanha. Um certo SS Reichprotector e Obergruopenfuhrer chamado Reinhard Heydrich mandou emparedar a coroa de Venceslau, o santo padroeiro da Boémia. No seu julgamento depois da guerra, Karl Hermann Frank revelou ao tribunal a localização desta jóia monumental, que de outra forma estaria perdida para sempre no submundo do palácio gótico. E só Deus sabe o que é que por ainda lá estará, porque Rodolfo não era só profundamente avesso a inventários: também se deliciava a inventar esconderijos complicadíssimos para as suas peças de eleição. Como depois do naufrágio de uma caravela gigante que regressasse da Índia, fragmentos espantosos de uma glória em tempos estonteante continuam a aflorar à superfície nos nossos dias.

O Habsburgo

Rodolfo nasceu em Viena a 18 de Julho de 1552, o terceiro fruto e primeiro filho viável do casal real. O pai era Maximiliano, reformador no coração e herege na morte. A mãe era a sua prima Maria, espanhola, desesperadamente católica, uma freira reclusa nos seus últimos anos. Estas duas pessoas estavam sempre em desacordo no que tocava a política e religião, mas devem ter estabelecido uma união muito forte no mais fundamental de todos os laços, porque, ao todo, tiveram quinze filhos.

Rodolfo era o neto do formidável Carlos V, que escolheu retirar-se para o isolamento dos claustros de San Jerónimo de Yuste quando o fardo de inúmeras cruzadas contra os turcos, e de lutas territoriais para manter intacto o Sacro Império, começou a pesar de mais no seu corpo exausto. Carlos tinha passado 39 anos no trono. Já não queria carregar mais a coroa. Legou a Maximiliano o domínio impossível que Rodolfo viria a herdar.

Rodolfo era um rapazinho de onze anos, silencioso e pensativo, quando foi enviado para Espanha para crescer sob a orientação do muitíssimo católico Filipe II. A missão do tio era criar no sobrinho um defensor ferrenho da ortodoxia, para que depois conseguisse governar sobre as terras do Norte atormentadas pelos protestantes. Para cumprir esta tarefa, Filipe introduziu Rodolfo nos abismos de complexidade da etiqueta da sua corte, e depois levou-a a Toledo para assistir da primeira fila a todos os fumos e brados de um auto-de-fé de dois dias. Foi assim que Rodolfo se transformou no jovem magro e pálido que voltou para Viena em 1571, em trajes negros e postura altiva.

Em Espanha, Rodolfo deixava um tio que entretanto se tornara também seu cunhado; uma irmã que agora era também rainha de Espanha; dois irmãos mais novos que mal vira em sete anos; e uma infanta de cinco anos que fora oficialmente proclamada sua noiva mesmo antes da partida. Era assim que os Habsburgos reinavam sobre a Europa.

O coleccionador ávido

Rodolfo já era rei da Boémia e da Hungria aquando da morte do seu pai, e foi coroado imperador a 27 de Outubro de 1576. Logo a seguir à coroação, há um incidente diplomático, dos muitos que marcaram o seu reino, que nos dá uma antevisão interessante de duas das facetas mais importantes do seu carácter em acção: neste episódio, Rodolfo já se revela tanto como o coleccionador apaixonado e neurótico quanto como o alquimista inquieto sempre em demanda de mais luz.

Segundo a tradição, o imperador tinha que distribuir alguns objectos de arte da sua colecção entre os parentes mais chegados que não tinham herdado o trono. O arquiduque Fernando do Tirol, tio de Rodolfo e também ele um grande coleccionador, um homem de quem se diz ter bebido por copos feitos de ovos de avestruz decorados com pés de coral e motivos de esmalte, e ter passeado os cães em trelas feitas de ouro maciço, tinha direito aos dois troféus que eram mais caros ao coração de Rodolfo. O primeiro era o *ainkhurn* de dois metros de altura, que se dizia ser o corno de um unicórnio (na realidade, era o canino esquerdo de uma morsa do Árctico de sexo masculino). O segundo era um cálice prodigioso esculpido em ágata maciça, que se dizia ser o verdadeiro Graal onde José da Aritmeia em tempos recolhera o sangue de Jesus.

Rodolfo acreditava que estes dois objectos tinham poderes sobrenaturais que garantiriam a felicidade do seu dono. Tentou convencer o tio Fernando a deixá-lo substituí-los por outra coisa qualquer. O pedido foi recusado. Rodolfo fechou-se nos seus aposentos num ataque de desespero profundo que durou duas semanas.

A linhagem demente

A sua mãe bem lhe implorou, os seus conselheiros e aliados políticos bem o pressionaram, mas Rodolfo nunca se casou. Numa abordagem mais prosaica, tinha medo de um herdeiro que tentasse roubar-lhe o trono. Num problema mais profundo, parece ter tido perfeita consciência dos demónios que a consanguinidade fazia descer sobre os Habsburgos. Havia histórias de demência em abundância entre os seus antepassados, e nos seus próprios dias não lhe faltaram exemplos muito próximos para o recordarem da maldição que vigilava sobre a família.

Uma bruxa da Hungria disse à sua irmã Elisabeth que, para manter a juventude eterna, deveria banhar-se regularmente em sangue fresco de mulheres jovens. Para obter este sangue, Elisabeth usou a «**virgem de ferro de Csejtche**», construída por um ferreiro ao serviço do duque de Brunswick. Era uma gaiola metálica revestida no interior por pontas aguçadas, com a forma de um corpo feminino, e com um sistema de abertura semelhante ao de uma mala: quando se fechava, a mulher trancada lá dentro era atravessada pelas lâminas, e o seu sangue escorria para o exterior através dos orifícios da gaiola.

Para conseguir todo o sangue de que precisava para os seus banhos rotineiros, Elisabeth começou a ir buscar presas cada vez mais longe, chegando a causar desaparecimentos de camponesas na Eslovénia. Até que o povo das aldeias mais próximas, onde mães e filhas estavam sempre a desaparecer, atacou o castelo. Os investigadores reais despachados para o local do crime descobriram mais de seiscentos cadáveres nas catacumbas. A bruxa foi queimada. O bobo anão Ficzko, estrategista das expedições de captura, foi decapitado. Elisabeth escapou com vida porque combatera bravamente contra os turcos, mas não deixou de ser emparedada no seu próprio castelo, só com um orifício escavado de um dos lados para lhe passarem a comida. Chegou a sobreviver em mais dois anos ao irmão, que ficou tão chocado por esta história que entrou num colapso que fez os seus criados e médicos considerarem-no morto por umas horas.

Era esta cadeia de loucura que Rodolfo não queria perpetuar. Mas até o homem mais poderoso e mais avidamente culto da Europa tinha as suas necessidades carnais, que diabo.

Inicialmente satisfeito com a companhia passageira de «**boas mulheres**», Rodolfo acabou por trazer até aos seus aposentos privados a beleza preciosa de Catarina da Strada, a filha de um dos seus agentes e negociantes de artes mais devotados e melhor sucedidos, Jacopo da Strada. Aparentemente fulminado pela beleza de Catarina tal como apresentada num quadro de Ticiano, Rodolfo promoveu o pai ao cargo de superintendente das colecções imperiais, e confinou a filha a uma ala sumptuosa do palácio de onde não tinha autorização para sair. Já bastante consumido pela sífilis, tentou melhorar a sua saúde e a sua forma antes dos primeiros abraços mais íntimos esfregando na pele um unguento de mercúrio. Este expediente deixou-o com uma insuficiência renal cada vez mais severa para o resto da vida.

Até que a passagem dos anos e a sucessão dos partos começassem a desgastar a beleza do quadro, Rodolfo teve uma ligação forte e duradoura com Catarina, de quem recebeu seis filhos, três rapazes e três raparigas. Esta era uma prole que o imperador imaginava simultaneamente inofensiva em termos dinásticos e fisicamente liberta de melancolias, hipocondrias e esquizofrenias hereditárias. Chegou a acarinhar a ideia agradável de legitimar o seu primeiro filho, orgulhosamente baptizado de Júlio César, mas deteve-se mesmo antes de proclamar o varão seu herdeiro porque todos os horóscopos feito no dia do nascimento eram do mais horrível que possa conceber-se.

Acontece que os horóscopos tinham mesmo razão. D. Julius nasceu epiléptico, transportando a maldição antiga apesar da infusão de sangue fresco assegurada por Catarina. Foi ficando cada vez mais obscuro e perverso à medida que crescia, ao ponto de o pobre pai já não saber o que fazer com ele.

Seguiram-se muitos desaires, que muito amarguraram o pobre pai.

Por fim, o pobre pai acabou por mandar o filho para o exílio. Um exílio dourado, entenda-se. Em Cesky Krumlov, o castelo dos Rozemberks que há muito rivalizava com o de Praga, um dos lugares mais extraordinários do Sul da Boémia. Aqui também muitos alquimistas e artistas tinham atingido novos píncaros experimentais: era o lugar onde ingleses como Dee e Kelley tinham feito os seus débuts na Boémia, um lugar onde os iniciados costumavam enterrar as espadas no chão para fazerem germinar ouro. Nestes novos aposentos tão promissores, Julius começou por dedicar as suas energias à arte da caça, aperfeiçoando armas e facas, melhorando a técnica de esfolar veados, e tentando transformar-se num perito em taxidermia através de várias experiências falhadas com sucessivas levas de carcaças que apodreciam, eram deitadas fora, e depois organizavam-se novas caçadas para se angariarem mais espécimes para o jovem senhor. Depois de vários folguedos destes, no Inverno que sucedeu à sua chegada, Julius foi à cidade onde conheceu um barbeiro chamado Pichler.

Pichler tinha uma filha linda, a jovem Marketa Pichlerova.

Marketa estava consciente da sua beleza, e ainda mais consciente, tal como os seus pais, do quanto essa beleza podia ajudá-la na escalada social. Poderá a filha de um barbeiro aspirar a mais que o filho de um imperador? E lá foi para o castelo atrás do pretendente.

Seguiram-se várias semanas de violações brutais, que os criados de D. Julius não tiveram coragem para interromper. Finalmente houve alguns que a ajudaram a fugir, mas a rapariga estava demasiado fraca e desfeita para conseguir ir esconder-se mais longe que a casa paterna. Enfurecido, Julius tomou o pai como refém e ameaçou sangrá-lo até à morte se a filha não voltasse. Consta que a mãe, que acima de tudo não queria ficar viúva, disse à filha que o que havia mais era mulheres espancadas, mas muito poucas tinham o privilégio de serem espancadas pelo filho do imperador. Marketa voltou ao castelo. Como prometido, Julius libertou o barbeiro. Pai e filha despediram-se diante do portão de entrada, e depois também se diz que a filha fez o sinal-da-cruz e avançou sem olhar para trás em direcção ao seu destino.

Ouviram-se muitos gritos durante a noite.

Na manhã seguinte os criados arrombaram a porta e encontraram Marketa feita em bocados, a cabeça cortada, os olhos vazados, os dentes quebrados, braços e pernas e mãos e pés espalhados pelo quarto, enquanto D. Julius, nu, coberto de sangue e de excrementos, chorava, uivava, e beijava os restos trágicos da filha do barbeiro. Trancaram-no noutro quarto e barraram as janelas com grades de ferro. Depois disseram simplesmente ao pai que o filho matara a amante durante um ataque de epilepsia. Umas semanas mais tarde, mandaram dizer que o filho saltara para a morte através da janela.

Rodolfo entrou outra vez em coma, mas ainda sobreviveu para sofrer muito mais.

O guerreiro alegórico

Rodolfo recusou a oferta de Ivan, o Terrível para formar uma aliança que os levasse juntos à vitória numa última e fulminante cruzada contra os turcos. Da maneira como o imperador via as coisas, toda a guerra, mesmo a mais santa e grandiosa de todas as guerras, obrigava a manobras diplomáticas infindáveis, cavalgadas extenuantes através de terras hostis, levantamentos de impostos, desencadeamentos de grandes fomes — para não falar do gasto de somas enormes que seriam mais bem aplicadas na compra de peças de Dürer ou Leonardo a preços altamente inflacionados. Além de que era preciso pagar o soldo de todos os astrónomos, astrólogos, matemáticos, alquimistas e mágicos de mil confissões que se acolhiam à sua volta. E mais todas as obras que era preciso fazer no palácio para instalar em aposentos cada vez mais numerosos tanto os membros desta comunidade criativa como os trabalhos que a comunidade ia produzindo. Durante todo o seu reinado, Rodolfo foi espicaçado vezes sem conta pelos arqui-rivais do Sacro Império. Os turcos queriam que ele lhes declarasse guerra, e as suas provocações estenderam-se da prisão e assassínio de um dos seus enviados ao Massacre de Constantinopla, onde seiscentos cristãos foram decapitados e as suas cabeças exibidas pelas ruas espetadas em paus. Sob estas pressões, Rodolfo pensou várias vezes em emular os feitos do seu avô Carlos V, que costumava cavalgar à frente dos exércitos com a perna esquerda atada à sela por causa das dores causadas pela gota. Mas o neto era feito de outra massa, e arranjou sempre boas razões para não entrar em batalhas — embora ficasse tão atormentado com o sangue derramado por cristãos inocentes de cada vez que os turcos vibravam um dos seus golpes, que os seus pesadelos o faziam acordar o palácio, com gritos de gelar o sangue, seguidos de ataques de febre e de delírio.

O tema da cruzada contra os turcos assombrou o imperador durante toda a sua vida, levando-o a responder ao melhor estilo rodolfino: mandou fazer jóias e roupagens para usar na grande empresa, com armaduras esplêndidas produzidas por artesãos chamados a Praga especificamente para o efeito, tão complexas e imbricadas que os criados demoravam horas a trancar o imperador lá dentro. Preparou estandartes e cavalos para batalhas imaginárias combatidas no maior aparato, e pousou em trajes guerreiros para os seus pintores, o ceptro na mão, a coroa na cabeça, a águia de estimação aos pés. O sonho da Guerra Santa nunca teve lugar na vida real, mas foi imortalizado em quadros com títulos como «*Alegoria de Rodolfo II Triunfando sobre os Turcos*».

Não só Rodolfo nunca triunfou em batalha, mas ainda por cima teve que passar os seus últimos anos numa aflição para pagar o tributo ao sultão. Com os cofres imperiais cada vez mais delapidados pela aquisição de obras de arte e o soldo do contingente crescente de sábios, chegou a propor pagar com os seus próprios tesouros artísticos. A oferta foi liminarmente recusada.

O homem que mudou o tempo

Para lá de todos estes reveses emocionais, Rodolfo continua de pé enquanto marco fundamental da modernidade, o homem que presidiu sobre grandes pontos fulcrais de mudança na vida europeia. Por exemplo, foi durante o seu reinado que o impossível por acaso aconteceu: a frota protestante assaz modesta conduzida por Drake, às ordens da rainha protestante Isabel I de Inglaterra, juntou os seus esforços às águas tempestuosas de um oceano eriçado, e destruiu em mil pedaços o bastião lendário da força naval católica, a Invencível Armada onde se consagrava todo o orgulho dos Habsburgos. Perderam-se oitenta navios, morreram quinze mil homens, outros quatrocentos foram feitos prisioneiros. As águas à volta dos navios em naufrágio estavam vermelhas de sangue católico. Veremos no capítulo V que esta vitória foi fundamental para a expansão do comércio inglês para oriente, redistribuindo as cartas no jogo colonial e acabando por definir a hegemonia cultural da modernidade. Enquanto a sua família fazia luto pesado sobre este desastre inexplicável que só podia ser um sinal da vontade explícita de Deus, Rodolfo regozijava-se com os seus sábios. Um horóscopo predissera-lhe a derrota espanhola com muitos dias de antecedência.

Para compreendermos melhor o reinado de Rodolfo como um intervalo de mudança profunda, devemos recordar, também, que foi exactamente neste reinado, e pela vontade final deste homem, que uma decisão papal e muitos debates acalorados mudaram o tempo para sempre. O papa considerou necessário corrigir o calendário herdado da Roma de Júlio César, de maneira a que os dias, os meses e as semanas voltassem a fazer sentido. Rodolfo teve que arbitrar a decisão final sob o calor fumegante da Reforma. Muitos católicos consideravam inútil mudar o curso do tempo num mundo que, assim como assim, estava destinado a um apocalipse iminente. Por seu turno, a maioria dos protestantes declarava que este acto de blasfémia era a prova acrescida de que o papa era o verdadeiro anticristo, se mais provas fossem ainda necessárias. Foi através da intervenção de Rodolfo que a decisão do papa acabou por vingar. E foi assim, nesta altura, que o Calendário Juliano dos nossos antepassados deu lugar ao Calendário Gregoriano que usamos hoje.

Foi também enquanto patrono do avanço da ciência e das ideias que Rodolfo começou por convidar para a sua corte um homem espampanante de nariz de latão, o astrónomo e matemático Tycho Brahe, inventor do sextante e da esfera armilar, que, graças ao seu feitio turbulento, já acumulara aversões sobre aversões na sua Dinamarca natal. Com os seus novos instrumentos, Tycho também já determinara a posição de milhares de estrelas e de vários planetas. Trouxe consigo para o palácio de Rodolfo um conjunto impressionante de dados e observações, que continuou a acumular nas suas novas funções. Depois não precisou de fazer grandes esforços para convencer Rodolfo a convidar também para Praga o seu discípulo predilecto, o jovem alemão Johannes Kepler. Foi com a continuação do trabalho a partir dos dados de Tycho que Kepler conseguiu estabelecer, a partir da corte de Praga, a harmonia universal das esferas celestes. Quando este esforço mastodôntico patronizado por Rodolfo chegou ao fim, a Terra já não estava no centro do Universo. E a Europa teve também que aceitar outra verdade dolorosa, a noção de que as órbitas dos planetas não se desenrolam segundo a figura da esfera, o símbolo universal da perfeição — mas antes enchem o céu de elipses, o símbolo de tudo o que é caótico e inacabado.

O fim

Quando o mano Mathias anunciou finalmente a sua intenção de marchar sobre Praga e arrancar a coroa a Rodolfo, o imperador dos alquimistas estava quase sempre bêbedo e frequentemente semicomatoso. Tinha-se tornado gordo e frágil, com um queixo falso desenhado para disfarçar os estragos da sífilis, um topete para lhe encobrir a calvície, os dedos e as pernas completamente deformados pela gota. Embaixadores, ministros, padres, todos abandonaram o palácio. Rodolfo ficou sozinho com um punhado de artistas e astrónomos fiéis, entre os quais se contava Kepler. Estes homens amavam o soberano que sempre os tinha protegido e acarinhado, não sabiam como viver sem ele, e não tinham para onde ir. Esperaram juntos enquanto Mathias entrava na Boémia, acampava diante do palácio, e finalmente destronava o irmão mais velho numa sessão solene que decorreu na ausência de Rodolfo. Rodolfo estava de cama num novo acesso de coma, e recusou-se a sair do quarto quando acordou. Ouviu através das janelas toda a pândega feliz que acompanhou a coroação de Mathias. No Verão seguinte foi expulso do seu próprio palácio e relegado para o Palácio estival no Belvedere.

Quando chegou o Inverno, o leão de Rodolfo morreu. Na noite seguinte à sua morte, as pernas do imperador destronado ficaram tão inchadas que ninguém conseguiu tirar-lhe as botas. De manhã, não conseguiu levantar-se por causa das dores. Disse que sentia agulhas de ferro a trespassarem-lhe a carne. Dois dias mais tarde, os médicos reunidos em torno da sua cama já nem sentiram necessidade de pedir licença para pura e simplesmente cortarem as botas, expondo as pernas do imperador desfeitas pela gangrena. Diz-se que os gritos de Rodolfo ecoavam para lá dos portões do palácio.

E depois deixou de gritar.

Mandou todos os padres e médicos saírem do quarto.

Morreu com sessenta anos, no dia 20 de Janeiro de 1612, só com dois pajens ao lado.

4.2.2 — O CONTEXTO

No início do seu reinado, Rodolfo viveu sete anos em Viena. Mas nunca conseguiu voltar a sentir-se em casa na sua cidade natal depois do regresso de Espanha, e acabou por partir para Praga.

A Praga de Rodolfo era uma mistura esfuziante de personagens exóticos tanto de alta como de baixa extracção. Foi aqui que o dominicano Giordano Bruno fez a sua última paragem, antes de ser queimado na fogueira pelas conotações demoníacas associadas ao seu sistema mágico de memória. As ruas estavam cheias de barracas onde podiam comprar-se laxativos, purgas, ruibarbos, hermodáctilos, ilusões, magia branca e negra. Os vendilhões destes templos pobres sabiam que não tinham a menor hipótese de virem a pertencer ao circulo ilustre que explorava o conhecimento no palácio, mas imitavam à sua maneira as pesquisas dos eleitos chamados à corte. A cidade onde o chefe do Sacro Império Católico Romano tinha a sua corte era considerada a capital europeia da bruxaria. Falsificadores de toda a ordem floresciam e eram por vezes apanhados, as forcas estavam sempre cheias de cadáveres pendurados no vento, e a Boémia exportava por ano cerca de quarenta homens agrilhoados para as galeras de Veneza.

Foi sobre o pano de fundo destas fumigações coloridas que Rodolfo construiu o seu mundo único.

A pesquisa intelectual

As colecções imensas e enciclopédicas do imperador, tanto em arte como em ciências naturais, tinham em parte sido herdadas, mas deviam o essencial da sua dimensão e da sua forma ao próprio Rodolfo, cujos agentes tinham ordens para comprarem até cópias se os grandes originais não estivessem de todo em todo disponíveis. As visitas às colecções eram por vezes usadas, de uma forma assaz tradicional, como instrumentos de política imperial, para atordoarem os diplomatas estrangeiros com a visão breve de uma magnificência incomparável. Mas, e isto era muito mais importante no espírito da corte de Praga, as colecções representavam também uma instalação intelectual do microcosmo. Neste domínio, o fascínio de Rodolfo com todas as especulações cosmológicas de carácter científico, semicientífico, ou metafísico, só pode ser devidamente apreciado à luz do sistema de conhecimento da sua época.

Como nota Spicer-Durham, era um fenómeno característico do fim do século XVI e início do século XVII usar a assembleia de colecções enciclopédicas como pesquisa intelectual. O objectivo desta pesquisa era utilizar o microcosmo visível e viável, corporizado num conjunto de objectos, para reflectir e compreender o macrocosmo invisível em toda a sua variedade.

«**É a compreensão de Deus o Criador que justifica as ciências empíricas, e a urgência de apreender este Deus é que move o "cientista". O ordenamento de raridades juntamente com objectos mais representacionais dentro de uma colecção em termos de domínios da Natureza ou da Arte, a Criação de Deus inalterada ou num estado alterado pelo Homem —** ***naturalia*** **e** ***artificialia*** **— é portanto uma manifestação prioritária desta preocupação com o ordenamento geral das fases do conhecimento humano, com o intuito de confirmar relações** ***a priori*** **tanto científicas como metafísicas.**»

A preocupação renascentista com círculos unitários atingiu o seu apogeu no universo rodolfino, explodindo no que é muitas vezes mencionado como o «**universo mágico**» do imperador. As colecções e estudos de Rodolfo sobre os fenómenos naturais podem ser vistas como parte do mesmo estímulo que também animava, na corte de Praga, o trabalho dos alquimistas que procuravam a Pedra Filosofal, o estudo dos cabalistas em busca das chaves para a divindade, ou as deambulações dos filósofos ocultistas de inclinação hermética: todos participavam de um esforço grandioso para decifrar os códigos mais secretos da Natureza. Nesta perspectiva, a procura por Kepler de uma harmonia universal que governasse o movimento dos planetas pode ser entendida como a repercussão das buscas de harmonia patentes nos animais, flores, e frutos, pintados por Arcimboldo. Da mesma forma, as representações de Hoefnagel das criaturas vivas em forma de emblema pode corresponder a uma visão do mundo natural como estando cheio de sentidos ocultos, à imagem de um sistema de hieróglifos.

Dentro desta grande pesquisa, os pintores da corte dedicavam-se muitas vezes com avidez à procura do «milagroso» quando representavam cenas da Natureza. O seu ênfase ia todo para armações de veado fortemente deformadas, tumores anormais, escaravelhos gigantes, figuras estranhas encontradas na rocha, todas as manifestações poderosas da capacidade da Natureza para brincar com moldes e quebrar normas, numa linha de raciocínio em que é na excepção, e não na regra, que se encontra o verdadeiro sentido profundo das coisas.

Por exemplo, Rodolfo mandou Savery ir ao Tirol desenhar «**maravilhas raras da natureza**» para mais tarde usar nos seus quadros. É a primeira vez na História da Arte que um pintor recebe a comissão específica de pintar directamente a partir da Natureza caprichosa e heterodoxa exposta perante os seus olhos. E, de facto, os desenhos alpinos de Savery mostram-nos pouco do que releva do bilhete postal, e muito do que diz respeito a paisagens cheias de veios rochosos, quedas de água, pedregulhos estranhos, árvores em equilíbrio precário — coisas que podem de facto ser consideradas maravilhas. Depois desta excursão, a tendência dos pintores de Praga foi cada vez mais para esboçarem ao ar livre, imortalizando nas telas toda a estranheza que nunca poderia aparecer nos compêndios. Deste ponto de vista, a viagem de Savery ao Tirol, e mais tarde as suas excursões pela Boémia, marcam um novo impulso que permeia a pintura de paisagens.

As colecções

Esta era uma altura em que todo o Norte da Europa andava a estremecer com visões bizarras, o tempo em que o estudo dos monstros excitava todos os estudiosos, dias em que abundavam relatos de alguém que tinha visto um homem-peixe, um menino-réptil, um pássaro fabuloso, figuras com duas cabeças. Da Flandres à Dinamarca chegavam notícias de aparições de centauros e de ciclopes. Rodolfo deliciava-se neste ar do tempo, e fez Hoefnagel pintar várias vezes «**o homem peludo e sua família**», um clã perturbante de pessoas cobertas de pêlos e vestidas com roupas sumptuosas para a ocasião. Os quadros «*O Homem Peludo Petrus Gonzalus e Sua Mulher*» e «*Os Filhos do Homem Peludo Petrus Gonzalus*» eram considerados suficientemente bons para figurarem lado a lado com a "*Cabeça de Veado de Cornos Monstruosos*» de Hans Hoffman na colecção do *Kunstkammer*, o impressionante «**Gabinete de Maravilhas da Arte e Curiosidades da Natureza**» onde Rodolfo guardava as suas obras mais queridas.

O Kunstkammer funcionava como o repositório fundamental de *naturalia*, incluindo dois frascos com fetos humanos extremamente deformados, armações de veado, fósseis, esqueletos, e inúmeros objectos artísticos feitos com material deste tipo. Também continha textos de Histórias Natural, e livros com pinturas de estudos da Natureza, incluindo as miniaturas de Hoefnagel, que chegaram a servir para classificar alguns dos espécimes aqui aglomerados.

O Kunstkammer é o lugar de eleição para apreciarmos o espectro de uma das tendências mais pronunciadas nas colecções de Rodolfo: o amor do imperador e do seu círculo por tudo o que pudesse ser considerado mórbido, ou pelo menos estranho. Segue-se um inventário em defesa deste ponto. O Kunstkammer tinha monstros de duas cabeças dentro de frascos. Uma pedra bezoar gigantesca montada sobre um pedestal de ouro, e coberta por uma tampa onde aves fabulosas alternam com motivos florais. Uma bacia feita de um coco das Seychelles gigantesco e completamente coberto de baixos-relevos, segurado nos ombros de deuses marinhos em vermelhão encostados um ao outro, coberto por uma tampa de esmalte onde um Neptuno triunfante cavalga um monstro marinho de pé de cabra, com uma pega em forma de sereia.

Os tesouros de Rodolfo estavam cheios de curiosidades destas, procuradas pelos seus agentes por todos os cantos acessíveis do globo. Para transformar mais um coco das Seychelles numa caixa de agulhas, o imperador mandou vir para o palácio ourives e cortadores de gemas de Augsburgo e Nuremberga. Com um corno de rinoceronte, Anton Schweinberger fez-lhe um cálice com um pé de prata dourada forrado de madrepérola. Vários artistas italianos trabalharam sob a sua orientação para cortarem e esculpirem pedras preciosas inteiras em forma de composições florais e paisagens tão delicadas que pareciam pintadas. Rodolfo coleccionava pedras preciosas e semipreciosas em números impressionantes, diz-se que enchendo gavetas inteiras só com ágatas, ou só com calcedónias, ou só com granadas.

Num período em que a redefinição do calendário desencadeou paixões religiosas e políticas, Rodolfo fez vir da Suíça David Attemstetter e Jost Burgi para fabricarem pêndulos extraordinários. Ainda existe um em cristal, e outro, conhecido como o **Relógio dos Planetas**, que mostra as rotação dos corpos celestes. Também encomendou uma esfera armilar de luxo a Georg Roll, juntamente com um vasto número de outros instrumentos de medida. Mesmo as suas armas, as armas de um caçador que nunca quis ser um guerreiro, eram jóias incríveis, completamente cobertas por baixos-relevos, gravadas, incrustadas com madrepérola, com esmalte, com ouro e prata, em cenas representando a caça ou a guerra, alegorias, ou simples motivos ornamentais delirantes de minúcia.

As fileiras infindáveis de gavetas e armários de Rodolfo guardavam autómatos; esculturas feitas em caroços de cerejas; dentes de tubarão rematados a ouro; cristais; minerais; uma pedra engolida por um camponês e recolhida nove meses mais tarde pelo mestre Floriano, barbeiro; formações de âmbar; bezoares; dois pregos da Arca de Noé; um crocodilo embalsamado que parecia vivo; uma cadeira de ferro que se fecha sobre os que se sentam nela; um grupo de gazelas e veados correndo sobre colinas artificiais; um órgão que toca madrigais sozinho; raízes de mandrágora; cálices escavados em cornos de rinocerontes contendo diferentes tipos de perfumes; um medalhão votivo feito do barro de Jerusalém; um bocado do barro do vale de Hebron que Deus usou para modelar Adão; peles de lagarto; monstros de prata; cascas de tartaruga; bonecas de cera pintadas; figurinos egípcios feitos de argila; espelhos de vidro e de aço; vidros; corais; árvores feitas de coral; caixas; plumas deslumbrantes; torsos femininos feitos de gesso e pintados da cor da carne; caveiras, taças de ouro; paisagens feitas de jade da Boémia; pinturas sobre alabastro; pedras pintadas; mosaicos; copos feitos de cristal esculpido; tigelas de topázio em forma de leão; mapas; esporas; freios; cortinados; espingardas carregadas de ornamentos; caixas de música; até asas de colibri.

Os animais

Rodolfo estabeleceu jardins muito extensivos no seu *Hradcany* [a gente até agora contentou-se em chamar-lhe «O Palácio»] de Praga, bem como noutros palácios imperiais na Boémia e na Áustria. Criou um jardim botânico em Praga, para onde os seus embaixadores e os seus agentes mandavam constantemente espécimes exóticos. A sua Vila Estrela, nos arredores de Praga, tinha um parque zoológico onde os visitantes descrevem a visão de camelos, elefantes e leopardos. O Hradcany também tinha um lago de peixes, um jardim de faisões, uma cerca de leões onde o seu leão de estimação nasceu e foi criado, florestas cheias de veados onde se diz também ter vivido um leopardo, e um aviário cheio de aves exóticas, que a certa altura foi a residência do Dodó oferecido ao imperador em 1598.

Houve várias grandes colecções zoológicas fundadas e expandidas durante o século XVI, especialmente na Europa Central. O ímpeto desta expansão veio em partes iguais do novo vigor das ciências empíricas baseadas na observação, e dos novos produtos tornados acessíveis através da expansão comercial marítima. Maximiliano II, o pai de Rodolfo e patrono de Clusius, fundou dois parques zoológicos na região de Viena, um em 1552 e outro em 1564-76, o segundo contando também com uma reserva de caça. Este foi completado arquitecturalmente por Rodolfo em 1587, mas depois entrou em decadência com a deslocação do jovem imperador para Praga.

A primeira referência que encontramos a uma colecção zoológica em Praga é o pedido feito em 1558 pelo arquiduque Fernando do Tirol, então Schatdholder da Boémia, ao duque da Prússia. Fernando pediu cavalos selvagens, mas recebeu antes dois auroques. Com a subida de Rodolfo ao trono imperial em 1576, e a sua subsequente eleição de Praga como capital, as colecções que já existiam começaram a crescer consideravelmente, agora complementadas pelos jardins botânicos, tanto o já mencionado no Hradcany como mais tarde no do Belvedere, onde Savery imortalizou um dos seus Dodós. No contexto intelectual da Europa deste tempo, estes parques de Rodolfo são uma continuação da assembleia de naturalia, a amostragem do trabalho original de Deus. Como Clusius escreveu na edição de 1605 em Antuérpia do seu «*Exotica*»,

«Oiço dizer que nestas coisas estrangeiras que possui, Sua Majestade encontra uma grande fonte de deleite.»

Curiosamente, Sua Majestade não acarinhou os grandes estudiosos da História Natural como os dos outros campos do saber. Clusius, por exemplo, fez a parte mais significativa do seu trabalho sob a patronagem de Maximiliano em Viena, mas nunca conseguiu arranjar emprego na corte de Rodolfo.

Os estábulos de Rodolfo também eram famosos, tanto pelos exemplares que albergavam como pela sua arquitectura esmagadora, da autoria de Adrian de Vries. Já relativamente inactivo como cavaleiro aquando da estada de Savery na sua corte, o imperador consumido pela gota tinha deixado de se pavonear na sela, mas continuava a apreciar os desfiles de alta escola debaixo da sua janela. Foi provavelmente um destes garanhões, talvez o puro-sangue árabe oferecido por uma embaixada turca, que serviu de modelo a Savery para o animal imponente que passeia por um dos quadros da série «*Orfeu*».

Os relatos do tempo de Rodolfo falam de vários animais selvagens nos cercados de Praga. Há referências a leões, um tigre, lobos, genetas, macacos, búfalos e auroques. Ninguém fala em elefantes, mas estavam lá de certeza, porque aparecem em estudos de muitos pintores da corte, e Savery fá-los trotar pelo Paraíso em grande e cuidadoso detalhe. Além destes exemplares mais impressionantes também aparecem menções a veados, gansos selvagens, aves raras, e uma grande variedade de peixes no lago que Rodolfo contornava muitas vezes em passeios solitários. Há ainda um visitante que fala em «**12 Camelos, um Touro, e dois Leopardos que dizem ser domesticados... que correm tão depressa que facilmente capturam uma Lebre**». Outros relatos sugerem que Rodolfo encenava mesmo práticas estranhas nestes parques: em 1612 aparece outra vez a referência à caça ao coelho com leopardos, e também a corridas de auroques.

A experiência final

O jornalista V. Esprinchard descreve um outro espaço cercado de acesso mais reservado, na vizinhança dos jardins do Belvedere: «**é um lugar onde põem animais tanto mansos como selvagens, e se hoje em dia não estiverem já todos mortos, há um ano vi lá um leão, um leopardo, e duas genetas muito grandes.**»

A ideia de introduzir predadores e as suas presas num mesmo espaço cercado sem ser para oferecer ao público um grande espectáculo de mortandade poderá parecer à primeira vista muito estranha — mas só até nos lembrarmos de que o autor do projecto era Rodolfo. O imperador podia estar a fazer uma experiência. Pode ter querido tornar real um «reino de paz» segundo Isaías, onde o lobo se deitaria com o cordeiro tal como o leopardo se habituaria a brincar com o cabrito. Isto poderia ter proporcionado a Savery cenas que de outra forma o pintor teria grande dificuldade em presenciar, tais como um lobo que mais tarde é pintado de forma mais pacífica num quadro da série «*Orfeu*»: num dos esboços preparativos, o lobo está de perfil sobre as entranhas e o crânio do que deverá ter sido em vida um carneiro ou uma cabra.

Podemos considerar estas «experiências» bizarras como apenas mais um sinal da demência de Rodolfo. Ou então podemos pensar que o imperador estava a tentar forçar as fronteiras da realidade, inventando uma harmonia das forças naturais equivalente à redescoberta do Paraíso — com a gratificação adicional de esta harmonia ser sempre convocada por um agente humano ou semi-humano, seja ele Orfeu, Noé ou Adão. Talvez, terá pensado Rodolfo, o Homem consiga ensinar a Natureza a modificar as suas próprias regras. Pelo menos, é possível que os eleitos de entre os Homens o consigam. E, com Orfeu como modelo óbvio, Rodolfo certamente que se considerava um eleito.

Mais tarde, Rodolfo terá sentido que através da instrumentalização do pintor poderia aceder mais facilmente ao seu grande sonho de harmonia, em vez de se esgotar em batalhas diplomáticas sem fim, ou, em perfeita analogia com a política, falhar continuamente na tentativa de forçar animais naturalmente hostis a viverem juntos em paz, para no fim ter sempre que observar ou admitir os esgares e estrépitos de desespero da presa nas garras do predador. Neste contexto, a protecção que Rodolfo deu a Savery é perfeitamente paralela à que deu aos alquimistas que procuravam a Pedra Filosofal.

O primeiro desenho de Savery representando a paz no reino animal foi acabado em 1606 e chama-se «*Animais em torno do Lago*». Aqui podemos observar um verdadeiro paraíso terrestre, um tema que havia de recorrer muitas vezes nas composições do pintor: animais de outra forma hostis em quieta harmonia lado a lado. Mas, como já sabemos, Savery afastou-se de Rodolfo depois da morte do imperador. Não só geograficamente, mas também metaforicamente. Nos conjuntos animais de Savery depois de Praga, há mais uma parcela do sonho impossível de Rodolfo que se quebra: o agente humano desaparece. À medida que passam os anos, há cada vez menos Orfeus, menos Adãos, menos Noés, convocando as assembleias de animais. Podemos dizer que Savery estava a elevar o sonho de paz de Rodolfo a um novo nível de cumprimento. Ou então podemos dizer que, pouco depois da sua morte, o sonho de Rodolfo em que a agência humana opera o divino já estava a desvanecer-se.

«Quando, com o tempo, a raça humana se expandiu, se multiplicou, viajou, e então com a ajuda das artes da sociedade o Homem foi capaz de marchar em frente para conquistar o Universo, fez as bestas ferozes baterem em retirada pouco a pouco; expurgou da Terra esses animais mastodônticos cujos ossos gigantescos ainda podem ser encontrados; destruiu ou reduziu a um pequeno número de indivíduos essas espécies que são vorazes ou perniciosas; atirou animais contra animais, e dominando uns pela astúcia, subjugando outros pela força, ou empurrando-os para longe com os seus números, e atacando todos com todos os meios alcançados através da razão, conseguiu assegurar a sua própria segurança, e construir um império só limitado por esses lugares inacessíveis, essas solidões longínquas, as areias ardentes, as montanhas geladas, as cavernas escuras, que são agora o único esconderijo desses poucos animais que não podem ser domados.»

Buffon
1784
«Empire de l'Homme sur les Animaux»

5 — A DESCOBERTA DO DODÓ DE ORIGEM

No início do mês de Outubro de 1963 houve um leilão de selos em Londres. Um coleccionador americano subiu a parada por um exemplar muito raro da Maurícia até 28 libras, cerca de 79 mil dólares ao câmbio da época. Até hoje, nunca houve um preço tão alto oferecido por nenhuma estampilha postal.

Esse selo tinha o desenho de um Dodó.

Há séculos que carregamos connosco o Dodó da Maurícia numa jornada longuíssima, e cheia de curvas e desvios. Este capítulo leva-nos de volta aos detalhes que nos puseram em marcha.

5.1 — XADREZ COLONIAL

O destino do Dodó, tanto na morte como no esquecimento, foi selado pelo destino da Maurícia. Este destino, por seu turno, foi selado por todas as complexidades sociais que fazem de cada intervalo histórico um momento único — e que, para o que nos interessa, tornaram este episódio particular a todos os títulos crucial para a definição das pessoas que somos agora.

A ver.

O sítio

A sul do equador, alinhadas junto à costa sudoeste de África, há diferentes grupos de ilhas que furam as águas. Perto do continente africano estão as propriamente ditas Ilhas Africanas, como

Vista do porto da ilha Maurícia onde atracámos de 30 de Setembro a 20 de Outubro de 1601, com os nossos cinco navios. Esta ilha está situada no 20.º paralelo a Sul e a cerca de 107° de longitude oriental.

A. Rio de água fresca.
B. Lugar onde eram depositados os doentes.
C. Ancoradouro da frota.
D. Foz do rio onde caçávamos os Dodós.
E. Lugar onde tínhamos pescado o peixe venenoso.
F. Lugar onde íamos pescar.
G. Ancoradouro inicial da frota.
(Os números indicam a profundidade da água em pés.)

(*Viagem de Harmansz — 1601-03 — Arquivos de Haia.*)

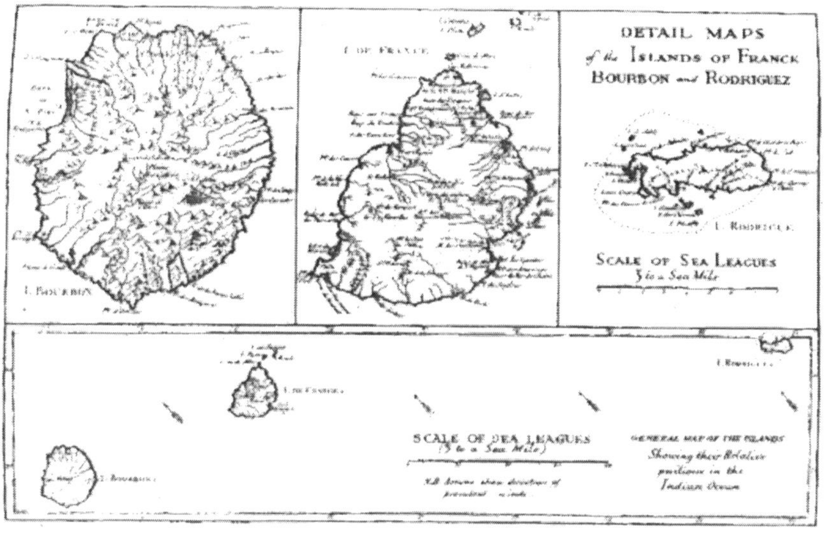

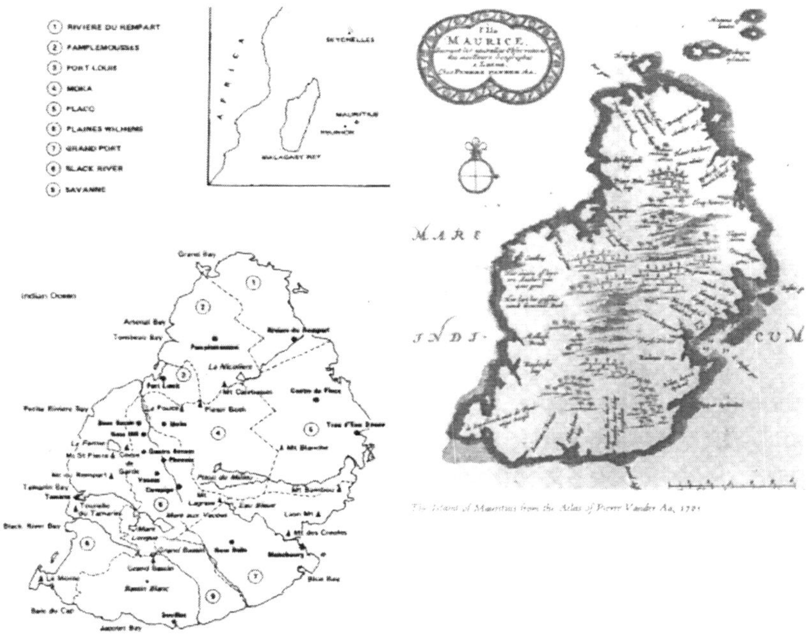

Mapas da Maurícia e das Mascarenhas.

Zanzibar, Mafia, e Pemba. Depois aparecem as ilhas Comores. A seguir aflora a extensão mais vasta de Madagáscar. A norte de Madagáscar, aproximamo-nos das Seychelles e das Chagos. E agora, passados estes dois últimos grupos, vamos afinar o foco para a cena desta história.

Entre Madagáscar e a Austrália, o oceano Índico estende-se por milhares de quilómetros virtualmente desocupado por terra. A única interrupção acima das ondas é um grupo de três ilhas situadas ao longo do paralelo 20 de latitude sul.

Bem-vindos às Mascarenhas.

A Maurícia (600 milhas a leste de Madagáscar), Réunion (106 milhas a sudoeste da Maurícia) e Rodriguez (360 milhas a leste de Réunion) são a única terra firme num oceano aberto. A Maurícia e Réunion só estão separadas por cem milhas. A viagem leva menos de doze horas de barco e menos de trinta minutos de avião. Só Rodriguez é que se esconde mais no horizonte. As três ilhas Mascarenhas foram produzidas por actividade vulcânica, mas não têm a mesma idade. A Maurícia é muito mais antiga que as outras duas. Já nem sequer tem qualquer indício de agitação vulcânica, enquanto que Réunion, a maior de todas, ainda conta com um vulcão activo.

É duvidoso que alguma vez tenha existido uma ligação por terra entre as Mascarenhas, Madagáscar, as Seychelles e as Chagos. Alguns geólogos sugeriram que em tempos recuados todo este sistema integrava uma massa de terra agora submersa, o suposto continente a que se chama Gondwana, ou Lemuria (do grego «*lemure*», para «*fantasma*»). Mas a distribuição da vida animal e vegetal em todas as ilhas e arquipélagos parece contrária a esta hipótese, tão imediatamente sedutora como a ideia de os Açores terem pertencido ao continente de Atlântida: cada uma destas terras é um reino fechado em si mesmo, com espécies de animais e de plantas que não têm contrapartida nos outros. Confirmando esta segregação, os animais chamados lémures, em homenagem à sua hipotética Lemúria natal, só aparecem em Madagáscar, e em mais parte nenhuma.

Esta segregação tão estrita de formas de vida é em parte explicada pelo facto de as ilhas terem vivido por milénios em recolhimento e solidão absolutos, sem visitantes humanos que de outra forma teriam transportado espécies de um lado para o outro. Não há qualquer registo de ter alguma vez vindo alguém do Oriente colonizar estes pontos de terra. Para o fim do século X A. C., e talvez mesmo antes, foram certamente visitados por mercadores árabes, cujos barcos cruzavam livremente e corajosamente todo o oceano Índico, explorando rotas comerciais que iam da Ásia Menor a África, à Índia, e à China, durante os séculos XII e XIII. As três ilhas Mascarenhas aparecem pelo menos num mapa árabe de veneranda idade. Mas estes visitantes não fizeram aqui qualquer base, como as que estabeleceram nas Comores. As suas visitas curtas não deixaram traços históricos. Da mesma forma, os emigrantes vindos da Malásia que num período muito antigo cruzaram o Índico e se tornaram os antepassados dos Merinas de Madagáscar, também não deixaram traços em mais nenhum lugar de acostagem.

Os primeiros visitantes

É possível que no tempo do rei Salomão (937-933 A. C.) algumas expedições fenícias tenham penetrado no Índico até pelo menos à costa de Moçambique, vindas de Elath, no golfo de Aqab. Pela mesma altura, também é provável que as Comores tivessem visitantes árabes, ou judeus idiuménios vindos do mar Vermelho. Mesmo assim, as fontes gregas que conseguimos retraçar indicam com muita clareza que a única parte do Índico verdadeiramente conhecida durante o período Clássico era apenas o quadrante norte, descrito num livro grego de direcções náuticas compilado algures entre os séculos I e III. O livro chama a estas águas o mar da Eritreia ou o mar Vermelho; aquilo a que nós agora chamamos o mar Vermelho chamava-se então o golfo Árabe. Neste livro encontramos uma descrição bastante razoável da costa leste de África, então designada por Azania. Mas Madagáscar e os restantes arquipélagos ainda não são mencionados de todo.

No século II Ptolomeu voltou a descrever a costa da Azania, mas a bem dizer não juntou grandes novidades. Quatro séculos mais tarde, o trabalho de Cosmas Indicopleustes ainda não muda grande coisa na linha da costa. Durante todo este tempo, a Azania esteve fora das rotas comerciais principais do Índico. Os barquinhos que passavam com as suas velas triangulares tinham sido concebidos para navegarem com o vento da monção por trás, umas maquininhas flutuantes que se pretendiam tão leves que os seus construtores nem sequer usavam pregos e antes amarravam as pranchas de madeira umas às outras. Eram suficientemente eficazes para manterem o contacto entre a costa ocidental de África, o mar Vermelho, o golfo Pérsico, e a costa Malabar da Índia; mas não estavam de todo em todo equipados para enfrentarem a longa jornada para o Sul.

Com o fim do Primeiro Milénio, desenvolveu-se um grande movimento de emigração a toda a volta do golfo Pérsico. Finalmente, apareceram razões religiosas e comerciais para o estabelecimento de entrepostos ao longo da costa de Azania. No século IX a Azania aparece nos mapas árabes com o nome de Zanj, banhada pelo mar de Zanj.

Os emigrantes que se estabeleceram na África Ocidental casaram-se com os povos Zanj locais, e deram origem à civilização islâmica suaíli, um termo que literalmente quer dizer «da costa». Esta cultura espalhou-se por vários entrepostos mais ou menos ligados entre si, nunca se aventurando muito para o interior e atingindo o seu zénite durante o século XII. Um dos desenvolvimentos tecnológicos que a empurrou para a frente foi a introdução de um novo tipo de barco árabe pelos recém-chegados, o *Dhow Árabe* (embora *dhow*, ou *daw*, seja um termo suaíli, pelo que não se percebe de onde veio o epíteto de «árabe»: os árabes usavam sempre o termo *sambouk* para qualquer tipo de dhow). Os dhows ainda tinham as pranchas atadas umas às outras, mas já eram suficientemente resistentes para permitirem aos povos suaílis chegarem a Madagáscar e às ilhas adjacentes.

Entre estas ilhas, as Mascarenhas parecem ter sido bem exploradas. Aparecem num mapa de Cantino de 1502, e todas têm nomes árabes. A Maurícia é Dina Mozare, Réunion é Dina Margabim, e Rodriguez é Dina Arobi, a ilha deserta.

O Islão passou por ali, mas não ligou àquelas terras.

A próxima rodada estaria a cargo da cristandade.

O oceano em apuros

Os cristãos da Europa tinham boas razões para tentarem dominar o Índico. Se conseguissem suplantar o império comercial muçulmano estabelecido ao longo da costa, o comércio com a Ásia passaria para as suas mãos.

Como toda a gente sabe ou devia saber, os primeiros europeus a ousar esta grande aventura foram os portugueses.

Vocês ainda se lembram do que nos disseram na escola sobre as razões de ser deste ímpeto de expansão marítima? É sempre muito interessante verificar as fontes. Segundo a explicação oferecida por João de Barros nas suas monumentais «*Décadas*» (uma obra que ainda vai dar mais que falar neste capítulo), tudo isto aconteceu porque o infante D. Henrique tinha um problema: «**no seu reino não existiam mais Moiros para conquistar; uma vez que os reis seus avós os tinham atirado a todos para o outro lado do mar sobre as partes de África.**»

Bem, está bom de ver que Henrique ainda podia ir combater os Moiros em Fez ou em Marrocos; e, no processo, até poderia «**adquirir esses Reinos ricos para a Coroa portuguesa**». Mas «**te-**

Veleiros do século XVI.

Fragata de trinta canhões de Port-Louis (por volta de 1800).

ria que fazê-lo como Capitão mandado, e não como Conquistador, uma vez que o Conquistador teria que ser o rei do Reino, sendo D. Henrique seu irmão mais novo».

Sendo assim, o príncipe ainda chegou a lutar contra uns Moiros «**em partes distantes e não conquistadas de Espanha**». Mas depois percebeu que teria um domínio de expansão muito maior ao longo da costa de África, para onde podia mandar barcos para estabelecerem comércio ou simplesmente para exercerem predação sobre os bens locais.

Um dos troféus mais cobiçados pelos portugueses durante estas aventuras preliminares, logo a seguir à travessia do cabo Bojador por Gil Eanes às ordens de D. Henrique, era «**o óleo e o coiro dos milhões de lobos-do-mar que podiam matar nesses lugares**» — e, enquanto esfolavam e esquartejavam focas, os marinheiros tentavam sacar para o seu príncipe «**qualquer língua de terra mais que pudessem encontrar**».

Depois da morte de D. Henrique, quando D. Manuel subiu ao trono, «**com o Reino também herdou a continuação da empresa que os seus predecessores haviam iniciado, sendo esta a descoberta do Oriente através deste nosso mar oceano, que tanta indústria, e trabalho, e despesas, haviam custado por setenta e cinco anos: imediatamente no seu primeiro ano como rei quis mostrar a sua vontade de perseverança**».

A perseverança deu frutos. Em 1494, Bartolomeu Dias atravessou pela primeira vez o cabo das Tormentas, imediatamente rebaptizado de cabo da Boa Esperança e referido a partir daí por toda a gente apenas como «**O Cabo**», dada a sua importância extrema na navegação voltada a oriente. Em 1497, a frota de Vasco da Gama, «**nobre da casa do rei**», seguiu o caminho de Dias e entrou no Índico. Um piloto árabe mostrou-lhes o caminho para Goa, onde chegaram em 1498. Nos anos seguintes seguiram-se muitas expedições portuguesas. As cidades da África Oriental que iam desde Sofala, agora em Moçambique, a Mogadíscio, agora na Somália mesmo junto ao corno de África, foram tomadas, à força se necessário. Em 1510 os portugueses instalaram-se em Goa, e em 1511 penetraram na Malásia com a tomada de Malaca. O caminho para as Ilhas das Especiarias estava agora aberto à sua frente, com o mar finalmente aberto pelo caminho marítimo para a Índia, por onde as hordas de caravelas velejaram em multidões precárias (lá voltaremos).

Viajando pelo Índico, os portugueses tomaram notícia de Madagáscar (São Lourenço), das Comores (ilhas do Comore), e das Seychelles (Sete Irmanas) nas primeiras décadas do século XVI. Nos dez anos seguintes mapearam a Maurícia e Réunion. Rodriguez e Chagos (Chagas) não aparecem nos mapas portugueses até 1538. A exploração desta área pelos portugueses no século XVI deu origem aos primeiros mapas científicos europeus do Índico, e a sua presença é devidamente marcada pela quantidade de nomes portugueses que ainda restam nestas ilhas, incluindo as Mascarenhas.

As prioridades

Agora, os portugueses não tinham nenhuma razão para se interessarem por este pequeno arquipélago com o nome de um de entre eles. Na Ásia, as suas bases comerciais fundamentais estavam estabelecidas em Goa, no Ceilão, em Malaca e em Timor. Embora as caravelas fossem muito mais sofisticadas que os dhows e os instrumentos náuticos disponíveis a bordo muito mais avançados, os barcos ainda faziam a passagem da África para o Oriente com a ajuda da monção, como sempre tinham feito os seus predecessores. As Mascarenhas estavam demasiado distantes desta passagem para poderem ter qualquer utilidade. Além disso, os portugueses podiam arranjar toda a madeira de que precisassem para as suas embarcações no Brasil ou na Índia (mais sobre este tema excitante está para vir), e portanto não tinham grande interesse pelo ébano da Maurícia.

No intuito de estabelecerem bases de apoio para a Carreira das Índias (também conhecida como «**a passagem interna**»), os portugueses tomaram Moçambique e concentraram aí os seus esforços. Se algum dos arquipélagos adjacentes pudesse ter algum interesse para este papel de suporte, seriam as Comores, e nunca as Mascarenhas. Mas os esforços nas Comores nunca foram bem sucedidos. Moçambique reteve o seu papel principal, e depois foi uma colónia portuguesa até 1975. A Maurícia e o Dodó, por enquanto, tinham escapado.

O homem do nome: o comandante português Pedro Mascarenhas, que deu o nome ao arquipélago da Maurícia.

Os senhores que se seguem

No final do século XVI, os holandeses e os ingleses entraram no Índico praticamente ao mesmo tempo. Ambos os países tinham estabelecido Companhias das Índias Orientais, a Inglaterra em 1600 e a Holanda em 1602, para desenvolverem comércio nos mais ricos dos mares em competição declarada com os portugueses.

Em 1611 descobriu-se uma nova passagem para a Índia, que recebeu o cognome triunfante de «**a grande passagem**» (em oposição à «**passagem interna**» utilizada na Carreira das Índias). Passava a sul das Mascarenhas e invertia para leste em torno de Rodriguez. Os portugueses nunca abandonaram o caminho ao longo de Moçambique, mas, para os que navegavam no seu encalço, de repente as Mascarenhas passaram a aparecer como uma possessão estratégica muito mais interessante. Eram cada vez mais os barcos que aqui aportavam, vindos da Holanda, de Inglaterra, e de França. O arquipélago oferecia uma localização conveniente e segura para o abastecimento das tripulações com água e comida fresca, para operações de restauro eventualmente necessárias, e mesmo para fornecimento de madeira. E havia mais um detalhe atractivo, nada despiciendo: eram ilhas completamente desabitadas. Todos os marinheiros estavam conscientes dos perigos envolvidos em tentar abordar ou submeter ilhéus hostis: os portugueses tinham-se visto forçados a abandonar as Comores aos seus habitantes islâmicos, e, em 1591, uma tripulação inglesa inteira tinha sido lá massacrada.

Já sabemos que a primeira frota holandesa a ancorar na Maurícia era comandada por Jacob van Neck com a assistência de Wybrant Warwyck, e que esta gente chegou lá em 1598. Voltaremos a estes particulares mais à frente.

Os holandeses tinham muito boas razões para investirem os seus interesses coloniais na Maurícia. Atrás da pimenta e das especiarias, tinham estabelecido os seus primeiros entrepostos comerciais na Indonésia. Em 1619, construíram uma cidade em Java, chamaram-lhe Batávia (agora chama-se Jacarta), e transformaram-na no seu quartel-general do Índico. Mas, para consolidarem esta posição invejável no domínio das Ilhas das Especiarias, precisavam de bases de apoio dignas de confiança, cuidado-

O poder colonial: Maurice de Nassau, o governante holandês a quem a Maurícia deve o seu nome.

samente colocadas ao longo do caminho. Só assim conseguiriam expulsar mesmo os ingleses e os portugueses da Indonésia e das ilhas adjacentes, que agora se chamavam as Índias Orientais Holandesas.

Em 1638, os agentes da Companhia Holandesa das Índias Orientais enviaram a sua primeira expedição para ocupar oficialmente a Maurícia. O objectivo principal dessa ocupação era, antes de mais nada, desincentivar tentativas de colonização por parte dos rivais ingleses e franceses. Os franceses ainda não tinham nenhum ponto de apoio no Índico além de Madagáscar, e toda a gente sabia que andavam à caça de mais terras. E os ingleses podiam tornar-se perigosos a qualquer momento: já tinham adquirido o direito de estabelecimento de um entreposto comercial em Surat, na Índia, e em 1639 obteriam direitos semelhantes na região de Madrasta.

As expedições de condenados

A colonização feita à pressa pelos holandeses limitava-se a um grupo de 25 condenados, com a assistência de escravos capturados na Indonésia e em Madagáscar. O governador Corneliuus Gooyer tinha uma lista impressionante de responsabilidades. Devia assegurar que haveria sempre provisões disponíveis para os navios holandeses que aportassem na Maurícia, e para isso devia introduzir plantações e criar vacas e galinhas. Também devia cultivar tabaco, e reservar todo o ébano e o âmbar virgem para exportar para a Holanda. Adicionalmente, esperava-se que a ilha se transformasse depressa num sanatório de convalescença para os oficiais e colonos que adoecessem na Batávia: ao contrário de Java e das outras ilhas das Índias Orientais Holandesas, a Maurícia tinha um clima saudável e não se lhe conheciam doenças.

Apesar de todas estas ambições, a Batávia nunca suportou devidamente o seu sanatório insular, e o esforço inicial saldou-se por um fracasso redundante ao fim de vinte anos. Os condenados deitaram abaixo as florestas à saciedade, ao ponto de em 1650 o preço do ébano já ter caído a pique nos mercados europeus, obrigando os holandeses a legislarem a proibição do abatimento de mais de quatrocentas árvores por ano. Esgotada esta avenida comercial, os esforços agrícolas no solo assim deixado livre também não responderam à chamada: nenhuma das primeiras plantações chegou sequer a dar fruto. O mesmo poderia dizer-se das pessoas: numa falta de visão colonial assombrosa, ninguém se lembrara de incluir no grupo uma única mulher.

Os holandeses voltaram a tentar em 1644. Desta vez os condenados vinham do Cabo, que passara a ser holandês desde 1652; e, desta vez, aprendidas as lições dos erros do passado, entre os futuros colonos contava-se um número decente de prostitutas. Mas, mesmo com estas sábias precauções, o contingente continuava a ser demasiado pequeno e demasiado desequilibrado: no fim do século XVII a população da ilha, incluindo os escravos, mal atingia os trezentos habitantes; e o número de homens era ainda o dobro do número de mulheres.

Para piorar ainda mais as coisas, uma série de governadores péssimos parece ter feito de propósito para tornar a vida na ilha insuportável. Mesmo quando estes homens tinham à partida boas credenciais, era como se qualquer coisa no clima, ou talvez na água potável, como sugeriu uma fonte da altura, os tornasse incapazes e perversos.

Em 1669 chegou à Maurícia o comandante Fredrik Wreede. Este homem tinha feito bom trabalho no Cabo, e parecia feito por medida para governar a ilha dos pássaros doidos. Mas pouco depois da chegada a sua saúde deteriorou-se, tornou-se **«moroso»** e brutal na forma como tratava os colonos, e começou a ser odiado por todos. Este ódio atingiu tais proporções que, em 1672, durante uma avaliação na costa leste da ilha, os seus subordinados o afogaram.

O seu sucessor foi um homem chamado Hugo, que em tempos fora pirata e depois se reformara. Na sua nova encarnação, revelou-se completamente incompetente para estabelecer a ordem entre os colonos. Foi abatido a tiro não se sabe por quem e sucedido por um tal Lamotius, que começou por fazer bom trabalho na limpeza de solo arável, mas que acabou por desenvolver um comportamento tão violento que teve que ser chamado de volta em 1692.

Veio por fim Roeland Doedati, que governou a ilha até 1703, e, para variar, foi um excelente governador. Só que ao desinteresse de Batávia pelo sanatório aliava-se o desinteresse do Cabo pelo entreposto, e a todos estes males aliavam-se as pragas de ratazanas que passavam o tempo a fugir dos porões dos navios de passagem e a destruir metodicamente as colheitas. O domínio holandês chegou ao fim sem glória, deixando atrás de si como recordação a cana-de-açúcar e o veado, ambos importados de Java. Alguns dos animais domésticos introduzidos tinham-se tornado selvagens. Os macacos, os porcos e os ratos tinham-se transformado em pragas. O ébano tinha chegado ao fim. Já só restavam uns vestígios muito reduzidos do habitat natural da ilha. O Dodó já não pertencia a esses vestígios.

A ilha de França

Os franceses foram os últimos europeus a entrar no xadrez colonial. Os ingleses e os portugueses estavam já solidamente estabelecidos na Índia, e os holandeses controlavam a Indonésia e o Cabo. Como expandir a língua de Molière?

Em 1638, apoderaram-se de Rodriguez e de Réunion. Chamaram-lhe antes Bourbon, em homenagem à sua família real. Nunca se tinham sentido completamente satisfeitos com a sua estação de Fort Dauphin em Madagáscar, e também queriam ter uma base na África do Sul. Destas ambições resultaram várias guerras com a Holanda, e um esforço muito sério e bem planeado para colonizar Réunion. Aqui, sim, os números de homens eram iguais aos números de mulheres por deliberação oficial, e o resultado foi um crescimento populacional muito mais rápido que o da Maurícia. As plantações também foram planeadas com cuidado, e deram boas colheitas de café. O ataque a Port Dauphin pelos nativos, e logo a seguir pelos holandeses com a ajuda dos piratas ingleses que por acaso estavam por perto, ainda acentuou mais a necessidade de colonizar solidamente Réunion, e de expandir esta colonização para a Maurícia, onde por esta altura estariam os últimos Dodós a agonizar.

Este grande momento chegou em 1715, cinco anos depois de os holandeses terem abandonado todos os seus restos de interesse na ilha e partido de vez. A Maurícia passou a chamar-se Île de France, iniciou a sua própria produção de café, e deixou traços muito fortes que continuam visíveis no carácter da ilha (a isto voltamos no capítulo VI).

Mas foi uma vida agitada. Começou pela herança de um pano de fundo com todo o potencial de desordem possível: a população era uma mistura explosiva de escravos, colonos brancos vindos directamente das prisões, e prostitutas, e muita desta gente tinha sido trazida à força de Réunion para a Maurícia. Ao fim de catorze anos, em 1735, não tinham vindo para a ilha mais de mil pessoas, e campeavam por todo o lado a desordem, a anarquia e a corrupção de várias espécies. Depois houve um governador bretão chamado Mahé de la Bourdonnais, que continua firme de pedra e cal na estátua em sua homenagem que encima o declive para o porto em Port-Louis, que conseguiu pôr finalmente a casa em ordem. Só que logo a seguir vieram, na Europa, os dias agitados da Revolução Francesa. A refrega política na metrópole distante foi suficiente para levar os colonos a organizarem uma assembleia colonial, introduzirem uma nova constituição e elegerem representantes para o parlamento francês. Mas, ao mesmo tempo, a Maurícia fez ouvidos de mercador à abolição da escravatura, porque nenhum dos colonos punha sequer a hipótese de manter plantações sem o trabalho forçado dos escravos. Em 1803, Bonaparte dissolveu todos os comités locais e nomeou um governador, pondo assim ponto final a mais este período de turbulência.

E nestas festividades continuou a Maurícia a ser francesa até ao início do século XIX. Mas, nessa altura, Napoleão foi derrotado em Waterloo. E, ao mesmo tempo, o império britânico no Índico já era forte de mais para valer a pena resistir-lhe.

Os snobes e os piratas

Napoleão perdeu a guerra em 1815. Os franceses vencidos tiveram que entregar a Maurícia aos ingleses, mantendo apenas Réunion em sua posse. Aparentemente, o governo da França sobre a Maurícia tinha-se transformado num grande incómodo para a Inglaterra por causa da proliferação de corsários franceses nas águas adjacentes. Esta é a explicação dada no século XX pelo colonialista inglês Frank Swettenham em «*Dodo Island*»:

«Quando já estavam bem estabelecidos, com colonos e com tropas, e com escravos para cultivarem as canas-de-açúcar, com um capitão-general e uma assembleia para lhes governarem os assuntos, adquiriram uma notoriedade que empurrou

a memória do Dodó para longe do pensamento humano. A ilha fica exactamente no caminho da carreira que vai para a Índia a partir do Cabo; a Inglaterra e a França estavam então habitualmente em guerra, e o bom povo da Ilha do Dodó não perdeu a oportunidade que viu abrir-se à sua frente. Foi assim que se tornou moda para os aventureiros franceses, geralmente marinheiros de St.-Malo, Brest, e outros portos, viajarem para oriente, equiparem barcos rápidos com a ajuda dos mercadores e especuladores da ilha, obterem Lettres de Marque do governador, e depois, como corsários, atacarem todos os barcos ingleses passíveis de se tornarem presas de embarcações velozes armadas até aos dentes sem nada a perder e com tudo a ganhar. Os corsários da Ilha do Dodó, sob o comando de aventureiros intrépidos que sabiam muito, foram singularmente afortunados. Durante anos e anos estes corsários, com todas as devidas autorizações, atacaram todos os barcos carregados com bandeira inglesa, mataram as tripulações (se elas davam o menor sinal de querer lutar) ou tomaram-nas prisioneiras, pilharam os barcos e depois mandaram-nos para a ilha como troféus, ou, se fossem rápidos e leves, aparelharam-nos para mais corso. Os corsários foram muito populares na Ilha do Dodó durante o último século porque o negócio pagava incrivelmente bem, e todos os riscos de cada ataque estavam cobertos pelos ganhos que se fariam no ataque seguinte. Não é de espantar que as vítimas tenham por fim decidido pôr fim a este insustentável estado de coisas.»

O primeiro sinal de perigo evidente chegou a Port-Louis em Agosto de 1810, quando tropas inglesas tentaram invadir a ilha. Foram derrotadas na batalha naval de Grand-Port, mas o selar de um destino inevitável era apenas uma questão de tempo. Em Dezembro do mesmo ano o governador francês preferiu render-se a desencadear um banho de sangue. Estabeleceu-se imediatamente a administração inglesa, e Île de France voltou outra vez a ser a Maurícia. A transição de França para Inglaterra tornou-se oficial em 1814, com a assinatura do Tratado de Paris.

Foi sob o domínio inglês que se introduziu na Maurícia mais um factor de multiculturalidade: o «**coolie trade**» trouxe números crescentes de emigrantes indianos, cada vez mais fundamentais para a cana-de-açúcar desde que a escravatura fora definitivamente abolida em 1835.

A independência chegou em 1968. Desta vez, as ligações mais fortes que se estabeleceram foram antes com África.

O sumário

Estão a pensar que esta última parte foi despachada depressa de mais? Mas é que era só um sumário. No resto deste capítulo, agora vamos dar a devida atenção a todos os pormenores deste complexo curso de acontecimentos, revisitando os documentos do período dos Descobrimentos que melhor iluminam os dares e tomares do xadrez colonial que andava então a desenvolver-se — e a jogar-se, na altura, como um caso de vida ou de morte.

5.2 — OS MARINHEIROS

A partir daqui, já não perceberemos mais nada de novo se não percebermos quem eram os marinheiros que andavam nestas vidas, participaram nestas histórias, e delas escreveram os diários que agora nos permitem perceber o que aconteceu na Europa durante o seu maior clímax de agitação e de expansão. Para conseguirmos introduzir alguma ordem num quadro extremamente complexo, examinaremos estes marinheiros pela ordem de entrada em cena do seu país nas águas da Maurícia. E todas as histórias de marinheiros serão baseadas num único livro, uma vez que (como veremos a seguir) existiram livros destes aos milhares, mas os traços principais da intriga são espantosamente consistentes de texto para texto.

5.2.1 — OS PORTUGUESES

O termo «**Carreira das Índias**» aplicava-se especificamente à viagem de ida e volta das naus entre Lisboa e Goa. Os ventos sazonais dos trópicos eram o seu factor determinante, e, nas condições mais favoráveis, incluindo a paragem a Goa, o percurso demorava cerca de ano e meio.

A monção do sudoeste, que normalmente começa a soprar da costa ocidental da Índia pelos inícios de Junho, fechava virtualmente todos os portos da região do fim de Maio ao princípio de Setembro, pelo que a época comercial ia de Abril a Setembro. As naus tentavam deixar Lisboa antes da Páscoa, para poderem contornar o Cabo a tempo de apanharem a ponta final dos ventos da monção do sudoeste a leste da costa africana, a norte do equador, o que os levaria a Goa entre Setembro e Outubro. No regresso, apontavam para deixar Goa com a monção de nordeste por volta do Natal, de forma a contornarem o Cabo antes de toda a região ser açoitada pelos ventos tempestuosos de Inverno que começavam em Maio.

As naus pertenciam a um figurino de barco que já tinha sido usado pelos genoveses e venezianos durante a Idade Média, mas que os portugueses adaptaram e desenvolveram até atingirem tamanhos espectaculares enquanto a febre dos Descobrimentos assolou os séculos XVI e XVII. Eram embarcações maciças, com três ou quatro linhas de convés, com uma proa elevada, muito poucas armas para o seu tamanho, e geralmente lentas e pesadas. De início não superavam as quatrocentas toneladas de carga, mas com o tempo chegaram a superar as duas mil, constituindo-se nos maiores barcos cruzando os mares do mundo pelos fins do século XVI, comparáveis apenas a alguns dos galeões espanhóis de Manila.

As melhores e maiores destas naus eram quase todas construídas na Índia, em estaleiros dispersos por Coxim, Basein e Damão, com a sua maior glória situada em Goa, provavelmente a empresa indiana melhor organizada no tempo do Grande Mogul. Os portugueses reconheceram rapidamente a superioridade da teca indiana ao pinho e carvalho da Europa. Uma ordem real de 1585, repetida textualmente nove anos mais tarde, enfatizava a importância de se construírem as naus da Carreira na Índia e não na Europa, «**porque a experiência demonstra que as que são aí construídas duram mais que as construídas neste Reino, e também porque são mais baratas e mais fortes, e porque a madeira para estas naus é cada vez mais difícil de encontrar aqui**». Algumas destas naus chegaram a ter performances memoráveis, como a Cinco Chagas, que serviu na Carreira por 25 anos, fez nove ou dez viagens de ida e volta e muitas outras, e foi o porta-estandarte de cinco vice-reis sucessivos até acabar os seus dias em Lisboa. No entanto, a nau da Carreira normal, especialmente as que eram construídas em Lisboa, dificilmente sobrevivia por mais que uma década e não ultrapassava as três ou quatro viagens.

A experiência também não tardou e demonstrar que os barcos de menos de quinhentas toneladas eram mais adequados ao mar e mais económicos que os monstros de mais de mil toneladas. A Coroa portuguesa decretou em 1570 que as naus construídas para uso na Carreira das Índias nunca deviam exceder as 450 toneladas, ou ser inferiores a trezentas. Como seria de esperar, ninguém ligou a este decreto, embora tenha sido rescrito e redecretado várias vezes. Além dos oficiais do estaleiro e dos construtores, praticamente todos os membros da tripulação, do comandante ao grumete, queriam atulhar os barcos de regresso a casa com tanta carga quanta possível.

As muitas corrupções

A ganância e a corrupção afectaram certamente muito quer a construção dos barcos quer a segurança das suas viagens, mas houve um terceiro factor que tornou a Carreira verdadeiramente perigosa: chamem-lhe falta de visão, falta de cuidado, ou apenas a alma lusitana, mas o que é certo é que ninguém dava qualquer espécie de atenção à manutenção dos barcos, nem em Lisboa nem em Goa. Reparem nesta descrição de Francisco Vaz d'Almada, explicando, em 1662, como é que dois barcos holandeses conseguiram martirizar tanto o seu:

«O nosso leme era muito velho, tendo pertencido a um grande navio que se partira em Goa e ficara abandonado na praia durante dois anos, e estava todo podre, sendo esta a maneira como se preparam os barcos neste país. Digo isto porque a falta de leme causou a nossa destruição, pois estava em tal estado que bastaram dois tiros para o partirem aos bocados. Nem era esta a única deficiência com que o nosso barco deixara Goa, pois que não carregava suficiente pólvora e armamento para a luta, tendo só dezoito armas de calibre muito pequeno.»

Nesses tempos, uma média de quatro a cinco destes mamutes em mau estado deixava anualmente Lisboa em direcção a Goa. A viagem de ida incluía uma paragem recomendada em Moçambique, embora a ganância de chegar à Índia muitas vezes levasse as tripulações a ignorarem esta pausa. A viagem de volta incluía inicialmente uma paragem em Santa Helena, que foi mudada para os Açores quando os holandeses tomaram a ilha. Os pilotos com mais experiência concordavam que o fim de Fevereiro era a melhor altura para deixar Portugal. No entanto, havia sempre qualquer problema administrativo ou financeiro em Lisboa, como falta de dinheiro quando era mais preciso, ou dificuldades em arregimentar tripulações, que tendia a causar atrasos crónicos. Em consequência os barcos acabavam muitas vezes por partir só no fim de Março, ou mesmo em Abril — e não era raro estes últimos terem que declarar uma «**arribada**», ou falsa partida, e ou voltar para trás ou ir esperar por melhores dias no Brasil. Mesmo assim, ainda havia suficiente bravura e estrito espírito de aventura para assegurar algumas viagens bem sucedidas fora da estação propícia.

As partidas de Goa sofriam de tantos atrasos crónicos como as de Lisboa, e por razões igualmente disparatadas, apesar de todas as ordens da Coroa para não se adiarem as datas de saída. Se não fosse por complicações administrativas em Goa, então era por ser preciso esperar por uma carga completa de pimenta, o que tendia a ser problemático sempre que os rajás da costa Malabar estavam em maus termos com os portugueses. A falta de dinheiro para comprar a pimenta com a antecedência necessária também era uma causa constante de atrasos.

As formas de conhecimento

A tripulação de uma nau com quatro níveis de convés podia chegar a ter mais de duzentos efectivos, mas a experiência destas gentes era completamente imprevisível. Os decretos da Coroa estipulavam que só podiam entrar para marinheiros da Carreira «**homens com muito conhecimento do mar,**» mas nunca houve muitos homens destes em Portugal. Na primeira década do século XVI, um comandante descobriu que a sua tripulação não conseguia distinguir bombordo de estibordo, e só conseguiu resolver o problema atando uma réstia de cebolas de um lado e uma réstia de alhos do outro. Destes marinheiros improvisados, os que sobreviviam a uma ou duas viagens passavam a ter o estatuto de veteranos; mas, mesmo assim, nos anos de 1570 a 1650 abundavam as queixas de que se embarcavam livremente nas naus como marinheiros alfaiates, calceteiros, camponeses, lacaios, e «**moços ignorantes**» de toda a ordem. Estas estranhas misturas derivavam em parte da mortalidade pesadíssima a bordo da Carreia, que levavam muitas vezes a recrutamentos de última hora entre os mais heterodoxos dos recursos. A avaliar pela evidência da época, a vida de um marinheiro da Carreira era violenta, brutal, e curta. Esta gente tinha poucos instrumentos de navegação, e os que existiam eram pouco mais que elementares. Os mapas de pequena escala disponíveis eram incompletos e incorrectos. Sabia-se pouco de fenómenos naturais como variações magnéticas e correntes oceânicas. Não existiam previsões meteorológicas. Faltava uma máquina náutica que contasse o tempo adequadamente. Era difícil estabelecer longitudes. E as naus pesadíssimas estavam cronicamente em péssimo estado para navegar. Com tudo isto em mente, é pouco menos que miraculoso que os pilotos por vezes atingissem Goa exactamente quando tinham planeado, depois de uma viagem de mais de duzentos dias, às vezes sem terem voltado a ver terra depois de saírem da barra do Tejo. «**É Deus que os leva e é Deus que os traz**», dizia-se então muitas vezes do destino de quem ia nas naus.

Esta espécie de milagre devia-se não raras vezes a um sentido muito agudo dos sinais da natureza, desenvolvido pelos pilotos mais experientes, que é evidente nesta passagem de um diário de 1598:

«**... E digo-vos que se se mantiverem nesta rota, assim que virem grandes números de gaivotas do 8° até entre o 9° e o 10° de latitude, que estão junto às ilhas de Arro, e encontrarão algas e ramos de sargaços. Vendo estes sinais juntamente com alforrecas, pássaros e vento do leste, deverão tentar avançar para sudoeste a aproximarem-se de cabo Delgado, e embora também exista sargaço nesta costa, não é acompanhado por gaivotas e alforrecas.**»

Ah, sim. Também houve muitas histórias de roubos, tráficos, e vendas inflacionadas de diários de piloto. Eram a mais valiosa de todas as fontes de informação para quem andava no mar.

A estrada da riqueza

É difícil perceber se os portugueses queriam ou não ser marinheiros da Carreira, porque os relatos da época são altamente contraditórios a este respeito. Enquanto uns falam de tripulações agrilhoadas para não fugirem até o barco deixar o Tejo, outros falam de gente de todas as proveniências subornando oficiais para que os deixassem tentar a sorte no mar. Mas uma coisa é certa: num país que não tinha muito mais que um milhão de habitantes, não existiam homens que chegassem para viajarem por um império que se estendia do Brasil a Macau. A navegação costeira portuguesa na Ásia era sobretudo assegurada por marinheiros asiáticos, e até as grandes naus que visitavam o Japão podiam ter poucos europeus a bordo para além do comandante, do piloto e do mestre da pólvora. No Índico o comandante chegava a ser o único português a bordo, porque até os pilotos eram frequentemente muçulmanos de Gujarat.

Os perigos da Carreira, no entanto, não detinham a gente de todas as classes de querer embarcar na viagem que levava à riqueza. Um visitante jesuíta italiano, que fez a viagem para o Oriente mitológico em 1574, escreveu a um amigo:

«É uma impressionante coisa ver a facilidade e a frequência com que os portugueses embarcam para a Índia... Cada ano quatro ou cinco barcos deixam Lisboa, cheios deles; e muitos embarcam como se não fossem para mais que uma légua de Lisboa, levando com eles na mão só uma camisa e dois pães, e com um queijo e um pote de marmelada, sem mais nenhuma espécie de provisão.»

Em consequência, as naus estavam sistematicamente sobrepovoadas; e, combinado com a falta total da mais elementar higiene, este sobrepovoamento tornava a viagem ainda mais arriscada. Quando chegavam ao equador os barcos eram muitas vezes jangadas de peste, cujos ocupantes morriam como moscas. Nessa altura já tinham passado por calores extremos no golfo da Guiné, onde às vezes ficavam durante semanas parados por calmarias, e depois tinham suportado frios infernais na travessia do Cabo. Durante toda a viagem, vinham chuvas tropicais ou tempestades sazonais que ou os encharcavam ou os gelavam até aos ossos. Isto afectava especialmente os que não tinham outro sítio para dormir que não fosse o convés, mas estes eram quase todos, porque muitos tripulantes vendiam o seu lugar nas cabinas a padres ou a aristocratas, ou a qualquer pessoa com dinheiro à procura de um milímetro de espaço para salvaguardar os seus bens.

Ao fim dos primeiros dias, já não existiam a bordo nem frutos nem legumes frescos. O contrabando tornava a distribuição de rações completamente imprevisível, apesar de todas as ordens severas da Coroa que estavam sempre a ser proclamadas para regularizar a situação. Não era uma situação potencialmente regularizável. Só se podia cozinhar em duas caixas cheias de areia, mas mesmo estas só estavam disponíveis quando o tempo o permitia, e mesmo assim só durante o dia. A comida tornava-se rançosa depressa; ou então ficava tão salgada que induzia sedes intoleráveis que só poderiam acalmar-se se por acaso viesse uma boa chuvada. A água potável ficava pútrida num instante, e as pessoas bebiam-na coada por lenços, ou por outros artifícios semelhantes. Muitas vezes o vinho era mesmo o único recurso que ainda restava, e vezes de mais a ração diária era engolida de um só trago assim que era recebida, deixando depois os pobres desgraçados a agonizar de sede para o resto do dia.

É fácil de imaginar a facilidade com que as doenças infecciosas se espalhavam a bordo, e esta aflição ainda era agravada pelo tratamento médico mais utilizado na altura, o das sangrias frequentes. Há um diário que fala de quatrocentos «**inválidos**» que «**todos foram muito sangrados no mesmo dia**».

E, portanto, era frequente que uma nau com seiscentas ou oitocentas pessoas a bordo chegasse a Goa já com trezentos ou quatrocentos passageiros a menos.

A maior ganância

Se a sobrepopulação era o maior perigo na viagem para Goa, a sobrecarga era quase pior na viagem para Lisboa. Os porões enchiam-se até acima com especiarias e salitre, enquanto os sacos e caixas com as outras mercadorias se empilhavam tão alto no convés que ninguém podia passar da popa à proa sem saltar e escorregar entre barris e fardos. Quem tinha meios para isso, comprava espaço para trazer ainda mais riquezas para casa. Os membros mais baixos da tripulação vendiam as cabinas, o espaço no convés, e os cofres a que tinham direito, a quem lhes pagasse mais, e depois abrigavam-se nos cantos e buracos que conseguissem encontrar. Os oficiais do barco, por seu turno, limpavam espaço nos porões destinado à carga oficial para arranjar espaço para os seus próprios bens e para os bens dos que os subornavam, e depois deixavam a carga oficial a apodrecer ao ar livre.

Depois disto, como já vimos, os barcos recebiam pouca ou nenhuma manutenção em Goa; e, para piorar ainda mais o cenário, as naus de uma mesma frota afastavam-se frequentemente umas das outras durante a viagem de regresso, na tentativa de chegarem a Lisboa mais cedo, de forma a terem melhores mercados para o seu «comércio privado».

Agora juntem a esta montanha de disparates a teimosia obstinada de muitos pilotos, e a total inexperiência de muitos comandantes extraídos sem treino de entre a fina flor da aristocracia. O que é que deu? Mais uma centena de naus que apodreceram devagarinho no fundo do Índico.

A mais linda resposta

Os missionários da Carreira queixavam-se frequentemente da falta de devoção religiosa tanto dos marinheiros como dos passageiros, e Frei Heitor Pinto falou-nos desta falta de piedade melhor que ninguém. Mas esta pouca fé desaparecia milagrosamente assim que se aproximava uma tempestade, ou qualquer outro perigo sentido como ameaça à vida. «**Se queres rezar, vai para o mar**», dizia um provérbio da altura. A tendência de tanto os passageiros como os tripulantes das naus para começarem histericamente a invocar a intervenção da Virgem e de todos os santos em momentos de crise, em vez de fazerem esforços mais práticos para salvarem os barcos, foi notada com mais sarcasmo ou mais espanto por muitos comentadores estrangeiros da época.

Para citar um exemplo entre muitos:

«**E finalmente o leme nunca se conseguiu pôr no barco embora ficasse pendurado do casco por cinquenta dias, aguardando uma acalmia no tempo que nos permitisse recuperá-lo; e uma noite as cordas que o prendiam partiram-se e perdemo-lo, o que considerámos um acto da Misericórdia de**

Deus, porque estava a estragar o barco por bater perpetuamente contra ele.»

A Misericórdia de Deus é um lugar-comum flagrante da literatura portuguesa de viagens desta época, sempre que a morte se apresenta como uma possibilidade muito provável. Como continua o cronista:

«Os religiosos que eram passageiros a bordo foram por toda a parte exortando todos os outros para que se arrependessem dos seus pecados, fazendo procissões e flagelando-se quase todos os dias, nem estava mais ninguém disto isento, mas antes todos se lhes juntaram com muitas lágrimas... Depois do que se verificou manifestamente um milagre da Virgem.»

Na mesma veia, depois de uma batalha naval absolutamente trágica, seguida de uma deriva aterrorizadora em mares agrestes e estranhos que durou três semanas, e de um desembarque desastroso numa terra desconhecida, qual é a primeira preocupação dos sobreviventes?

«Quando já estávamos todos em terra fizemos uma igreja coberta com tela e pendurámos lá dentro colchas chinesas bordadas a ouro e muitas outras peças ricas, de tal maneira que parecia toda feita de ouro. Aqui diziam-se todos os dias três missas, e todos fomos à confissão e à comunhão.»

A pior tragédia

Entrámos, declaradamente, no cenário propício aos piores desastres. É sempre muito comovente revisitar os naufrágios desta época, mas os naufrágios portugueses têm um apelo particularmente trágico, devido a toda a crescente histeria religiosa que tradicionalmente os acompanha. O nosso melhor arquétipo é, obviamente, o tríptico de catástrofes compilado na «*História Trágico-Marítima*». O primeiro detalhe a impressionar qualquer leitor que visite estes textos deverá a ideia da péssima manutenção que parece de facto ter marcado a Carreira das Índias, e também da falta de cuidado com que as tripulações tendem a responder aos primeiros sinais de falhanço do barco. É como se já ter ido e voltado vivo da Índia por uma vez ou duas de certa forma convencesse estes homens de que tinham atingido um estado de graça que os elevava acima do perigo. Na maioria dos casos, o naufrágio começa com uma pequena fuga de água, que depois é mal consertada, e a seguir se transforma numa fuga maior, sobre a qual toda a gente se preocupa imenso mas pouca gente parece ser capaz de fazer seja o que for, e durante todo este tempo a nau continua a navegar e todos parecem pensar que deitar pela borda fora o que quer que seja que está mais à mão vai ajudar a resolver o problema — até que, a certa altura, já metade do barco está debaixo de água, o que faz toda a gente perceber que agora é tarde de mais para salvar seja o que for, o que por seu turno faz toda a gente virar-se para orações e outras demonstrações muito folclóricas e coloridas de fé católica, e desta forma berrante morrem todos nas ondas cruéis, mais vezes que menos ainda por cima com terra à vista.

«**Tendo encontrado a fuga**», escreve Diogo do Couto sobre o naufrágio da Grande Nau São Tomé, «**viram que era uma fonte tal que se um oficial pusesse contra ela o seu punho a força da água empurrava-o para trás. Como não podiam tapá-la sem cortarem as traves mestras isto fizeram contra o aviso de muitos, até que tiveram de parar porque era aí que o barco se mantinha unido, e não tinham nem ferramenta nem matéria-prima adequada para continuarem o trabalho, pois é desta maneira que estes barcos navegam à mercê de Deus, para se pouparem quatro cruzados.**»

Da mesma forma, quando Francisco Vaz d'Almada começa o seu testemunho pessoal sobre o naufrágio da Grande Nau São João Baptista, a fuga fatal é notada ainda com muito tempo para se evitarem maiores estragos, mas as soluções razoáveis são adiadas de uma forma nada razoável devido à falta de equipamento adequado:

«**Depois de navegarmos por quinze ou vinte dias, quando examinámos a bomba encontrámos lá catorze ou quinze palmos de água, que fizemos o possível para tirar de lá. Mas tal provou ser impossível, sendo as bombas deste barco pequenas de mais, pois que foram feitas para um galeão e depois desmanteladas e aumentadas, e só uma delas era de alguma utilidade.**»

Os dias mais longos

A situação do São João Baptista deteriorou-se logo a seguir por causa do tal confronto com os dois barcos holandeses, numa altura em que os portugueses também viajavam tradicionalmente com menos munições que as decretadas pela Coroa, como sempre para poupar espaço para cargas mais preciosas que pudessem vender-se em Lisboa. Mas o naufrágio da São Tomé foi mesmo causado só pela fuga de água. A primeira barragem de baús e sacos de arroz encostados à fonte parece ter resolvido temporariamente o problema, mas assim que a velocidade de cruzeiro do barco aumentou sob o impulso de ventos mais fortes este remédio precário deixou de funcionar — a fonte voltou a deixar entrar água, com tanta energia que num instante se acumularam seis palmos no porão.

Os acontecimentos subsequentes são estupidamente familiares em todas as narrativas portuguesas de viagens:

«**Todos ficaram em grande consternação e começaram a deitar para o mar tudo o que estava no porão para desimpedirem as manobras... passaram toda a noite sem descanso e com as pegas das bombas nas mãos... e os padres passavam com biscoitos, conservas, e água, consolando-os tanto fisicamente como espiritualmente.**»

Como é costume nestas histórias, o nível da água continua a subir apesar de todos os esforços desesperados feitos demasiado tarde. Mas é tudo como um desastre a acontecer em câmara lenta. Só um dia e meio mais tarde é que o pânico começa mesmo a tomar conta da nau.

«**Toda esta noite passaram em grande aflição e trabalho, pois tudo o que podiam ver representava a morte. Pois que por baixo viam um barco cheio de água, e por cima os Céus conspiravam contra todos, pois que o Céu estava coberto no negrume e escuridão mais profundos. O ar gemia de todos os lados como se estivesse a gritar** ***morte, morte*****; e como se a água que estava a entrar por baixo não fosse suficiente, aquela que o Céu fez desabar sobre eles por cima parecia querer engoli--los num novo Dilúvio. Dentro do barco nada se ouvia senão gritos, prantos, suspiros, gemidos, e preces a Deus por misericórdia, pois parecia que Ele estava encolerizado contra todos pelos pecados cometidos por alguns no barco.**»

Um som ainda mais horrível junta-se a este coro:

«**Debaixo do convés parecia que estavam a trabalhar espíritos malignos, tal era o barulho feito pelas coisas que flutuavam e chocavam umas com as outras, e quebrando-se de um lado para o outro, de tal forma que os que foram ao porão imaginaram ouvir o som do Dia do Juízo.**»

Depois de todo este ênfase nas razões divinas que estão a presidir ao drama, os acontecimentos da manhã seguinte poderão parecer menos surpreendentes. Enquanto uma parte da tripulação tentava desesperadamente deitar à água um batel para ir procurar terra, e a outra metade lutava desesperadamente para saltar lá para dentro, o comandante, «**sendo um bom cristão e temendo a Deus**», entrou em depressão profunda pensando que «**este desastre fora causado pelos seus pecados**»; e desta forma tratou de ficar incapaz de assumir o controlo de quaisquer operações. Cento e dez pessoas, na sua maioria oficiais do barco juntamente com padres e aristocratas, embarcaram por fim no batel; mas tão cedo não conseguiriam afastar-se dali, porque o Irmão Nicolau do Rosário, que devia ir com eles mas ainda estava na nau, «**recusava-se a partir sem ter primeiro confessado todos os que ficavam no barco, porque não era da sua vontade que tantas pessoas que assim eram privadas de consolação corporal ficassem também privadas da consolação da alma. Assim confessou e consolou todos com grande caridade, soluçando com eles pela sua triste condição, e absolvendo-os geralmente e pessoalmente**».

Se alguém está a ficar com a sensação incómoda de que estas pessoas fazem tudo o que podem para a história acabar mal, não está sozinho. Enquanto escreve a crónica do acontecimento, Diogo do Couto sumariza a situação com acutilância:

«**Todas as pessoas deste barco poderiam ter sido salvas se os que estavam no batel não pensassem só em si próprios. Pois que podiam bem ter primeiro preparado algumas jangadas grandes, nas quais todos poderiam tomar refúgio, com água e provisões, e serem guiadas pelo batel até terra, que estava tão perto que apareceu à vista no dia seguinte. Teria havido muito tempo para tudo isto, pois que a nau ainda flutuou durante vinte e quatro horas sem o trabalho das bombas, du-**

rante cujo tempo seriam preparadas tantas jangadas quantas necessárias, pois que existiam mastros, e remos, e peças, e madeira mais que suficiente.»

A conclusão do cronista é simples:

«**É certo que este deve ter sido um castigo de Deus.**»

E realmente, pela descrição que ele faz, assim parece.

«**Assim que o batel se afastou os oficiais acharam-no tão carregado... que já estava quase debaixo de água... que insistiram que algumas pessoas deviam ser deitadas ao mar para salvarem as outras. Isto estes senhores consentiram, deixando a sua selecção aos oficiais, que logo atiraram seis deles para o mar. Foram levantados no ar e mandados borda fora, onde foram engolidos pelas vagas cruéis e nunca voltaram a aparecer. Este sacrifício patético tanto horrorizou aqueles que o testemunharam que estavam como num transe, não percebendo o que viam, ou considerando-o como coisa que acontecia em sonhos.**»

A cena mais estranha

Mesmo depois do «**sacrifício patético**» o batel continuava demasiado pesado, e foi transportado para longe pelas correntes.

«**À meia-noite encontraram-se no meio do mar, a boa distância da nau, e tomando os remos voltaram para perto dela. Viram lá muitas luzes, que eram velas acesas, pois que os da nau passaram a noite em procissões e litanias, entregando-se a Deus Nosso Senhor com gritos e clamores tão altos que se ouviam no batel.**»

A cena seguinte é de loucura no seu estado mais puro.

«**Quando amanheceu o batel aproximou-se da nau, e falaram com os que estavam a bordo, encorajando-os a fazer jangadas... Os da nau responderam com grandes gritos e queixumes, suplicando piedade em vozes tão sentidas e altas que inspiravam medo e terror.... Quando era dia claro várias pessoas tentaram ir a bordo procurar acendalhas e provisões, para cujo propósito alguns marinheiros nadaram para a nau. Em chegando a bordo, encontraram o convés já debaixo de água, e todos como que de cabeça perdida com medo da morte que esperavam. Na popa avançada tinham colocado um al-**

tar muito galante e uma bela imagem de Nossa Senhora, à volta da qual se juntavam todas as escravas, com o cabelo em desalinho, que estavam pateticamente pedindo e gritando a essa Senhora por piedade.»

O batel acabou por se afastar sem que ninguém de nenhum lado tivesse conseguido fazer grande coisa, e uma vez mais várias pessoas foram atiradas borda fora na esperança de tornar a embarcação mais leve, e «**vários escravos foram atirados ao mar com estes homens, e todos eles foram devorados pelas vagas cruéis**».

Resta uma única consolação, também ela de origem divina:

«**Esta crueldade abominável foi feita pelas mãos dos oficiais do mar, aos quais Deus permitiu que pagassem por tal pecado pouco depois, já que quase todos morreram muito miseravelmente em terra no meio do mato.**»

Antes de lhes ser cobrado este preço, ainda no batel, por volta das dez da manhã,

«**Viram a nau dar um grande estrondo, e depois desaparecer debaixo das águas logo a seguir, isto à vista de todos mais depressa que um raio. Ficaram assombrados, como homens num sonho, assim vendo uma grande nau, na qual tinham tão recentemente viajado, tão pesadamente coberta por riquezas e mercadorias praticamente com computação, agora devorada pelas ondas e naufragada debaixo da água, levando as riquezas para o fundo do mar de todas as coisas que pertenciam aos que estavam nela e aos que estavam na Índia, adquiridas por meios tais que Deus sabe, pela qual razão Ele muitas vezes permite tão pouco gozo delas como fez com estas.**»

O ordálio mais negro

Tão aflitivos como os próprios naufrágios, só mesmo os horrores enfrentados a seguir pelos sobreviventes. Naqueles dias, se uma nau estivesse prestes a afundar-se, qualquer um deveria pensar duas vezes se não seria melhor ficar enterrado logo ali nas ondas: sobreviver ao naufrágio implicava muitas vezes conhecer uma morte ainda mais ignóbil numa jangada à deriva (o tema dos homens nestas jangadas que bebem a própria urina e comem a carne dos que morrem é recorrente não só nas narrativas mas também em quadros e em canções populares), ou no meio de matos hostis numa qualquer terra desconhecida. Neste segundo caso, os tormentos dos sobreviventes envolviam, na maioria dos casos, tentarem perceber onde estavam e em que sentido deviam caminhar, serem atacados por «**selvagens**» de todas as denominações; carregarem pessoas doentes ou frágeis às costas ou em macas improvisadas até os próprios carregadores estarem demasiado exaustos para poderem continuar esta tarefa piedosa, e depois agonizarem todos sobre o triste destino dos que seriam deixados para trás para morrerem sozinhos à fome e à sede, atacados por selvagens ou comidos «**por tigres e leões**»; terem que enfrentar negociações muito complexas sobre o que fazer quanto às senhoras que integravam estes grupos (por qualquer razão altamente perversa, embora o número de mulheres que embarcavam na Carreira das Índias fosse desproporcionadamente inferior ao dos homens, nestas narrativas de sobreviventes a naufrágios os grupos costumam contar com pelo menos uma mulher, e não é raro que esteja ou grávida ou a amamentar uma criança); e terem que partir muitas vezes para expedições desesperadas em busca de alimento.

A jornada mais dura

Os episódios em que Francisco Vaz d'Almada relata as tribulações sem fim dos sobreviventes ao naufrágio da São João Baptista, tanto quanto se sabe a maior jornada feita por um grupo de sobreviventes portugueses ao longo da costa sudeste de África (esta gente caminhou por quase todos os passos do caminho que vai do rio Keiskama até Sofala em dez meses), tornaram-se ao longo do tempo num emblema impressionante destes píncaros épicos da tragédia humana.

Para já, numa altura em que muitas pessoas mais fracas começam a ficar para trás e se fala bastante de donzelas abandonadas para serem comidas «**por tigres e leões**», a fome horrível destas pessoas é claramente ilustrada em passagens como:

«**No dia seguinte fomos dormir junto a um pântano que não tinha rãs, o que foi um grande desapontamento para nós. A nossa fome era agora intolerável, e todos os cães do acampamento que podiam ser mortos já tinham sido comidos.**»

À fome junta-se a exaustão absoluta:

«Aqui todos os homens que carregavam as liteiras juntaram-se num só corpo, dizendo que ninguém no acampamento podia dar nem mais um passo por falta de alimento, e que já muitos tinham morrido à fome, por que deviam eles carregar as liteiras? Bem podiam ser imediatamente condenados à morte, não as carregariam mais, mesmo que lhes oferecessem todos os tesouros do mundo... tudo isto sendo dito com muito altos clamores e lágrimas. Depois os religiosos intervieram, dizendo ao comandante que... cada um daqueles pobres homens parecia um retrato da morte. O comandante então juntou toda a gente, e em altas vozes ordenou que se fizesse uma proclamação de que daria oitocentos cruzados a qualquer homem que se oferecesse para levar os fracos aos ombros, e que imediatamente pagaria o dinheiro nas suas mãos, cada um segundo o merecido. Mas ninguém se ofereceu.»

E uma vez mais há muita gente que «**fica para trás**», há muitas lágrimas na despedida, e depois a jornada progride, e as condições continuam a deteriorar-se. Duas semanas mais tarde os sobreviventes estão tão desesperados que o menor sinal de rebelião é o suficiente para desencadear penas de morte, e cada um que morre é agora útil aos vivos da mais amarga das formas.

«O comandante ordenou que fossem enforcados nesse mesmo dia, embora não ficassem na forca até de manhã, por causa da fome horrível que sofríamos, mas foram antes secretamente comidos durante a noite por Negros (e outros que não o eram) do nosso campo, ao que se fechava os olhos e deixava passar. Muitas vezes no acampamento à noite vi espetos cheios de carne, que cheirava como o porco mais saboroso; sendo que um dia quando me levantei para o meu turno de guarda o meu camarada me disse para ir ver que carne assavam os nossos criados que parecia tão apetitosa. Fui ver, e perguntando a um deles o que era, logo me perguntou se queria alguma, pois que era excelente e muito fortalecedora. Mas compreendendo que era carne humana vim-me embora, fingindo não ter percebido.»

E o horror continua:

«Dois dias mais tarde, ainda no mesmo lugar, o comandante ordenou que um rapaz português que era grumete da nau

fosse enforcado... Era um jovem robusto, que poderia ter sido útil ao nosso grupo. Este pobre desgraçado implorou que o enterrassem, para que o não comessem, mas o seu pedido pouco lhe valeu, pois que o comandante deu a oportunidade aos nossos criados, que estavam fracos de tanta fome, ordenando-lhes que o atirassem para o mato, e tomaram bom cuidado de lhe darem o mesmo enterro que se dava geralmente a todos os que morriam.»

E há mais, mas isto chega.

5.2.2 — OS HOLANDESES

Os holandeses foram os primeiros a viajar e a comerciar na esteira dos portugueses, e conseguiram estabelecer entrepostos funcionais e ocupar terras bem colocadas antes de os ingleses e os franceses conseguirem. Foi um feito que envolveu vários dares e tomares bastante complicados com os portugueses, em parte já explorados no capítulo II. Os portugueses e os holandeses tinham relações muito tensas, porque os segundos apostavam na invasão do território dos primeiros. Esta tensão escalou quando Portugal foi momentaneamente anexado à Espanha durante o reinado de Filipe II, porque a Holanda e a Espanha estavam mesmo oficialmente em guerra. Mas, ao mesmo tempo, abundavam as trocas de informações e as coabitações de toda a sorte entre pessoas holandesas e portuguesas, porque esta gente estava a partilhar destinos marítimos comuns. Os representantes dos dois povos precisavam uns dos outros tanto quanto desconfiavam uns dos outros.

Uma boa fonte para percebermos melhor este emaranhado de emoções durante os últimos dias do Dodó é uma narrativa de viagem intitulada «*Itinerario, or The Voyage of John Huygen van Linschotenn to the East Indies*». É um livro que nos dá uma visão encantadora do xadrez colonial em curso, com jogadores de Portugal, da Espanha, da Holanda e de Inglaterra a moverem constantemente os seus peões através de um tabuleiro que abarcava todo o Oriente, e todas as passagens marítimas rumando e partindo dos seus portos.

O jovem inquieto

John, filho de Hugh, com o patronímico de Linschoten, uma aldeia na província de Utrecht, nasceu em Haarlem em 1563; e, por causa dos problemas com as retiradas e invasões espanholas, acabou por ir estabelecer-se com a sua família em Enkhuizen.

John diz-nos que os seus irmãos tinham partido para Espanha antes de 1576, e agora dirigiam negócios em Sevilha. Sempre a mesma história: a Espanha e a Holanda estavam oficialmente em guerra, mas as suas relações comerciais nunca foram completamente abolidas. Ambos os lados precisavam delas, uma vez que o mercado holandês era indispensável para a prosperidade do comércio do Índico de Portugal e da Espanha. John era um jovem estudioso, que «**tomava não pequeno prazer em ler as histórias de aventuras estranhas**», e em consequência acabou por desenvolver aquele desejo forte e irresistível de «**ver um pouco do que há no mundo**» de que tantos aventureiros da época nos falam nos prefácios aos seus livros de viagens. «**Sendo novo e vivendo sem ocupação do meu país nativo**», John acabou por sentir, como mais tarde escreveria aos seus pais, que «**não há tempo mais desperdiçado que quando o rapaz jovem se arrasta pela cozinha da sua mãe como um bebé, não sabendo o que é a pobreza, nem a luxúria, uma ignorância que é muitas vezes a causa da sua ruína**».

E foi assim que aos dezasseis anos John partiu para se juntar aos seus irmãos em Sevilha. Mas não ficou aqui muito tempo: menos de dois anos depois, encontramo-lo a negociar em Lisboa, na sequência de muitas aventuras e desventuras com os vários regimentos ao serviço de outras tantas facções que então cruzavam a Península Ibérica, em plena Guerra de Sucessão causada pela morte súbita de D. Sebastião em Marrocos. Estas mesmas guerrilhas faziam com que, naquele preciso instante, o comércio entre Portugal e Espanha não fosse dos mais prósperos. Sendo assim, John decidiu seguir o exemplo de um dos seus irmãos e procurar emprego na Carreira das Índias. O mano, que já se instalara como guarda-livros de uma nau, arranjou-lhe um lugar no séquito do arcebispo Vicente da Fonseca, acabado de nomear arcebispo de Goa, e também ele um passageiro a bordo.

O holandês viveu uma vida muito portuguesa nos anos que se seguiram. Fez uma paragem de duas semanas em Moçambique, chegou a Goa, e permaneceu por cinco anos ao serviço do arcebispo. Neste período, interveio várias vezes em defesa dos ingleses que eram ocasionalmente tomados prisioneiros na sequência do alarme causado pelas notícias do avanço imparável da viagem de Drake pelo Índico, e das palavras de rebelião contra os portugueses que os ingleses iam espalhando à passagem. Era uma vida animada, mas não suficientemente para o viajante:

«**Estaria deveras inclinado**», escreveu aos seus pais, «**a viajar para a China e o Japão, que são à mesma distância daqui que Portugal, isto é, quem lá vai passa três anos no caminho. Se somente possuísse duzentos ou trezentos ducados poderia facilmente convertê-los em seiscentos e setecentos. Este ano um holandês meu bom amigo foi lá como armeiro num barco, e muito gostaria que eu fizesse a viagem com ele, mas entrar numa destas empresas de mãos vazias parece-me a mim uma loucura: temos que estar toleravelmente abastecidos para fazermos lucros.**»

Parece que a possibilidade da viagem para a Ásia Oriental não se repetiu, porque Linschoten continuou em Goa. Mas, durante os anos seguintes, explorou detalhadamente os arredores e sobre o que viu escreveu ainda mais detalhadamente, como é típico dos livros deste género.

O cronista

Uma marca curiosa do estilo de Linschoten é o seu interesse inesgotável pelo potencial comercial de todos os lugares que visita e nos relata. Por exemplo, ao chegar a Java, Linschoten descreve rapidamente a ilha, oferece-nos o apontamento de um rio em que os paus se transformam em pedras mal são atirados à água, e logo a seguir trata de listar sem particular ordem de importância, à maneira de simples inventário, todas as explorações que podem dar lucro: arroz «**em abundância, e outras coisas necessárias à vida**», gado, carneiros, galinhas, alhos, «**noz-moscada e toda a espécie de especiarias**» e «**outras coisas que levam para Malaca**», pimenta «**muito boa**» e também «**incenso, cânfora e diamantes**». Depois segue-se, à laia de exploração dos costumes locais, uma descrição prolongada dos hábitos comerciais da região.

A preocupação de Linschoten com o comércio aflora à superfície no texto mesmo quando está a descrever a vida privada no Oriente:

«Vários homens portugueses na Índia juntaram-se em casamento a mulheres nativas. Os seus filhos são amarelados, embora algumas mulheres sejam bastante bonitas. As crianças cruzadas não são assim muito diferentes dos portugueses, e, como os filhos de portugueses que nascem aqui também tendem a ser mais amarelados que os seus predecessores, na terceira ou quarta geração já não conseguem distinguir-se dos nativos. Negoceiam todo o dia em Bengala, Pegu, Malaca, Cambaia, China, e outras partes, tanto meridionais como setentrionais.»

Este capítulo é apresentado como uma descrição de códigos de conduta moral, mas a primeira página é toda sobre comércio. Só na segunda página é que Linschoten começa a descrever o estilo de vida que pode ser alcançado através deste comércio — uma vida que, obviamente, o autor admira e cobiça.

«Os portugueses, misturados e cristãos, tomam com a sua família magnificentes cuidados. Têm geralmente de dez a vinte criados, dependendo dos seus meios. Os que se casam têm as suas casas magnificamente decoradas e mobiladas, e com abundância de fineza na roupa interior. Vestem-se sempre ricamente para sair de casa, e são de extrema cortesia uns com os outros, usando saudações repetidas e quebras dos rins e beijos nas mãos, e mais ainda quando vão à missa, onde os seus criados lhes preparam os assentos, e todos os que já lá estão dentro se levantam quando um entra de novo, e todos repetem as suas saudações.»

Depois o autor fixa a atenção nas mulheres. Pela sua descrição, precisam de ser sempre muito bem guardadas.

«Em todo este Oriente [português] **o ciúme dos homens pelas suas mulheres e filhas é muito grande e não deixam ninguém vê-las, excepto quando as famílias passam tempo juntas com os filhos nalgum pomar, sempre com um grupo de escravos ou soldados estacionados por perto para os guardarem. Assim que os rapazes** [nas famílias portuguesas] **fazem quinze anos, são mudados para aposentos próprios, longe das**

mães e irmãs, sendo isto devido à enorme e estranha lascívia destas mulheres, que desencadeia actos assaz constantes de incesto que levam a muitas crianças serem mortas quando descobertas no acto, ou a maridos enraivecidos matando as esposas no seu ardor cego. Há poucas mulheres casadas que mantenham a sua moral e castidade, & que não tenham um rufia entre criados e soldados, ou até mercadores, para divertimentos que ninguém pode impedi-las de ter, pois que muitas vezes usam ervas para estes propósitos. Há mesmo um sumo chamado *Dutroa* que dão aos maridos & mergulha-nos num estupor ou sono profundo como se tivessem perdido completamente os sentidos, e qualquer um os julgaria mortos, durante cujo tempo as mulheres fazem o que querem, sendo que este tempo demora 24 horas. A única forma de acordar os homens destes transes é lavar-lhes os pés com água fria, mas mesmo assim não conseguem lembrar-se de nada do que aconteceu durante o seu sono.»

O nosso homem nos Açores

Finalmente, o arcebispo protector de Linschoten morreu numa viagem a Lisboa, deixando o seu séquito de Goa de mãos vazias e sem possibilidades de avanço nem financeiro nem profissional. Nesta altura Linschoten parece ter ficado de repente com tantas saudades de casa que aproveitou a primeira ocasião para voltar à Europa numa frota portuguesa de seis naus.

Esta frota aportou em Santa Helena para ir buscar provisões. Nesta paragem, Linschoten encontrou um velho camarada dos tempos de Lisboa, um outro aventureiro holandês chamado Gerrit van Afhuysen, que fizera uma viagem a Malaca e estava agora de regresso a casa. Os seus barcos partiram juntos para os Açores, mas logo a seguir tiveram problemas com uma frota inglesa, o que os obrigou a irem ancorar diante da Terceira no dia 22 de Julho, embora fosse considerado «**extremamente perigoso**» fundear aí nesta altura do ano. E foi mesmo: no dia 4 de Agosto uma tempestade terrível assolou a frota ancorada, e fez naufragar o barco de Malaca. Afhuysen pediu a Linschoten que ficasse com ele para o ajudar na tentativa de recuperar o espólio afundado utilizando mergulhadores «**e todos os outros meios necessários,**

considerando a riqueza levada para o fundo do mar, da qual teremos então parte». Linschoten aceitou, e depois acabou por ficar mais dois anos nos Açores. O governador local simpatizou com ele, e autorizou-o a explorar a ilha utilizando os seus próprios cavalos. A esta circunstância devemos agora uma descrição muito completa da Terceira, e um relato de todas as ocorrências nos Açores até ao fim de 1591, incluindo revelações sobre as expedições inglesas que vinham capturar barcos portugueses e espanhóis de regresso do Oriente.

Em 1592 Linschoten voltou finalmente a Lisboa, tratou dos seus assuntos, e embarcou num barco que ia partir de Setúbal para a Holanda. Regressou à casa de Enkhuizen depois de uma ausência de quase treze anos. Encontrou «**minha mãe, irmão e irmã todos de boa saúde**», mas só então ficou a saber que o pai morrera pouco depois da sua partida para Sevilha.

O explorador

A publicação da narrativa das viagens de Linschoten foi completada na Holanda em 1596. No entretanto, o nosso viajante não se tinha propriamente entregue aos encantos do lar depois da longa jornada, reflectindo e escrevendo memórias à lareira. Muito pelo contrário.

Em Setembro de 1592, quando o barco de Setúbal ancorou em Texel, o projecto de procurar um caminho mais curto para a Índia através da costa da Ásia (uma passagem já há muito descoberta, e logo a seguir abandonada, pelos ingleses) tinha amadurecido na cabeça de um comerciante enérgico chamado Balthazar de Moucheron, residente em Zeeland (ainda se lembram? O sítio onde Oudemans encontrou o baixo-relevo do Dodó que até aí se pensara ser uma avestruz e que na realidade era um Solitário). Moucheron já negociara por muitos anos na costa norte da Rússia. Em fins de 1593 comunicou o seu projecto ao general dos estados e ao príncipe de Orange (estão a ver? O Maurice de Nassau que em breve mandaria Van Neck para a ilha do Dodó, que a partir de então teria o seu nome), e pediu-lhes apoio. Equiparam-se três barcos pequenos para uma viagem de descoberta. Um partiria de Middelburg, outro de Amsterdão, e outro de Enkhuizen. Um dos promotores do esquema era um negociante hábil e treinado nestas lides chamado Francis Maelson, que anos antes conhecera Linschoten em Lisboa e estabelecera amizade com ele. Estava feito: Linschoten volta a entrar em cena como superintendente do navio que vai partir de Enkhuizen.

Os três barcos deixaram Texel em Junho de 1594, e voltaram em Setembro do mesmo ano. O barco de Amsterdão não tinha grandes novidades palpitantes a relatar, depois de ter navegado ao longo da costa oeste de Nova Zembla, passado o cabo Nassau, tentado a partir daí lutar contra o gelo, e finalmente desistido e voltado para trás. Mas os outros barcos vinham com melhores notícias. O de Enkhuizen e o de Middelburg tinham alcançado o mar de Kara, e encontrado, bastante para lá dos Estreitos, um caminho aberto para o norte.

Linschoten contou em pessoa as suas descobertas a Maurice de Nassau, e também ao chefe do Governo. Estava firmemente convencido de ter descoberto a passagem pelo norte para a Índia e para a China, e conseguir contagiar uma grande parte dos seus compatriotas com o seu próprio entusiasmo. No ano seguinte equiparam-se sete barcos para seguirem este caminho, e Linschoten foi nomeado um dos dois chefes comissários.

Desta vez os barcos nem conseguiram alcançar o mar de Kara devido ao gelo. O general dos Estados decidiu não fazer mais explorações destas à conta do erário público. Ainda houve uma terceira tentativa, financiada integralmente pelo sector privado e sem a participação de Linschoten. Acabou com um pesadelo de Inverno horrível e com a morte do comandante.

O consultor

Pouco antes de a segunda expedição holandesa rumar ao norte, Maurice de Nassau enviou para a Índia a primeira frota holandesa, seguindo o caminho utilizado pelos portugueses. Como o grande trabalho sobre a Índia escrito por Linschoten só ficou publicado na íntegra em 1596, poderia até parecer que esta manobra colonial não teve nada a ver com a publicação desse livro. Puro engano.

A parte do trabalho de Linschoten que continha o seu «*Directório Náutico*», a peça mais importante no que respeita à navegação e a fonte de informação mais preciosa que os holandeses podiam extrair dos portugueses, já estava impressa em 1595. É claro pelo estudo dos diários dos que se encontravam a bordo desta primeira viagem holandesa para a Índia que toda a gente usou o livro de Linschoten para deduzir direcções e linhas de orientação. Além disso, é evidente que o caminho a percorrer depois do Cabo foi escolhido segundo instruções de Linschoten, e é muito provável que várias conversas directas com o autor tenham sido de grande utilidade para os promotores. Os governantes holandeses tinham estipulado que os barcos holandeses deviam tanto quanto possível evitar conflitos com os portugueses, e procurar estabelecer um intercâmbio amigável com os nativos que encontrassem. Acontece que Linschoten já tinha indicado a importância do comércio com Java, salientando que nesta ilha «**um homem pode comerciar sem incómodos, porque os Portugales não vêm para aqui, porque grandes números dos de Java vão eles próprios a Malaca vender o seu comércio**».

Bom, também acontece que Linschoten se enganou ao depreender que os portugueses não viriam até Java. Quando os holandeses chegaram a Bantam, a causa principal do seu falhanço inicial em encetarem logo actividades comerciais foram os mercadores portugueses que já operavam a partir da cidade. Apesar deste desapontamento preliminar, o sucesso das viagens holandesas subsequentes provou que Linschoten não podia estar mais cheio de razão quando orientou os interesses comerciais dos seus compatriotas para Java. A escolha desta ilha para quartel-general foi indisputavelmente um factor decisivo na ascensão rápida dos holandeses no Índico.

Mais ainda, a publicação em 1599 do «*Itinerário*» completo de Linschoten foi fundamental para revelar à Holanda que o império oriental dos portugueses estava a começar a apodrecer, e que qualquer potência recém-chegada suficientemente enérgica teria todas as probabilidades de suplantar os pioneiros europeus no Oriente. Quem é que estava interessado nisto? Deixemos a carreira do «*Itinerário*» falar por si. Em 1598 já existiam traduções inglesas e alemãs. Em 1599 saíram duas versões em latim, uma em Amsterdão e outra em Frankfurt. Seguiu-se uma edição francesa em 1599.

A memória

Este ano de 1599 deve ter sido o das maiores febres de navegação na Holanda. A Companhia das Índias Orientais de Amsterdão equipou oito barcos que rumaram a leste em Fevereiro, seguidos de mais três que partiram em Maio. A 8 de Julho, voltaram os três primeiros da frota inicial de oito. Foram logo aliviados da carga, e receberam ordens para voltar a partir imediatamente. Ao mesmo tempo, um grupo de comerciantes da cidade de ascendência flamenga formou uma nova Companhia, que preparou quatro barcos para partirem em Dezembro, acompanhados de mais quatro da outra Companhia. Estes oito barcos voltaram dois anos mais tarde, recheados de ouro e riquezas. Mas, ainda antes de voltarem, a nova Companhia equipou ainda mais dois barcos, a que a outra Companhia juntou ainda mais seis. Esta expedição partiu em 1600 sob o comando de Jacob van Neck, que já ia para estas águas pela segunda vez. Como já todos sabemos, foram estes os barcos que selaram o destino do Dodó.

Esta sucessão de sucessos incendiou os espíritos dos mercadores dos Países Baixos. Só as duas Companhias de Amsterdão, não contando com outras que apareceram um pouco por todos os portos, fizeram partir mais quinze barcos em Abril de 1601. No ano seguinte, houve três que regressaram «**cobertos de riqueza**». No entanto, também tinham notícias de baixas, prisioneiros, pilotos mortos, e muitos mais «**insultos**».

Era difícil ignorar a origem destes «**insultos**». Enraivecidos com a competição de um punhado de mercadores, os espanhóis, que na altura detinham a posse do império oriental português, tinham armado uma frota poderosa para surpreender os barcos holandeses. Além disso, tinham enviado emissários a todas as cortes indianas, denunciando estes novos mercadores, que descreviam como piratas sem fé e sem honra. Informado das injúrias sofridas pelos seus barcos, o general dos Estados tomou a decisão de oferecer a partir daí uma comissão sólida e regular a todos os que participassem nas viagens para a Índia, autorizando-os não só a defenderem-se como até a desencadearam os ataques, e incentivando-os a tratar como inimigos todos os que pudessem «**perturbar o seu comércio**».

Logo a seguir a esta decisão, um comandante holandês chamado Jacob Hemskerk atacou uma nau portuguesa que regressava da China «**ricamente carregada e equipada com mais de setecentos homens**». Embora se dissesse que os vencedores tinham usado «**moderação**», e se publicassem de ambos os lados várias cartas oficiais garantindo a pés juntos que o seu único objectivo era «**comércio pacífico**», nunca mais voltou a haver navegação pacífica de barcos europeus nas águas do Índico.

A aventura colonial da Europa já acabou há muito tempo. Mas, enquanto retrato colorido da Índia portuguesa no fim do século XVI, o «*Itinerário*» de Linschoten continua a ser uma delícia.

5.3.2 — OS FRANCESES

Ah! Chegámos finalmente à viagem de Leguat, o livro que nos forneceu a maior parte do conhecimento que hoje temos sobre os hábitos de vida do Dodó, inferidos a partir dos hábitos de vida do seu primo Solitário; e também o único texto que nos revela em toda a sua pujança a verdadeira face da História Natural das Mascarenhas antes de a colonização europeia ter encetado a delapidação sistemática dos seus ecossistemas e habitats. Leiam com atenção. É uma história que merece fazer-nos reparar nos mais ínfimos dos detalhes.

Como já vimos no capítulo II, em finais do século XVII houve em França um levantamento dos protestantes huguenotes contra a maioria católica. Muitos huguenotes foram massacrados pelas suas convicções heréticas, e outros tantos foram mandados para o exílio. De entre os exilados, houve um grupo que chegou aos Países Baixos em 1689, onde lhes foi oferecido o sonho da cedência de uma qualquer ilha deserta, tão longínqua quanto possível, onde pudessem ir estabelecer uma colónia e viver em paz longe dos olhos do mundo.

Segue-se a história da missão impossível.

A saga completa

Sabemos pouco sobre os primeiros anos da vida de François Leguat, que era filho de Pierre Le Guat e nasceu uns cinco ou seis anos antes das mortes do cardeal Richelieu e do seu soberano Louis XIII. Passou-se isto algures entre 1637 e 1638 numa pequena província francesa chamada Bresse, entre os cursos confluentes do rios Ródano e Sona. Não sabemos como é que este rapaz se tornou huguenote. Sabemos apenas, porque é ele quem nos diz, que, já depois de ter feito cinquenta anos, a revogação do Decreto de Nantes em 1685 o forçou a escolher o exílio. Como muitos dos seus companheiros de fé e de destino, refugiou-se na Holanda em 1689.

Por esta altura, um aspirante a diplomata, filho de um oficial de marinha famoso, que respondia por marquês du Quesnes, estava a projectar o estabelecimento de uma colónia de refugiados protestantes franceses na Réunion. Para isto contava já com o beneplácito do general dos Estados e dos directores da Companhia das Índias Orientais Holandesas. A ilha ainda era referida muitas vezes apenas pelo nome vago de «Mascarenha», mas Du Quesnes decidira rebaptizá-la com um nome muito mais sugestivo: chamara-lhe Éden, e publicara ele próprio uma descrição cintilante deste Paraíso longínquo que parecia fazer todas as honras ao seu novo nome. Foi o estilo romântico de Du Quesnes que incitou o espírito de muitos refugiados e os fez decidirem-se a tentar a sorte num sítio desconhecido para lá do mar, e embarcarem nos dois navios que o marquês fretara para o efeito.

Os candidatos a colonos ainda estavam em terra, em Amsterdão, quando Du Quesnes descobriu com grande espanto que afinal o seu Paraíso fora reanexado pela Companhia das Índias Orientais Francesas em 1674, e que um esquadrão acabava de receber ordens para avançar para a ilha. Como nem o marquês nem ninguém na Holanda estava interessado em incidentes diplomáticos com o Governo francês, o esquema do Paraíso huguenote foi imediatamente abandonado. Em vez dos dois barcos iniciais, o homem que impulsionou esta estranha jornada contentou-se antes com uma pequena fragata chamada La Hirondelle. O comandante, um tal de Monsieur Valleau, recebeu instruções para explorar as ilhas do grupo, e descarregar o seu fardo humano na primeira que encontrasse deserta. Escusado será dizer que esta mudança de planos nunca foi comunicada ao bando de aventureiros heréticos, que embarcaram ainda na convicção de terem como destino a ilha do Éden, o Paraíso Terrestre dos seus sonhos.

E foi nestas circunstâncias nada promissoras que a expedição partiu de Texel a 10 de Julho de 1691.

A descrição do Paraíso

Pela descrição que Leguat nos faz do livro de Du Quesnes, não é difícil perceber por que é que os huguenotes franceses estavam tão excitados com a ideia de quebrarem todas as amarras com as turbulências da Europa, embarcarem numa fragata, e irem construir um Paraíso feito à sua imagem e medida numa ponta de terra emersa algures num mar desconhecido. Escapariam finalmente às perseguições religiosas, e poderiam viver em paz segundo as suas próprias regras, numa experiência sociológica que ainda nunca ninguém levara com sucesso até ao fim. E, em culminação perfeita da sua felicidade, iriam fazer esta experiência maravilhosa num lugar que lhes era descrito como um oásis de perfeição absoluta. Isto era o que Leguat escrevia antes da partida:

«**Outros já lá desembarcaram, e acharam-na tão excelente e bonita que a descrevem como uma espécie de Paraíso Terrestre, e dão-lhe o nome de Éden, ou seja, a Terra das Delícias. Nenhum viajante fez antes menção a outras terras onde o Ar é mais saudável que nesta Ilha. Há uma abundância bem conhecida de pessoas doentes que foram à sua costa e recuperaram a Saúde em pouco tempo. O Céu está sempre limpo; as Exalações da Terra, bem como das Plantas Aromáticas e Flores, de que está coberta, perfumam o Ar, e libertam um Espírito balsâmico, tão saudável quanto agradável.**»

A abundância é uma palavra-chave nesta descrição:

«**A abundância de Nascentes que se encontram nesta Ilha, é uma das suas Raridades. A água é clara e saudável, e nalgumas delas é Purgativa. Destas Nascentes correm Ribeirinhos, e mesmo alguns rios, que irrigam todas as Planícies, e estão tão cheios de Peixes, afirmam os Viajantes, que quem os atravessa escorrega muito, mal conseguindo endireitar-se tal é o número de Peixes. Há vários Lagos, e um de entre eles com tanta abundância de Nascentes que sete grandes Ribeiros correm dele para uma Planície muito vasta e rica.**»

Outro tema recorrente é a ausência de maldade:

«Não há lá nenhuma Criatura venenosa, nem na água, nem na Terra firme; enquanto que quase todas as outras Terras estão cheias de Cobras, e Animais dessas sortes, com Ferrões ou Dentadas perigosas, senão mortais. Afirma-se a mesma coisa das suas Plantas e Frutos.»

E todas estas criaturas amigáveis podem ser de grande utilidade à raça humana:

«Nada direi das admiráveis Conchas que se apanham nestas Praias, nem do Coral e Âmbar virgem que aqui se encontram, embora sejam ambos coisas muito úteis e valiosas. Mas devo declarar que o Mar está cheio de Peixes, e que só as suas Tartarugas bastariam para sustentar os Habitantes com abundância e delícia. Há vastos Números delas: a sua Carne é muito delicada; a Gordura melhor que Manteiga ou o melhor Óleo, para todo o tipo de Molhos. Este Óleo de Tartaruga, porque não coagula como os outros Óleos, é um excelente Remédio para muitas Destemperanças. Algumas das Tartarugas de Terra carregam um Homem com mais facilidade que um Homem poderia carregá-las.»

Ah, doce visão de potencialidades sem fim.

«As Florestas não são tão espessas que o Homem não possa atravessá-las, e a Sombra não impede os Frutos de amadurecerem. Há abundância de Cedros, de Ébano, de Madeira para uso do Carpinteiro, Palmeiras, Tanchagens, Laranjas, Limões, etc. Podemos nomear 20 outras árvores que dão frutos bons para comer, e a variedade dos seus sabores é suficiente para contentar todos os Homens, pois aqui existem o Aloes, o Indigo, Abóboras, Melões e Melancias, Pepinos, Couves das Caraíbas, Feijões, Alcachofras, e uma centena de outras plantas. Frutos e Raízes desta natureza crescem naturalmente por toda a parte. A razão é que possui um Solo excelente, e o Pai da Natureza tornou-o admiravelmente frutuoso.»

Em todas as passagens citadas até agora, Leguat está a estudar o livro de Du Quesnes, e todos os outros relatos de viajantes a que conseguiu deitar mão, para nos oferecer o seu hino fervoroso às belezas do Éden enquanto prepara o objectivo específico de estabelecer lá uma colónia. As passagens seguintes estão cheias de detalhes práticos que mostram bem a quantidade de zelo que foi investida nesta preparação minuciosa da colonização do Paraíso. Leguat debate os tipos de sementes que melhor poderão vingar na ilha, a melhor forma de transportá-las sem que apodreçam, os melhores solos para as plantações, as melhores formas de limpar, irrigar e fertilizar esses solos. Nomeia todas as ervas aromáticas que poderão ser utilizadas na cozinha, e debate a possibilidade de plantar vinhedos europeus numa das encostas mais soalheiras. Lista as variedades de animais domésticos que «**já foram introduzidos pelos portugueses**», se tornaram entretanto selvagens, mas poderão voltar ao controlo humano; e a seguir reflecte sobre as melhores novas espécies animais que deverão ser introduzidas. Depois faz uma listagem exaustiva de todas as aves exóticas que já foram descritas na ilha (referindo a certa altura um tal de «**pavão gigante**» que deverá ser o Dodó branco), notando que muitas delas são de grandes proporções e não fogem dos caçadores, pelo que mesmo que a criação de gado falhasse por completo nunca faltaria carne aos colonos — haveria até o recurso «**aos Morcegos, cujos corpos aqui são maiores que os de uma Galinha, e a carne deles é muito agradável de comer, quando um Homem ultrapassa a Aversão que lhes tem que se deve unicamente ao Preconceito**». Até planeia antecipadamente como combater pragas de pardais e lagartas. E conclui com a frase final de Du Quesnes:

«**Seja como for, é certo que a ilha do Éden é suficientemente Extensa para acomodar com facilidade uma longa descendência de gerações, seja de que colónia for que aqui se instale.**»

Não admira que os huguenotes quisessem tanto constituir essa colónia.

A expedição minguante

Quando Leguat entrou na aventura, ainda nada se sabia do regresso dos franceses a Réunion.

«**Dois grandes barcos foram equipados em Amsterdão, e a bordo deles todos os Protestantes Franceses que quisessem ir para esta Colónia eram recebidos Grátis. A descrição desta Ilha, que se tornou pública nessa altura, e o nome de Éden que lhe foi dado por conta da sua Excelência, fizeram-me conceber dela tão boa opinião que decidi fazer-lhe uma Visi-**

ta. Era muito fácil para um Homem entrar para esta Colónia; e a Ideia da Calma e do Prazer que esperava usufruir nesta Ilha encantadora era tão bela, que ultrapassei todos os Obstáculos que encontrei no meu caminho. Ofereci os meus préstimos aos Senhores que se ocupavam desta Empresa.»

Neste departamento Leguat fez de certeza um bom trabalho, porque pouco tempo depois estava nomeado superintendente de um dos dois barcos que iam originalmente rumar ao paraíso.

A ausência de mulheres no contingente final ficou aparentemente a dever-se às notícias perturbantes que chegaram à Holanda enquanto ainda estavam em curso os preparativos para a viagem, segundo as quais «**o Rei da França, que já antes tinha tomado posse desta Ilha, acabava de mandar um esquadrão de sete barcos de guerra naquele sentido**». Os huguenotes não sabiam mais que isto; mas isto era o suficiente para virem ordens superiores no sentido de desarmar completamente os navios para evitar incidentes diplomáticos. Este desarmamento condicionou logo a seguir o desembarque de «**todos os Bens e Necessários**» passíveis de atrair a cobiça de aventureiros e piratas. Estas condições depauperadas, por seu turno, acabaram por levar ao desembarque «**de muita Pobre Gente, que já vivera suficiente Miséria, para evitar expô-los a mais Perigos; a maior parte destes sendo Mulheres, e outras pessoas que não conseguiriam defender-se**». É possível que, nessa altura, o desembarque das mulheres não tenha parecido assim tão fatal para o projecto como isso: os huguenotes estavam a pensar mandar à frente um grupo pequeno de colonizadores corajosos, e só cerca de dois anos depois, quando os pioneiros tivessem «**um Conhecimento exacto da ilha**», mandar vir mais barcos carregados com os que «**tinham ficado para trás na expectativa**», para finalmente «**possuirmos por completo a Ilha do Éden**».

Entretanto os dois barcos encolheram para uma fragata pequena, e nessa altura houve quinze passageiros que «**pensaram melhor e mudaram a sua Opinião**», decidindo não arriscar a aventura edénica. Com os seus números agora reduzidos para dez, os seguidores de Leguat «**todos se entregaram alegremente nas Mãos da Providência**».

E foi assim que partiram.

O marinheiro piedoso

É claro no diário de Leguat que esta viagem foi difícil e amarga desde o primeiro dia, mas o autor fez tudo o que pôde para manter pensamentos positivos sobre a situação. Os capítulos seguintes do seu livro estão cheios de meditações piedosas, descrições detalhadas de todos os fenómenos naturais e de todas as espécies animais encontradas no mar (onde muitas criaturas, das baleias às alforrecas, tão depressa são designadas por «**Monstros do Mar**» como por «**Prazeres do Mar**»), tiradas panfletárias contra os hábitos rudes e imorais dos marinheiros, e frequentemente esboços de polémicas imaginárias com «**aqueles que a si mesmo se chamam os filósofos da Natureza**», cheias de citações do Génesis e dos Salmos, e mais raramente de trechos clássicos, invocados em defesa das posições do autor. Todos estes textos estão permeados de uma fé inabalável, tão sinceramente piedosa e tão incondicionalmente confiante nos cuidados de Deus e nos «**Favores Divinos**» que é difícil acreditar que quem está a escrever é um homem em circunstâncias difíceis. Um bom exemplo são as considerações de Leguat sobre os peixes voadores, que vão organizando subtilmente uma metáfora para a precaridade da existência humana.

«**Estas pobres pequenas Criaturas, que podem ser tomadas como o Emblema do Medo Perpétuo, estão constantemente a voar para se salvarem, são muitas vezes capturadas nas Velas do Barco: voam enquanto ainda resta alguma Humidade nas suas Asas; que, assim que secam, se transformam de novo em Barbatanas; e são obrigados a voltar para a Água; se não fosse isto, o seu Medo é sempre tão grande que voariam até ao fim do Mundo.**»

Depois este quadro já pungente ainda piora, numa descrição do universo cruel onde os fracos são incansavelmente predados pelos maus:

«**Os Esforços que fazem para se tornarem Habitantes do Ar em vez da água, são para evitar a perseguição das Douradas e dos Bonitos, que estão em Guerra eterna com eles. Mas estes desgraçados Animais voam para fugir a um Perigo, e são imediatamente atacados por outro, pois os Pássaros cruéis são seus inimigos irreconciliáveis, e estão sempre à es-**

preita em grandes Bandos para os devorarem, assim que entram no novo Elemento, onde julgavam poder encontrar Asilo dos seus Perseguidores no Mar.»

E chega por fim a conclusão para a metáfora dos peixes voadores:

«**As Toninhas fazem a mesma Guerra com as Douradas, como estas fazem com os Peixes-Voadores, e isto dá-nos uma Imagem Verdadeira da Vida humana, que não é nada mais que contínuos Perigos, e onde o fraco comummente cai Vítima do forte.**»

Este tipo de vitimação é delicadamente ilustrado seis páginas mais adiante:

«**De Noite apanhámos um Pássaro parecido com um Pica-Pau, que voava todo o dia ao lado do nosso Barco; os Marinheiros mataram-no não tanto pelo prazer de o comerem, embora a carne valesse a pena, mas antes para o castigarem por ter afastado quatro andorinhas que nos seguiam anteriormente, e que todas as manhãs e todas as noites nos entretinham com Música tanto mais agradável quanto nos põe na mente imagens da querida Terra, que é tão amada por todos os Homens que velejam no meio do vasto Oceano.**»

A visão do Éden

É ao fim de longos meses deste viajar pensativo, numa altura em que o escorbuto, as febres e os excessos do clima já fizeram muitos estragos a bordo, que o que já parecia impossível acontece mesmo: uma ilha avistada à distância, depois de algumas semanas de navegação à deriva em total desnorte na sequência de tempestades e calmarias sucessivas, parece ser mesmo a verdadeira Réunion, o Éden tão longamente esperado.

«**Alegrámo-nos com Esperanças de que fosse a Ilha do Éden, e ficámos felizes com o pensamento de pisar a Terra que tanto desejávamos como o lugar designado para a nossa Habitação. O Vento parecia ter um Espírito de Contradição, e não nos deixava aproximar-nos, nem o Comandante assim o queria; no entanto, discutimos com ele o Assunto com tanta Obstinação que acabou por se chegar tão perto da Costa que pudemos então por inteiro vê-la, o que nos encheu de**

Surpresa e Alegria.»

Aquele lugar, de facto, parecia mesmo o Paraíso.

«Descobrimos várias Belezas neste País admirável... pudemos discernir facilmente a agradável mistura de Bosques, Rios e Vales esmaltados com uma encantadora Verdura. Se a nossa Visão estava perfeitamente deliciada, não o estava menos o nosso Olfacto; porque o Ar estava perfumado com um Odor Delicioso que ascendia da Ilha, e que agradavelmente derivava da abundância de Limões e Laranjas que aqui crescem. Este doce Odor impressionou-nos a todos... dizendo alguns que o Perfume nem os deixava dormir, e outros que estavam muito doentes ficaram tão embalsamados com ele que nos garantiram sentirem melhoras, como se já tivessem passado duas semanas em Terra.»

Pelo meio de todas estas emoções, e certamente porque é Leguat quem está a escrever, ainda há espaço para algumas considerações de ordem mais científica:

«Mr. Delon escreve que acredita que a razão pela qual não há Serpentes, Ratazanas, ou Insectos venenosos nesta Ilha, é devido ao grande número de Flores Odoríferas de que está coberta, que são um Veneno para estes Animais.»

A traição

Infelizmente, como a gente já sabia mas os huguenotes ainda não, Réunion não passará nunca de um sonho maravilhoso entrevisto do mar por homens consumidos pelo escorbuto: é com as colinas da Terra Prometida à vista que o comandante lhes revela ter ordens para não os deixar nem desembarcar por um dia.

«Embora acreditássemos que tinha Ordens Positivas para nos desembarcar nesta Ilha, e todos assim o exortássemos, ele respondeu que nunca tivera essa Intenção desde o Dia da partida; de facto, foi o puro acaso que o trouxe até aqui tão perto, porque quando avistámos a Ilha ao longe ele pensava estar a mais de quarenta Léguas de Distância. Dos seus motivos nada sei que não seja Conjectura.»

Mas imaginem o desespero e a raiva que lhe iam no coração, para, mesmo com toda a sua piedade de doçura, escrever as linhas seguintes:

«Infelizmente, mal consigo segurar a Caneta na minha Mão para dizê-lo: este Batoteiro, este Monstro, aproveitou-se da Condição Fraca em que nos encontrávamos, afastou-se da nossa Ilha lentamente, e velejou directamente para Rodriguez. A Tripulação do Barco estava toda do seu lado, e nós, passageiros, estando todos Doentes, não conseguimos obrigá-lo a executar o que acredito ainda ter sido a sua Comissão pois não poderia o Bom Marquês [Du Quesnes] **ter-nos traído. Estávamos tão doentes e perturbados, que consentimos o que não podíamos evitar. O Comandante tentou persuadir-nos que nos levaria para um lugar tão bom como o Paraíso que tanto amávamos, mas o Vento era tão contrário, que nos vimos obrigados a andar em Círculos de novo por mais um Mês. Um dos nossos Companheiros morreu diante da Ilha do Éden, que tanto tínhamos procurado. Não conseguiu resistir mais à Violência do escorbuto e da Opressão que o atormentava. É fácil imaginar como estávamos surpreendidos e perturbados.»**

Meu Deus, meu Deus. Por que nos abandonaste?

A segunda escolha

Talvez o comandante soubesse para onde ia, porque nessa altura Rodriguez já figurava nos mapas. Em Junho de 1638 até tinha sido reclamada para a Coroa francesa, num desembarque complicado pelos rochedos e pela extensão dos recifes de corais, que foi descrito com grande concisão pelo cronista François Cauche (o mesmo que «inventou» os Oiseaux de Nazareth do capítulo II):

«Desembarcámos e pusemos as armas da França no tronco de uma árvore, com o nosso barco ao largo no mar, não podendo ancorar por razão da profundidade; de forma que assim que as Armas do Rei estavam afixadas, os que o tinham feito voltaram a bordo, e partimos.»

Agora, depois de mais um mês de agonias redobradas, eram os huguenotes que viam Rodriguez emergir das ondas:

«Vista de longe, e depois mais perto, a ilha pareceu-nos bonita... e este novo Mundo parecia cheio de Delícias e Encantos. A sua Face era muito Bela. Não podíamos tirar os olhos das pequenas Montanhas, de que é quase completamente

constituída, e que estão ricamente cobertas por árvores grandes e altas. Os Rios que vimos correr delas irrigavam os Vales, de cuja Fertilidade não podíamos duvidar; e, depois de terem corrido por um formoso Planalto, caíam no Mar, mesmo diante dos nossos Olhos.»

Quando se tem fé, a fé nunca morre.

«**Admirámos os caminhos maravilhosos e secretos da Providência, que, depois de nos ter permitido vermo-nos arruinados em casa, nos trouxera até aqui através de muitos Milagres, e agora secava todas as nossas lágrimas, com a visão deste Paraíso Terrestre à nossa frente; onde, se quiséssemos, poderíamos ser ricos, livres e felizes; se desprezando as vãs Riquezas nos empregássemos na Vida de paz que nos era oferecida, para glorificar a Deus e salvar as nossas Almas.**»

Quando o comandante pôs um batel na água e perguntou quem queria ir a terra, «**todos se levantaram numa pressa, embora não houvesse um de entre nós que não estivesse doente**». Leguat, «**sendo mais velho por muitos anos que qualquer um deles, e consequentemente mais senhor de Mim**», escolheu ficar a bordo; e, «**estando cheio de não sei que mistura de Mágoa e Alegria, passei o resto do Dia em profundo Silêncio**».

O último adeus

Durante as duas semanas seguintes, com o Hirondelle ancorado na baía, começam-se sem qualquer hesitação os preparativos para o estabelecimento da colónia. Nem o comandante gostava dos huguenotes nem os huguenotes gostavam dele, pelo que as despedidas não foram exactamente harmoniosas.

«**Quando acabámos as Preparações para construirmos as nossas pequenas Casas, o comandante levantou âncora, depois de nos ter dado algumas das Provisões que trouxemos para a nossa Cidade, e de ter levado provisões frescas para bordo. Mandámos por ele cartas para os nossos Amigos na Holanda, onde lhe dávamos um Panegírico como ele merecia, mas não foi assim tão tonto que as entregasse, como soubemos depois, e de facto era de esperar dele.**»

Até nos bens que deixou na ilha M. Valleau parece ter metido a unha:

«O que nos deixou foi maioritariamente Biscoitos, Fuzis, e outras Armas, Pólvora e Balas, Instrumentos para a Agricultura e a construção das nossas Cabanas, tais como Pregos, Machados, Serras, Redes e Fios; em resumo, tudo excepto Drogas, que acredito que o comandante maliciosamente nos roubou.»

E ainda conseguiu fazer uma maldade mesmo na última hora:

«O piloto Peter Thomas, tendo discutido com o comandante, e temendo regressar com ele, resolveu-se a ficar na Ilha, e assim teria compensado em número a perda do nosso Companheiro que morreu diante do Éden, se o comandante, na Noite em que nos deixou, não tivesse levado dois dos nossos, de forma que só ficámos oito.»

A aldeia dos sonhos

Enfim, para o melhor e para o pior o Hirondelle lá desapareceu no horizonte. Nesta altura já os oito huguenotes, «**bem recuperados das Fadigas do Mar**», estavam ocupados a assentar arraiais no seu Paraíso de segunda escolha.

«Instalámo-nos perto do Mar... num Vale encantador, à vista de um grande Ribeiro, cuja água é clara e boa. Percorremos toda a ilha e escolhemos este Lugar como o mais Conveniente, e o que a Providência nos destinou, porque aqui nos conduziu primeiro.»

Cada um construiu a sua cabana, quer dizer — eram só sete no total porque «**MSS. Benelle e Boyer viviam juntos**»; e o texto seguinte abunda em passagens sobre este sonho edénico em construção.

«Peter Thomas escolheu viver numa pequena Ilha formada pelo Rio. Construiu aí a sua Cabana, e fez um pequeno Jardim com uma ponte Dupla. Era um Moço muito bonito, e costumava empoleirar-se sobre uma Árvore numa Inundação. Aí tocava Flauta ou cantava, ou conversava livremente com os seus Amigos. Era o único Homem da Companhia que fumava Tabaco: também era Marinheiro. Quando se acabou o Tabaco, começou a fumar folhas.»

Ou:

«A Cabana seguinte era de Mr. De la Haye. Era um Ferreiro, e tinha construído uma Forja, pelo que foi obrigado a

construir a Cabana maior que as outras. La Haye estava sempre a cantar Salmos, tanto quando estava a trabalhar como a caminhar.»

E é dentro deste estado de espírito que a Utopia vai ganhando forma.

«**As Cabanas eram de Dez ou Doze pés quadrados, mais ou menos, de acordo com o sentimento do Construtor. As Paredes eram feitas de Tronco de tanchagens, e as Folhas largas das mesmas árvores serviam para cobri-las. Construímos Paliçadas para cercar os nossos Jardins, da altura de um Homem e muito juntas: de tal forma que as Tartarugas não pudessem passar entre elas. Pois, como se pode imaginar, esta era a única razão porque precisávamos de fechar os nossos Jardins.**»

As experiências difíceis deram-lhes rapidamente lições valiosas de como colonizar apropriadamente:

«**A madeira das Árvores desta ilha é geralmente Dura. Fizemos esta observação ao construir as Cabanas: a Madeira que usámos para elas, ao fim de umas semanas de ser cortada, estava cheia de Vermes, até que, para evitar esta Inconveniência, deixámo-la flutuar três Semanas no Mar, e então os Vermes nunca mais vieram habitá-la.**»

Tendo-se resolvido estes problema, passou-se de imediato a desígnios mais grandiosos:

«**Perto de La Haye, do mesmo lado do Rio, e não muito longe da água, era o Hotel de Ville, ou, se preferem, o Lugar de Encontro da nossa República, cujos concílios principais diziam respeito aos Assuntos da Cozinha. Era aí que preparávamos os Molhos e os Pratos, mas comíamos debaixo de uma Árvore grande e alta... que nos proporcionava excelente Sombra, e nos defendia dos Raios escaldantes do Sol.**»

As colheitas

Depois de devidamente instalados, os huguenotes lançaram-se com fervor aos trabalhos agrícolas. Leguat começa por falar-nos de várias desilusões iniciais, que vão das sementes que acabaram por chegar encharcadas aos produtos inviáveis embarcados durante a escala no Cabo. Conta-nos que o pouco centeio que ainda conseguiram plantar deu umas espigas esfarrapadas quase destituídas de grão, pelo que «**tivemos que aceitar viver sem o Privilégio de comer Pão**». Também nos conta alguns outros insucessos registados no desabrochar das primeiras plantas. Sente-se soprar uma brisa de desalento. Mas, por fim, a terra começa mesmo a frutificar. E os homens vão aprendendo a tirar cada vez melhor partido dela.

«Os Melões de Terra brotaram quase sem Cultura, em abundância, prodigiosamente grandes, e com um sabor excelente. Não acredito que possam ser melhores em qualquer outro sítio, e descobrimos com a Experiência que tinham esta Qualidade rara, que mesmo que os comêssemos com certo Excesso, a seguir não nos acontecia qualquer Inconveniência. Usámo-los nos nossos Molhos, e eram admiráveis em todos.»

Quanto às melancias,

«Estão tão cheias de Água, que quando as comemos podemos facilmente passar sem Bebida: às vezes são tão grandes, que todos os Oito juntos não conseguimos comer uma delas.»

Bem,

«Não duvido de que se riam ao ouvirem-me falar da nossa pequena Cidade, mas o que era, pergunto-vos eu, a famosa Roma no seu Início?»

Oiçam:

«Tivessem estado Mulheres entre nós, daqui a 100 Anos, em vez de sete Cabanas teriam encontrado várias Paróquias.»

A angústia latente

Infelizmente, não estavam mulheres entre eles. E assim, embora a descrição que Leguat faz da ilha esteja cheia de passagens reverentes como

«o que é mais Notável, é que a maior parte das Árvores deste pequeno Éden são não só úteis ou necessárias para as Conveniências da Vida, mas também aprazíveis para os Olhos e para a Mente»,

a verdade é que essas mesmas passagens acabam muitas vezes em queixumes como

«que grande Lástima ser um Lugar tão delicioso em todas as Coisas, tão inútil para os habitantes do Mundo!»

A solidão extrema da vida num rochedo isolado, sem quaisquer perspectivas nem de calor conjugal nem de fogo sexual, aflora à superfície de forma subtil até no tom em que Leguat começa progressivamente a descrever a ligação física e emocional dos colonos ao seu meio ambiente. Quando encontramos um homem de uma religião tão devota e tão estóica a dar-nos conselhos sobre como ser «**um bom Marido para a nossa Árvore**», acrescentando que «**pelo que nos diz respeito, cumulámo-las de Carinhos e Atenções**», entendemos instintivamente que qualquer coisa na vida deste homem não está exactamente a ser nem gratificante nem confortável. Falta aqui qualquer coisa. E, só para chatear, a coisa que falta é exactamente aquela que torna as colónias viáveis.

Os oito huguenotes aguentaram o fardo desta falta o melhor que puderam, isso é indiscutível. Todos rezavam e louvavam a Deus. Leguat procurou refúgio na crónica minuciosa de todos os detalhes da vida natural em Rodriguez, oferecendo as suas próprias interpretações sempre que as suas leituras podiam dar-lhe alguma orientação, ou deixando questões em aberto onde quer que os hábitos do Novo Mundo não pudessem ser suportados pela estrutura de conhecimento do seu tempo, como em:

«**Deixo ao Leitor o cargo de adivinhar como é que estes Cocos, alguns dos quais pesam cinco ou seis libras, podem ser atirados para a costa de Rodriguez, e virem Léguas e Léguas pelo Mar sem Corrupção**»;

e, assim fazendo, permitiu a gerações de académicos de um tempo que ainda demoraria muito a chegar o acesso a uma fonte de informação preciosa sobre um habitat que já não existia quando o puzzle do Dodó começou a refazer-se. Mas o prazer foi nosso. Não foi dele. O texto que agora nos encanta está cheio de sinais de que uma vida assim tão dura não se suporta para sempre.

Os guardiões da chama

Leguat dá-nos muitas informações sobre como foi essa vida enquanto durou. É uma mistura absolutamente comovente de seriedade e dedicação.

«Todo o nosso emprego enquanto ficámos nesta Ilha era muito Insignificante, como pode facilmente ser imaginado; no entanto não podíamos viver sem fazer alguma coisa. A ma-

nutenção das nossas Cabanas e o cultivo dos nossos Jardins tomava parte do nosso tempo. Caminhar tomava outra parte. Íamos com frequência ao Sul da Ilha; não há nenhum Lugar que não tenhamos visitado com muito amor.»

As descrições destas visitas têm numerosos elementos de destruição por agência humana de um ecossistema criado para viver sem cuidados:

«Vão onde quiserem, e se não virem Caça, só precisam de atirar uma Pedra a uma Árvore, ou gritar tão alto quanto possam, e a Caça logo se oferece de todas as sortes, a qual podem abater apenas com um Pau ou Pedra. A Sorte deu-nos esta Experiência, porque quando caminhávamos juntos e nos metíamos nos Bosques, se um de nós se perdesse da Companhia, tínhamos que gritar muito alto para que ele pudesse ouvir-nos e vir juntar-se a nós. Ficávamos então assombrados com as incríveis quantidades de Pássaros que levantavam voo, e corriam de todas as partes em nossa direcção; a Providência por assim dizer fez-nos Matar e Comer, e só precisávamos de disparar um Fuzil, e assar o que matávamos para fazer uma Festa.»

E, sobretudo, por muito entediante e fastidiosa que fosse a sua vida, estes homens nunca deixaram de ser huguenotes devotos:

«Para voltar aos nossos Empregos, e à forma como passávamos essas horas de tédio, devo acrescentar, sem Gabarolice, que todos os dias exercitávamos a nossa Devoção. Aos Domingos fazíamos tanto quanto podíamos o que se pratica nas Igrejas Francesas, pois que tínhamos connosco uma Bíblia completa; alguns Hinos, um grande comentário ao Testamento, e vários sermões sobre a Velha Rocha, que eram Discursos muito sensatos. Nas Reflexões que às vezes fazíamos sobre Religião, estávamos sempre Alerta de uma forma extraordinária, para não nos deixarmos cair em qualquer forma de Prática, ou ter alguma Ideia que tendesse minimamente para a Superstição, a Peste mais perigosa e fatal da Cristandade. Sentíamo-nos muito Felizes, por nos encontrarmos unidos no mesmo Espírito, sem a falsa Sabedoria dos Sacerdotes, e o conhecimento Pernicioso dos Cultos, os Disputadores e Inovadores desta Idade, que já causaram a criação de tantas Seitas viciosas, e outras Desordens no Mundo Cristão.»

O pássaro gigante

Agora que já conhecemos bastante bem tanto as aventuras e desventuras dos huguenotes franceses como as idiossincrasias da prosa de Leguat, está na altura de nos focarmos na descrição precisa que o autor faz do Solitário. São passagens que já foram descritas como «**doces**» e «**gentis**», às vezes até «**românticas**». Independentemente do epíteto que cada um de nós possa preferir, este estilo é certamente muito diferente das peças cruas de prosa deixadas pelos marinheiros seus contemporâneos. Da pena do huguenote chega-nos um pássaro cavalheiresco, alto e digno, que tem muitas lições a oferecer aos humanos no que toca à integridade do seu comportamento:

«**Os Machos nunca expulsam as Fêmeas, apenas quando sentem a presença de algum Intruso fazem um barulho com as Asas para chamar a Fêmea, e é ela que expulsa o Estranho se não for Bem-Vindo, sem o deixar em paz até ele estar fora da sua Área. A Fêmea faz o mesmo aos outros Machos da sua Espécie, que empurra para o seu Macho, e ele expulsa-os da área. Isto eu vi muitas vezes e afirmo ser Verdade. Os Combates entre eles nestas alturas duram por vezes muito tempo, porque o Estranho só vira costas, mas não se vai embora; no entanto o Dono não lhes dá tréguas até eles terem saído dos seus Limites. Depois de estes Pássaros terem criado o seu único Filho, e depois de o terem deixado entregue a si próprio, mantêm-se sempre juntos, e embora por vezes se misturem com outros Pássaros da mesma Espécie, o Casal nunca se desfaz. Já notámos com frequência, que, alguns dias depois de o Jovem ter deixado o Ninho, uma Companhia de Trinta ou Quarenta Pássaros traz até ele um outro Jovem, e este novo Pássaro vem com o seu Pai e a Sua Mãe, e o restante Grupo, e todos se juntam no mesmo Lugar. Seguimo-los muitas vezes, e descobrimos que a seguir os mais velhos se retiram a sós, ou em Casais, e deixam os dois Jovens juntos, ao que chamamos um Casamento.**»

Leguat está consciente de que esta passagem vai arquear as sobrancelhas de muitos leitores, mas já tem a resposta e o comentário prontos:

«**Esta Particularidade tem em si algo que a faz parecer fabulosa, mas mesmo assim eu afirmo que é a verdade sincera,**

e que mais que uma vez a observei com Cuidado e Prazer: nem podia eu proibir a minha mente de se entreter com várias Reflexões nestas Ocasiões. Recomendo aos Homens que aprendam com as Bestas. Congratulo os meus Solitários por se casarem novos (um dado de sabedoria praticado pelos Judeus), por satisfazerem a Natureza numa idade adequada, e conforme com as intenções do Criador. Admirei a Felicidade desses Pares inocentes e fiéis, que viviam com tanta paz em Amor constante: disse a mim próprio, se pudéssemos restringir o nosso Orgulho e Extravagância, se os Homens fossem ou tivessem sido tão sábios como estas Bestas, para o dizer de uma vez, casar-se-iam como o fazem estes Pássaros, sem qualquer Pompa ou Cerimónia, sem Contratos nem Conjecturas, sem Porções nem Acordos, sem Meu nem Teu, sem estarem sujeitos a nenhuma Lei, sem nenhuma Ofensa, com o que se encontrariam cumulados de prazeres, e o bem comum muito beneficiaria; porque as Leis Divinas e Humanas são apenas precauções contra as desordens da Humanidade.»

Ora tomem.

O homem gentil

Assim se passaram dois anos.

E nasceu por fim um dia em que os huguenotes já não conseguiam tolerar mais a estranha vida que tinham.

O que fizeram a seguir toca uma vez mais as raias do impossível: vieram para a praia construir uma jangada, atiraram-na às ondas do Índico, e conseguiram alcançar a Maurícia. Esta proeza é só por si tão inacreditável que bastou para congregar muito do descrédito inicial em torno da veracidade do que vinha narrado no «*Voyages et Aventures*». Só em 1886 é que a fome e a sede subsequentes aos estragos de um grande ciclone empurraram os habitantes de Rodriguez a enfrentar com sucesso este trecho de mar num barquinho aberto, e só nessa altura é que o mundo se sentiu à vontade para acreditar em tudo o que o huguenote francês tinha escrito. A esta restauração de confiança seguiu-se a reedição do «*Voyages*» em 1891 pela Hakluyt Society, e se não fosse essa reedição não teríamos agora matéria-prima para ir explorar outra vez a saga do Dodó. Dá-nos uma boa medida do desespero que empurrou estes homens para a fuga. A fé move montanhas. E a solidão faz-nos triunfar sobre as ondas.

Mas este, no entanto, foi um triunfo que os fugitivos pagaram muito caro. Na Maurícia, que na época não passava de um entreposto holandês de condenados, o governador tratou-os com a maior das crueldades e não menor grau de injustiça. Foram aprisionados numa ilhota minúscula de rochedos abruptos a grande distância da costa, e ao tentar escapar dali o pobre senhor La Haye morreu miseravelmente. Os sete sobreviventes acabaram por conseguir fazer chegar à Europa notícias do seu destino trágico, depois do que foram remetidos para a Batávia, mas ainda de pés e mãos agrilhoados. Desembarcaram na cidade em Dezembro de 1696, e foram imediatamente atirados para a cadeia. Depois foram examinados por vários meses pelo Conselho Holandês, num processo morosíssimo que finalmente os ilibou de toda e qualquer suspeita de traição ou malevolência, mas não lhes trouxe qualquer compensação por perdas e danos, nem morais nem materiais. Só em Maio de 1698, depois da proclamação da paz de Ryswick, é que Leguat e mais dois companheiros, os únicos sobreviventes do grupo de origem, aterraram em Flushing mais mortos que vivos.

Neste período estavam multidões de refugiados religiosos franceses a assentar arraiais na Inglaterra, como eloquentemente descreve o amigo de Leguat, Henri de Valbour Misson, numa carta datada de 1697-98:

«Os Protestantes Franceses que fugiram para a Inglaterra são em tal número e estão tão espalhados por todo o País, que é impossível sequer tentarmos adivinhar o seu Número. Além dos onze Regimentos que são feitos só dos seus Homens, há-os em todas as Tropas. Um vasto número de ambos os Sexos foi servir para casas de Famílias Inglesas; de tal forma que dificilmente há uma Casa onde não se encontre um da nossa Nação. Muitos montaram Indústrias no campo e Igrejas ao mesmo tempo: de presente há 22 Igrejas Francesas em Londres, e cerca de cem Ministros.»

Leguat seguiu este fluxo e migrou da Holanda para a Inglaterra, onde parece ter-se estabelecido para o resto da vida. Tinha então sessenta anos. E foi já enquanto septuagenário que finalmente viu ser dado à estampa o seu «*Voyages et Aventures de François Leguat et de ses Compagnons en Deux Isles Desertes des Indes Orientales. Avec la Relation des Choses les plus Remarkables qu'ils ont Observées dans l'Ile Maurice, à Batavia, au Cap de Bon Esperance, dans L'Isle de Sainte Hélène, et dans d'Autres Endroits de leur Route. Le Tout Enrichi de Cartes et de Figures*». Os primeiros exemplares apareceram em Londres, simultaneamente em francês e em inglês, enquanto que uma edição francesa saía em Amsterdão, logo secundada por uma versão holandesa em Utrecht. Estas edições originais foram sucedidas em pouco tempo por traduções alemãs impressas em Frankfurt e Leipzig em 1709. Apareceu outra versão francesa em Londres em 1720, e em 1792 seguiu-se-lhe uma versão resumida. Ainda se seguiu uma edição mais sumarizada, com o título «*The French Robinson*», e mais outra foi preparada mas nunca publicada em 1846.

Este episódio tardio de não publicação, registado mais de um século depois das primeiras datas de edição, deve muito provavelmente ter resultado das dúvidas crescentes que entretanto se foram acumulando sobre a autenticidade das histórias naturais e humanas que Leguat nos contou no «*Voyages*». Mas, no início, se estas dúvidas já existiam não parecem ter afectado minimamente o sucesso nem do livro nem do seu autor. O «*Voyages*» foi bem recebido, e laureado com várias críticas favoráveis na imprensa literária da época, catapultando Leguat dos farrapos de um exilado miserável para os brocados dos salões mais bem frequentados do seu tempo, onde chegou a fazer amizade com figuras tão influentes na vida científica como o barão suíço Albrecht von Haller, o calvinista que fundou a fisiologia moderna. Pelo que sabemos dos registos, o homem que tentou fazer o Paraíso descer à Terra em Rodriguez alcançou a idade venerável de 96 anos antes de morrer em Londres em Setembro de 1735. A palavra «**Providência**» aparece na primeira e última páginas do seu livro, e muitas outras vezes no entretanto. A sua fé inabalável nas Escrituras deu-lhe a confiança no apoio divino que lhe sustentou a dignidade durante longos anos de exílios cada vez mais demorados e mais dolorosos. Quando voltou destes ordálios era um velho tão calmo e compassivo como o homem que partira rumo ao Éden, e depois ainda teve espaço para se transformar num escritor famoso e para morrer quase centenário em segurança e com conforto, embora ainda longe do seu país. As suas ossadas nunca foram devolvidas à França. Que descanse em paz.

5.2.4 — OS INGLESES

A fundação da East India Company, mesmo no fim do século XVI, marcou o culminar de inúmeros esforços por parte dos comerciantes ingleses para se apoderarem de uma parte substancial do comércio marítimo entre o Ocidente e o Oriente. Durante os últimos cem anos, esses mesmos comerciantes, bem como políticos ou patriotas destacados da veia de Richard Hakluyt, tinham sublinhado uma vez e mais outra a necessidade de se encontrarem depressa mercados novos para os produtos britânicos, especialmente para os têxteis, que eram então a exportação mais importante do país. O campo de ataque mais promissor parecia logicamente residir nas praças asiáticas, com as suas variedades de clima, as suas vastas populações, e, claro — uma premissa que era totalmente inquestionada logo à cabeça — as suas enormes riquezas. Na viagem de regresso, as cargas de especiarias tornariam os lucros ainda maiores, uma ideia que fazia a Ásia ainda cada vez mais apetecível. E foi assim que se ruminaram muitos esquemas, e que outros tantos barcos foram deitados ao mar, à procura de uma âncora firme no Oriente mitológico.

Os grandes incentivos

Durante a maior parte do século XVI, a maioria destes esforços centrou-se directamente na tentativa de descobrir um caminho marítimo para a Índia mais curto e menos perigoso que o que as caravelas portuguesas descreviam à volta de África, e que Portugal reclamava como sua propriedade exclusiva. Em resultado, gastaram-se muitas libras, e muitíssimas vidas humanas, na procura de passagens através do Noroeste americano, ou via nordeste através da Sibéria. Quando estas esperanças começavam a arrefecer, houve vários incidentes que coincidiram na hora certa para mudarem radicalmente a cena política e militar europeia, e em consequência o papel da Inglaterra no xadrez colonial.

Em 1580, um monarca espanhol conseguiu finalmente fazer o que vários outros gostariam de ter feito. Aproveitando-se um momento de excepcional fragilidade em Portugal, causado em partes iguais pela administração desastrosa dos lucros na Índia e pelo estado de pandemónio moral e dinástico que se seguiu à morte de D. Sebastião em Alcácer Quibir, Filipe II de Espanha, o tio do nosso Rodolfo, entrou mesmo em Lisboa à frente das suas tropas. E tornou-se mesmo Filipe I de Portugal.

Entre muitas outras coisas, isto quis dizer que Portugal se viu obrigado a integrar as fileiras dos inimigos da Inglaterra. E isto, por seu turno, quis dizer que os ingleses deixaram de ter preocupações com eventuais ofensas à susceptibilidade portuguesa se tentassem usar a rota do Cabo. Por outro lado, o domínio espanhol obrigou os mercados de Lisboa a fecharem-se ao comércio com a Inglaterra e a Holanda; e este fecho deu aos comerciantes afectados ainda mais incentivos para irem à procura de transacções directas com as fontes das especiarias. Ainda por cima, foi também em 1580 que Francis Drake regressou da sua arrojadíssima viagem à volta do mundo, demonstrando inequivocamente que os barcos ingleses, por muito pequenos que fossem e muito frágeis que parecessem, podiam ir onde muito bem lhes apetecesse fazer o que muito bem entendessem. Este sentimento súbito de poder acrescido foi potenciado pela derrota da Invencível Armada, erguendo a Inglaterra a um estado exuberante de novíssima confiança nas suas capacidades. Tudo isto somado deu às ideias de viagens para oriente um ímpeto irresistível.

Em consequência, durante o Outono de 1589 um grupo de comerciantes ingleses apresentou à rainha Isabel I uma petição de apoio para um projecto de navegação através da rota do Cabo em que se evitaria tanto quanto possível a proximidade de enclaves portugueses ou espanhóis mas se tentaria ainda assim entrar em compra e venda directas com todas as nações minimamente abastadas que se situassem do Sul da Índia até à China e às Filipinas, criando novos mercados para a exportação de produtos ingleses. E, de caminho, pelo menos tentava-se capturar alguns barcos portugueses. Era sempre uma boa maneira de dar uma machadada no inimigo.

Sua Majestade parece ter tomado o seu tempo para meditar sobre os prós e os contras desta ideia brilhante, uma vez que a primeira frota inglesa destinada a explorar o Índico só se aparelhou um ano depois. Mas, por fim, partiram mesmo três barcos para a Índia. A sua viagem destinava-se prioritariamente a explorar as águas dos outros — e, ao que tudo indica, a pilhá-los sempre que possível. Não houve nesta iniciativa o menor esboço de perspectivas mercantis. Os porões iam vazios. Sem carga, era possível embarcar mais soldados para ajudar à luta, que seriam também mais homens para compensar o número dos mortos. Também podiam acumular-se mais provisões. E havia mais espaço para acomodar os troféus resultantes de pirataria. É mais que evidente que ninguém envolvido nesta história estava a pensar em ir ao oriente vender têxteis.

A primeira frota

O primeiro barco chamava-se Merchant Royal. O comandante chamava-se George Raymond, e tudo o que sabemos a seu respeito é que se distinguira na luta contra a Armada. Por razões não esclarecidas partiu demasiado tarde, e em consequência foi tão castigado por tempestades e calmarias que nunca chegou a passar para lá do Cabo. Enquanto esperavam por ventos favoráveis, os homens a bordo ficaram tão doentes que tiveram que ir recuperar em terra. Ao fim de um mês continuavam tão mal, e a taxa de mortalidade era tão alta, que cinquenta voltaram para trás com o que restava do casco e das velas, enquanto os outros foram repartidos pelo resto da frota.

O segundo barco chamava-se Penelope. O comandante chamava-se Samuel Foxcroft, e a seu respeito só sabemos mesmo que parece ter morrido cedo. Passaram o Cabo sem grandes problemas, mas logo a seguir foram arrastados para longe por uma tempestade e nunca mais ninguém os viu.

O terceiro barco chamava-se Edward Bonaventure. O comandante chamava-se James Lancaster, e a seu respeito sabemos muitas coisas porque a sua viagem aventurosa foi escrupulosamente relatada por dois dos oficiais a bordo. Edmund Baker, o imediato, contou a história a Richard Hakluyt. Henry May, o ecónomo, escreveu pelo seu próprio punho e ainda conseguiu ficar na História como o primeiro inglês a chegar às Bermudas. A sua descrição destas ilhas foi a primeira que apareceu em língua inglesa.

Lancaster foi o único comandante deste grupo que conseguiu chegar até ao oriente e voltar para casa, e tinha sobre os seus dois colegas malogrados uma vantagem decisiva que o tornava perfeito para o papel de explorador: o sucesso da expedição dependia em grande medida do conhecimento das rotas comerciais desenvolvidas pelos portugueses um século antes, e poucas pessoas em Inglaterra capacitadas para serem comandantes poderiam conhecer melhor o funcionamento de Portugal. Como Lancaster escreveu no seu diário, «**fui criado entre este povo: vivi entre eles como cavalheiro, servi-os como soldado, e negociei entre eles como comerciante**».

Não se sabe muito bem o que é que isto quer dizer ao certo. As fontes da época são profundamente omissas quanto à juventude de Lancaster, pelo que os seus biógrafos têm que adivinhar muito nas entrelinhas. Segundo o cenário mais provável, porque esta era uma via explorada por aristocratas ingleses com muitas ambições e poucos recursos, foi mandado para Portugal em rapaz para aprender a língua e a arte do comércio. Depois de amealhar os seus primeiros tostões de comerciante, deve ter comprado uma propriedade no Norte e começado a explorá-la. Em 1580, no período de disputa do trono que se seguiu à morte de D. Sebastião, deve ter feito o que fizeram tantos outros ingleses e tomado armas pela facção do Prior do Crato. Se foi este o caso, então a vitória de Filipe II deve tê-lo atirado para fora de Portugal e obrigado a regressar à Inglaterra como refugiado, depois de ter perdido todo o seu dinheiro e todas as suas propriedades. Esta sequência explicaria, pelo menos em parte, a raiva com que Lancaster parece ter ficado aos portugueses para o resto da vida. É uma raiva muito notória e assaz obsessiva, quando se segue o curso das suas viagens.

O predador

Quatro dias depois do desaparecimento do Penelope, o mastro principal do Edward Bonaventure foi atingido por um raio que matou quatro dos homens a bordo. Em mau estado, o barco ainda conseguiu singrar através do canal de Moçambique e evitar por um triz um naufrágio em baixios perigosos. Fizeram uma paragem curta na costa, e depois outra mais longa na ilha maior das Comores. Aqui conseguiram arranjar água potável, mas pagaram-na bem cara: um ataque inesperado dos nativos custou-lhes um batel e um terço da tripulação.

Fugiram das Comores e foram atracar ao largo de Zanzibar, onde ficaram do fim de Novembro a meados de Fevereiro sem nunca se atreverem a desembarcar. Conseguiram capturar um xarif por quem o sultão local tinha grande estima, e com este expediente asseguraram o abastecimento contínuo de água e vitualhas. Consertaram o barco, e construíram um novo batel para substituir o que tinham perdido nas Comores. Os portugueses, que tinham um pequeno entreposto na ilha, vigiaram-nos de dia e de noite mas não acharam prudente atacar os seus antigos aliados.

No fim de Fevereiro Lancaster dirigiu o rumo ao cabo Comorin, o ponto mais meridional da península indiana, onde tencionava montar emboscadas aos barcos que passassem entre Goa e os postos portugueses mais para leste. Mas foram arrastados para longe por ventos contrários, começaram a ficar sem provisões, tentaram várias acostagens falhadas, e acabaram por ir parar à ilha de Gomes, perto da Sumatra. Esta sucessão de desastres não parece ter dissuadido o comandante do seu plano inicial de atacar barcos portugueses, porque logo a seguir mandou rumar à ilha de Penang, na costa oeste da península de Malaca. Estiveram aqui ancorados durante cerca de dois meses, enquanto a tripulação ia ficando cada vez mais fraca e doente: no final deste tempo os homens de Lancaster já não ultrapassavam os 34, e só pouco mais de metade conseguia aguentar-se em pé.

Lá voltaram a velejar, e desta vez capturaram quatro barcos. Destes, três só tinham bens de comerciantes nativos, e deixaram-nos seguir. O quarto estava a abarrotar de pimenta pertencente a comerciantes portugueses e foi devidamente saqueado. Enquanto avançavam pelo estreito de Malaca, outro barco português que vinha de Negapatam com os porões cheios de arroz foi igualmente saqueado. Outro barco, vindo de São Tomé, escapou por um triz à mesma sorte. A seguir Lancaster capturou um terceiro barco, desta vez vindo de Goa. A carga era muito variada, e foi toda pilhada pelos ingleses.

Nesta altura Lancaster receou que os portugueses estacionados em Malaca, ao saberem destas incursões em seara alheia, mandassem ao seu encontro homens e embarcações que ele nunca conseguiria combater no estado miserável em que se encontrava. Deixou o estreito e foi até às ilhas Nicobar, onde finalmente conseguiu abastecer-se das provisões que tanta falta faziam. Depois partiu para o sudoeste do Sri Lanka, onde queria montar emboscadas a mais barcos portugueses. Mas os seus homens estavam cansados de tantas andanças, seriamente doentes e aflitos com a sua falta de recursos. Começaram a exigir o regresso a casa sem mais demoras. O comandante recebeu estas notícias deitado na cabina a tremer de febre, «muito doente, mais certo de morrer que de viver», e acabou por achar prudente ceder. Pelo que o Edward Bonaventure levantou finalmente âncora rumo ao Cabo, e daqui rumo a Santa Helena, onde a tripulação descansou durante dezanove dias num grande festim de víveres frescos.

Os dias de motim

Quando já estavam minimamente restaurados Lancaster ainda queria ir até ao Brasil, onde poderia certamente pilhar mais bens portugueses. Mas os seus homens, agora francamente amotinados, obrigaram-no a rumar directamente à Inglaterra. O que foi um grande disparate, porque estavam na altura do ano em que os elementos eram contrários a esta rota. Em consequência, foram retardados durante semanas ou por calmarias ou por ventos adversos, até que já estavam outra vez sem provisões. Em desespero de causa acabaram por acostar a Trinidad, onde ficaram a saber que os espanhóis já se tinham apoderado de todos os víveres disponíveis. Depois de mais várias semanas de navegações complicadas e arriscadas, lá lograram chegar à ilha de Mona, entre São Domingo e Porto Rico, onde conseguiram alguma ajuda tanto dos habitantes como de um barco francês por ai ancorado.

Lancaster decidiu rumar à Terra Nova, onde ao menos tinham a certeza de receber ajuda das frotas pesqueiras inglesas. Mas no caminho veio uma enorme tempestade de granizo do Norte, e empurrou o barco de volta às Índias Ocidentais. Voltaram a ancorar em Mona, e Lancaster foi a terra com mais dezassete homens para arranjar provisões. Assim que os apanharam pelas costas, os poucos marinheiros que tinham ficado a bordo, não mais de meia dúzia, cortaram as amarras do Edward Bonaventure e levaram-no até São Domingo, onde se entregaram aos espanhóis.

Abandonados na costa, Lancaster e os seus homens passaram um mês miserável, sobrevivendo à custa de todas as plantas comestíveis que conseguissem encontrar. Depois chegou um barco francês e levou doze homens do grupo, incluindo o chefe. A seguir veio outro barco que levou os outros cinco. Depois passaram todos bastante tempo a bordo destes barcos, sobretudo ao largo de São Domingo, à espera de uma oportunidade para voltarem para casa. Por fim vieram mais dois barcos franceses. Um deles rumava à Europa. Lancaster embarcou com o imediato e compraram passagens para Dieppe. Um mês mais tarde chegaram ao porto. Cinco dias depois, os dois ingleses voltaram por fim a pisar o seu solo natal em Rye, na província de Sussex. Tinham-se passado mais de três anos.

As primeiras recompensas

Do ponto de vista financeiro, todas estas aventuras tinham sido um desastre completo. Só um dos três barcos despachados regressara ao cais, e a bordo só trouxera homens doentes que nunca tinham chegado a passar além do Cabo. O único barco a chegar ao Oriente estava agora na posse dos espanhóis. A perda de vidas fora brutal, mesmo para as médias violentas de mortalidade no mar dessa época. E a viagem de ida e volta demorara mais de três anos, uma velocidade de cruzeiro inaceitável para quaisquer perspectivas comerciais.

Mesmo assim, aquilo que era realmente fundamental nesta viagem estava feito: um barco inglês tinha seguido a rota do Cabo e navegado livremente no Índico, chegando tão longe como o estreito de Malaca, pilhando barcos portugueses à passagem, e tudo isto sem qualquer retaliação por parte de Portugal. Para Lancaster, tinha sido uma estreia promissora. Não teve grandes dificuldades em encontrar novos patronos entre os comerciantes para um novo esquema que já andava a acarinhar desde a paragem do Edward Bonaventure em Santa Helena: ir até ao Brasil para assaltar e pilhar o porto de Pernambuco, capturando barcos de comércio portugueses e espanhóis no caminho para lá e para cá.

A competição

Lancaster voltou do Brasil em 1595 com um grande rasto de bens portugueses roubados atrás de si. Neste ponto, os comerciantes ingleses sentiram-se suficientemente confiantes para voltarem a tentar a viagem ao Oriente. Sir Robert Dudley e um novo grupo de patronos mandaram o comandante Benjamin Woods seguir o caminho de Lancaster em 1596. Woods chegou a atingir a península de Malaca, mas logo a seguir perdeu os seus dois barcos, com todos os que iam a bordo.

Entretanto, outras nações ambiciosas estavam a acompanhar de perto os movimentos dos ingleses. Cornelisz Houtman deixara a Holanda incumbido de uma tarefa semelhante à de Woods na Primavera de 1595. Voltou dois anos depois, com três dos seus quatro barcos. Tinha alcançado Bantam, o porto da pimenta na costa noroeste de Java, e concluíra um acordo de comércio com os governantes da ilha. O entusiasmo que este feito levantou na Holanda levou à partida de mais de vinte barcos rumo ao oriente em 1598. Destes, quatro eram os que estavam sob o comando de Jakob Cornelisz van Neck e voltaram em Julho de 1599 carregados de riquezas — e com histórias de um pássaro muito estranho capturado nas florestas de uma ilha que agora tinha o nome do príncipe Maurice.

Neste ponto, com os holandeses em vias de se implantarem cada vez melhor a oriente, e com os comerciantes franceses de St.-Malo a cerrarem fileiras e arrecadarem fundos para mandarem dois barcos para as Índias Orientais, os ingleses tinham todas as razões para sentirem os seus interesses em perigo. Uma vez mais, os comerciantes de Londres tomaram medidas para atrapalharem os planos dos seus rivais. Recolheram bastantes fundos durante o Outono de 1599, e receberam promessas de mais fundos. Depois apresentaram uma nova petição à rainha, reclamando não só autorização para avançar mas, sobretudo, ordens para, uma vez em marcha, não poderem ser atrasados **«por nenhum pretexto»**.

Os comerciantes tinham boas razões para entregarem esta petição. Mas, pelo seu lado, a rainha também tinha razões para não satisfazer os seus desejos. Estava em negociações com a Espanha para a conclusão de uma nova paz, e a questão da navegação inglesa em águas orientais podia atrapalhar-lhe os planos. E disse aos mercadores que por enquanto não podia dar-lhes o que eles queriam.

Para grande sorte dos mercadores, o acordo de paz com a Espanha fracassou em 1600. Aparelhou-se logo uma nova frota de quatro barcos, e formou-se a nova East India Company para explorar os lucros em perspectiva. Lancaster voltou a entrar em cena, desta vez na qualidade dupla de general da frota e assistente do governador na administração da nova companhia. Esta segunda viagem inglesa para leste, por águas que agora estavam a ser atravessadas por um número crescente de barcos holandeses e franceses demandados à sua quota-parte das riquezas asiáticas, resultou na criação da primeira «fábrica» inglesa em Bantam, um porto comercial de movimento intenso que permaneceria durante muito tempo o centro do tráfego britânico. Escusado será dizer, já que era Lancaster quem ia aos comandos, que um número considerável de barcos portugueses foi pilhado pelo caminho. A frota demorou muito tempo na viagem, a navegação foi trabalhosa, mas os quatro barcos que partiram acabaram por voltar a casa «**com graças a Deus e corações alegres**», e também com os porões carregados de pimenta, noz-moscada e cravinho. Quando atracaram, Isabel I tinha morrido e James viera da Escócia para ocupar o trono. Foi ele quem fez Lancaster cavaleiro, um mês depois da chegada.

O sarilho da pimenta

Continuar o trabalho de Lancaster revelou-se um feito bastante mais difícil do que conferir-lhe as maiores honras nacionais. A East India Company ainda teve sérios percalços antes de conseguir mandar mais barcos para a «fábrica» de Bantam. O dinheiro recolhido para a última viagem de Lancaster tinha-se dissipado por completo, e a companhia continuava individada: os seus membros tiveram que pedir emprestadas duas mil libras para pagarem aos marinheiros que vieram no primeiro barco, e depois precisaram de recorrer a ainda mais empréstimos quando os outros barcos aportaram.

Um detalhe agora risível tornou o caso ainda mais bicudo.

As cargas trazidas para Inglaterra eram sobretudo de pimenta, e esta pimenta acabou por se constituir num sarilho humilhante. O reinado de James começou por ser marcado por uma epidemia virulenta de peste, e o comércio ficou estagnado em consequência. O mercado interno para a pimenta, de qualquer forma, era naturalmente limitado, e agora as exportações para o continente já não eram uma fonte segura de lucro, porque também chegavam especiarias directamente aos portos de Portugal, da Espanha, da Holanda e de França. Para complicar ainda mais a vida à companhia, a Coroa inglesa tinha nessa altura em sua posse um grande stock de pimenta, e insistia que esta pimenta devia preceder a da companhia na ordem das vendas. Depois de muitos dares e tomares, a companhia acabou por decidir dividir a pimenta entre os seus membros a título de dividendo, deixando cada um deles ver-se livre dela como entendesse e conseguisse. A competição resultante fez descer o preço da pimenta abaixo de toda e qualquer margem de lucro, e mesmo assim alguns dos membros não conseguiram despachar as suas partes durante seis ou sete anos.

Mas enfim, como todos sabemos, a companhia acabou por conseguir recuperar a credibilidade e angariar fundos para mandar outra frota rumo às Índias. Lancaster manteve o seu posto de consultoria, e morreu empedernidamente solteiro em 1618.

E, no que diz respeito ao oriente, foi assim que a Inglaterra ganhou a guerra.

5.3 — OS REGISTOS

Hoje sabemos tudo isto porque na altura muita gente escreveu sobre o que estava a acontecer. Como também sabemos que pouca gente escreve se não tiver quem a leia, agora vale a pena explorarmos melhor as origens do fascínio do público por estas histórias bárbaras de travessias oceânicas.

As qualidades metafóricas da viagem marítima são tão poderosas que, durante muito, muito tempo, até na cartografia as ficções estiveram intimamente misturadas com os factos; e tanto as ficções como os factos dependiam fundamentalmente do ouvir dizer. Ao tentarmos perceber o sucesso da literatura de viagens durante os Descobrimentos, temos que ter sempre presente que a deslocação de verdades locais para outros lugares forma o núcleo mais interno da ficção. Não é certamente por acaso que o trabalho de ficção mais antigo conhecido é um fragmento egípcio sobre aventuras marítimas.

Também não é certamente por acaso que tantas pessoas escreveram sobre as travessias do oceano na altura em que a Europa decidiu expandir as suas fronteiras, de maneira a podermos hoje ficar a conhecer tão bem o Dodó só de lermos o que outros escreveram. Mas por que é que os livros sobre aventuras no mar se tornaram tão populares assim que a imprensa entrou em cena?

Bem, provavelmente para respondermos basta-nos uma palavra.

Titanic.

A odisseia marítima continua a exercer sobre nós um fascínio como nenhum outro. É verdade que a Europa dos Descobrimentos estava agarrada ao mar de uma forma que já não pertence à cultura ocidental. Até é verdade que já não estamos no lugar onde estávamos quando Herman Melville escreveu as longas páginas iniciais de «*Moby Dick*» sobre como qualquer homem caminha para a água sempre que o deixam entregue a si próprio. Mas, mesmo com toda a distância que entretanto interpusemos entre nós e as nossas emoções mais básicas, também é verdade que continuamos a ler e a escrever avidamente sobre o mar com uma intensidade que não tem paralelos nem no céu nem na terra.

5.3.1 — OS LIVROS

No primeiro capítulo do seu «*The Sea Voyage Narrative*», Robert Foulke recorda-nos que «**durante três séculos, das viagens dos portugueses através da costa oeste da África até às explorações de Cook no Pacífico, as narrativas de viagens tinham enormes implicações económicas, políticas e militares. Eram engolidas com tanta avidez como o são agora as últimas notícias do último escândalo, e as edições pirata, muitas vezes sensacionalistas e pouco rigorosas, abriram o precedente para os tablóides dos nossos dias. Estes foram os séculos em que a geografia global estava por fim a ser mapeada, e as narrativas de viagens forneciam informações cruciais que hoje seriam consideradas classificadas pela maioria dos governos**».

Discutindo o apelo que estas histórias projectam sobre a imaginação humana, Foulke volta a salientar o significado do que agora chamaríamos liberdades poéticas na cartografia:

«No início desta era de viagem global, nos relatos publicados por Hakluyt, toda a espécie de histórias semifantásticas sobre pessoas e costumes nas partes recentemente descobertas do mundo era aceite sem qualquer questão; no final, o cuidadoso James Cook e os seus consultores científicos ficaram extremamente vexados com a enxurrada de publicações parciais e pouco rigorosas que precederam os relatos autorizados das suas viagens. Mesmo assim, os cursos do facto e da ficção nunca se separam completamente nas narrativas de viagem dos séculos seguintes, e talvez isso nunca venha a acontecer.»

Como é que alguma vez poderemos definir limites? A partida de Leguat para um Éden impossível é anterior à data da primeira publicação de «*Robinson Crusoe*» em Londres, no ano de 1719. O mais altamente provável é que o inglês Daniel Defoe, o autor desta mãe de todas as aventuras, não soubesse absolutamente nada sobre a demanda dos huguenotes. Mas o espírito do tempo estava tão embebido de sonhos de homens sozinhos em ilhas desertas que Defoe escreveu e publicou a sua ficção uns vinte anos antes de Leguat publicar o seu relato de viagens autênticas. «*Robinson Crusoe*» teve imediatamente um sucesso monumental, com mais seis edições tiradas ainda em vida do autor (Defoe tinha entre 59 e sessenta anos à data da primeira publicação), e mais tarde com traduções em quase todas as línguas conhecidas do mundo e um número de edições só excedido pela Bíblia. E, em consequência, Leguat passou à História como «**o Robinson francês**».

O fio que mistura o facto e a ficção no que diz respeito a viagens e ilhas desertas já vinha de trás no tempo. Assim que Defoe publicou «*Robinson Crusoe*» não faltaram acusações de plágio da obra publicada sete anos antes por Woodes Rodgers, relatando as aventuras (supostamente verdadeiras) de Selkirk, um marinheiro escocês largado no Pacífico na ilha deserta João Fernandes, onde sobreviveu sozinho durante muitos anos até ser recolhido por um navio que o levou de volta a Inglaterra. E ainda hoje os académicos debatem acaloradamente a possibilidade de Defoe se ter inspirado em histórias contadas por João de Barros («*Décadas da Ásia*»), Gaspar Correia («*Lendas da Índia*») e Fernão Lopes de Castanheda («*Descoberta e História da Conquista da Índia*»), sobretudo a de um português da Índia chamado Fernão Lopes. Este homem caiu em desgraça junto de Afonso de Albuquerque por se ter juntado a um grupo de «**arrenegados**» que «**se lançaram com os mouros no cerco de Goa**»; foi condenado a serem-lhe cortados, à vista de toda a população de Goa, o nariz, a mão direita e o polegar esquerdo («**e entregá-los aos moços que lhes depenassem os cabelos das barbas e das cabeças, e que os enlameassem e injuriassem, e a Fernão Lopes sobre todos porque era de mais qualidade**», acrescenta Fernão Lopes de Castanheda; «**e lhes tiraram com lama fedorenta de chiqueiros de porcos, que para isso já estava prestes, aos rostros e aos olhos, onde os fizeram tais que já não pareciam os rostros**», sublinha Gaspar Correia); sobreviveu à hemorragia mas ficou seriamente mutilado; e mesmo assim conseguiu esconder-se em Santa Helena durante a viagem de regresso a Lisboa e aí sobreviver sozinho (e mais tarde na companhia de um galo e um mestiço) durante muitos anos, «**em que faria penitência**», como diz João de Barros. Tal como Crusoe, Lopes acabou por partir para a Europa; mas, tal como Crusoe, assim que cumpriu aqui os seus desígnios (no caso de Crusoe distribuir riqueza pela família, no caso de Lopes ir a Roma pedir perdão ao papa), voltou para a sua ilha para cumprir mais um objectivo preciso (no caso de Crusoe levar ajuda aos habitantes que entretanto aumentaram em número, no caso de Lopes continuar a fazer penitência). Continuando a misturar facto e ficção, saliente-se agora que vários autores contemporâneos de Daniel Defoe, como Charles Gildon, consideraram «*Robinson Crusoe*» uma autobiografia. E, de facto, como salienta Fernanda Durão Pereira em «*As Fontes Portuguesas de Robinson Crusoe*», o autor teve uma sorte parecida com a de Fernão Lopes: «**Daniel Defoe foi preso várias vezes por dívidas e por razões políticas. Numa dessas vezes cortaram-lhe as orelhas, sofrendo a humilhação de estar três dias exposto no pelourinho, em Cornhill, Londres. Segundo os seus biógrafos, a bancarrota, a vergonha e a dor tornaram-no desde aí um homem amargo e solitário. Sabendo isto é fácil admitir que o escritor se tenha imediatamente identificado com um homem que tivesse passado pelo**

mesmo sofrimento. A admiração e a comiseração sentidas por Daniel Defoe ao deparar com um personagem como Fernão Lopes terá sido total como total é a semelhança dos destinos de ambos.»

Emaranhando ainda mais a meada, acrescente-se que não é de admirar que Leguat tivesse em mente uma utopia harmoniosa ainda antes de o Hirondelle partir de Texel: Thomas More já tinha publicado o seu «*Utopia*» há muito tempo. E também este livro fundamental funcionou no seu tempo tanto enquanto reportagem como enquanto ficção.

A primeira utopia

«*Utopia*» é sobre uma civilização que conseguiu descobrir uma forma justa e harmoniosa de viver, em que todos os cidadãos teriam direitos iguais e beneficiariam de decisões justas. Foi uma visão sonhada no início do século XVI, por um homem que mais tarde viria a ser tornado santo, e que agora se ergue como um marco da nossa cultura, dando-nos um sabor avant la lettre daquilo a que poderemos chamar socialismo ou estado-providência, conforme as nossas preferências. Isto é do domínio comum. Mas agora reparem na história que «*Utopia*» nos conta mesmo. Foi uma peça de ficção tão bem construída que funcionou no seu tempo como uma impostura de grande eficácia. A primeira edição incluía uma gravura engenhosa, representando a terra de sonhos da harmonia, perfeita e uma amostra inteligente do dialecto da ilha. Estava tudo tão bem montado que muitos leitores da época não duvidaram estar perante um relato de viagens autêntico. Até se conta que um missionário começou a organizar uma expedição destinada a converter os utopianos à cristandade.

Diz o texto que, em 1515, More foi mandado por Henrique VIII numa embaixada a Bruges. De Bruges deslocou-se até Antuérpia, com uma carta de recomendação de Erasmo para o chefe da cidade, Peter Giles. Giles apresentou-o a um marinheiro português curtido pelo vento e pelo sal chamado Rafael Hythlodaye. Este homem pertencera à frota de Amerigo Vespucci, e cruzara todos os oceanos em torno do globo seis anos antes da viagem de Fernão de Magalhães. Durante as suas viagens fora dar, algures nas águas do Novo Mundo, a uma ilha feliz cujos habitantes tinham encontrado a chave para a resolução de todos os problemas que afligiam a Europa da altura.

Depois Rafael descreve a More os segredos desta felicidade nos seguintes termos:

«**Entre os utopianos... sendo todas as coisas comuns, cada homem tinha delas abundância... Concordo com Platão... que todos os homens devem ter e gozar de porções iguais de terra e posses... Porque onde alguns homens, devido a títulos e desculpas, exploram e arrancam para eles tudo o que podem, de forma a que só uns poucos dividem entre si todas as riquezas... a todos os outros nada resta para além de falta e pobreza**.»

Na Utopia cada homem leva o fruto do seu trabalho para a loja comum, e daqui recebe aquilo de que precisa. Ninguém pede mais do que o que lhe basta, porque a segurança abafa a ganância. Como não há dinheiro na Utopia, ninguém pode comprar barato e vender caro: os horrores do comércio, da batota e das lutas sobre a propriedade são desconhecidos. Todas as famílias se dedicam tanto à agricultura como à indústria, homens e mulheres lado a lado. Para assegurar uma produção adequada, cada adulto compromete-se a trabalhar seis horas por dia. Há leis na Utopia, mas são poucas e simples, pelo que cada cidadão defende o seu próprio caso e não existem advogados. Este esquema impecável de funcionamento social é perpetuado através das gerações por acção da família patriarcal que funciona como a unidade básica de apoio a toda a rede social, um tema sobre o qual More reflectiu obviamente muito, e tem muito para oferecer como amostra.

A monogamia é o único tipo de união sexual permitido na Utopia. Antes do casamento, os noivos são aconselhados a verem-se um ao outro nus, de forma a anular o contrato se for registada a presença de defeitos severos. Depois do casamento, a mulher vai viver com o marido para casa dos seus pais. Todos os anos cada grupo de trinta famílias elege um filarca que as governa, e cada grupo de dez filarcas escolhe um filarca-chefe para administrar um distrito de trezentas famílias. Os duzentos filarcas funcionam como o Conselho Nacional, que elege o príncipe ou o rei para toda a vida.

A descrição do tecido social da Utopia estende-se por muito mais pormenores e abrange muitas mais complexidades que os contemplados neste sumário. Mas este sumário basta para chamar a atenção para o que nos interessa: reparem bem na quantidade de cuidado e dedicação devotados no século XVI a civilizações ideais construídas em ilhas desertas. Ilhas destas eram, na altura, descobertas a bem dizer todos os dias, por todo o lado. Podiam facilmente ser entendidas como lugares ideais para apagar todos os demónios da civilização e recomeçar a aventura humana quase da estaca zero (na ficção como na realidade, a tendência é sempre para ficar algumas carga de apoio na praia quando o barco se retira, o que aconteceu tanto com o Leguat de carne e osso como com o Crusoe de papel). Poderá algum de nós jurar que nunca na vida acariciou um sonho deste tipo? Nem mesmo na adolescência? Então, este período era a adolescência da Europa. E nós, agora, só podemos sonhar. Imaginem a excitação dos povos do Velho Mundo na altura em que estavam sempre a aparecer novas praias de eleição onde podia mesmo fazer-se a experiência.

A compilação monumental

A história real ou inventada do homem que recomeça a construção da civilização num paradeiro longínquo era sem dúvida uma fonte preciosa de matéria-prima para best-sellers. Estes livros tinham depois a sua contrapartida mais académica, mas igualmente devorada pelo público, nas compilações grandiosas destinadas a instruir os leitores enquanto os mantinham entretidos com contos de terras exóticas e de costumes desconhecidos. Dentro deste género, não é raro cada obra ser uma colecção de pelo menos vinte volumes espessos, com títulos que vão do almanaque ao grande épico, de «*Itinerário absoluto*» a «*Miscellania Curiosa*».

Este «*Miscellania Curiosa*» foi compilado em 1726 em Londres por Edmond Halley, o senhor das órbitas dos cometas e da previsão do regresso do Halley propriamente dito. É um grupo de seis volumes gigantescos, impressos em tipo minúsculo, que se apresenta como «**uma colecção de alguns dos principais fenómenos da Natureza, explicados pelos maiores filósofos deste tempo; sendo estes discursos de todos os mais valiosos, lidos e apresentados na Royal Society for the Advancement of Physical and Mathematical Knowledge**». A série também inclui

«uma colecção de Viagens Curiosas, Antiguidades, e Histórias Naturais de Países; apresentadas à mesma Sociedade. A que se acrescenta, um Discurso sobre a influência do Sol e da Lua nos Corpos Humanos, etc. Por R. MEAD, M.D. F. R. S»; e ainda **«um Prefácio de Fontenelle sobre a Utilidade do Estudo da Matemática»**.

O «*Index*» complexo da «*Miscellania*» cobre tópicos tão variados como «*Uma estimativa da Quantidade de vapores levantados do mar, como derivado experimentalmente*», «*A verdadeira teoria das marés*», «*Um discurso respeitando a moderna teoria da geração*», «*Uma estimativa dos graus de mortalidade na Humanidade, retirada de curiosas tabelas de nascimentos e funerais na cidade de Breslava*», «*Um discurso respeitando a Gravidade e as suas propriedades, onde a Queda de Corpos Pesados e o Movimento de projécteis são brevemente, mas completamente, incorporados com a solução de um problema de grande utilidade em Armamento*», ou «*Uma instância para a Excelência da Álgebra Moderna, na Resolução do Problema de encontrar universalmente Focos de Espelhos Ópticos*». Estas secções são muitas vezes adjudicadas a, ou então linearmente parafraseadas de, grandes nomes da época como o próprio Halley, ou então Newton ou Herschel. Quando finalmente chegamos ao domínio das viagens, encontramos títulos como «*Um Diário de uma Viagem a Constantinopla, feita em 1668 por T. Smith*», «*Uma relação de uma Viagem de Alepo a Palmira, na Síria*», «*Uma Viagem do Imperador da China à Tartária Oriental, Ano 1682*», «*Um relato dos observáveis na Virgínia e viagem [de John Clayton] aí, mais particularmente respeitando ao Ar*», «*Um relato do costume Mouro de preparar Carne (com outras Observações) na Barbária Ocidental, do Cabo Spartel ao Cabo de Geer*», ou até «*Uma carta ao editor respeitando às Catacumbas de Roma e Nápoles*», ou ainda «*Um discurso tentando provar a que horas e em que lugar Júlio César fez a sua primeira incursão na Britânia*».

Prestando tributo a outra idiossincrasia do tempo, o primeiro volume abre com um prefácio denso de M. de Fontenelle, o muito prolífico secretário da Academia Francesa das Ciências que em vida tratou de fazer a elegia de cada um dos seus colegas falecidos. Apresentado como «**uma tradução de parte do prefá-**

cio de M. de Fontenelle para as Memórias da Real Academia em Paris, no ano de 1699, respeitante à utilidade do estudo da Matemática», este texto emblemático arranca com a exortação de serviço, muito corrente na época como mecanismo de elevação imediata do nível de toda a vasta empresa:

«**Mas para que propósito devem os homens enamorar-se da Matemática e da Filosofia Natural? As pessoas chamam facilmente inútil àquilo que não percebem. É uma espécie de vingança; e como a Matemática e a Filosofia Natural só são conhecidas de poucos, são geralmente consideradas inúteis. A razão disto é, que são complexas e não são fáceis de aprender.**»

Outro tratado imprescindível dentro do género de abordagem enciclopédia é uma série monumental compilada pelo senhor abbé Prévost, com o título «*Histoire Générale des Voyages, ou Nouvelle Collection de Toutes Relations de Voyages par Terre, qui Ont Été Publiées Jusqu'à Présent dans les Différentes Langues de Toutes les Nations Connues: Contenant ce qu'il y a de plus Remarquable, de plus Utile, et de Mieux Avéré dans les Pays où les Voyageurs ont Pénétré, Touchant leur Situation, leur Étendue, leurs Limites, leurs Divisions, leur Climat, leur Térritoir, leur Productions, leurs Lacs, leurs Rivières, leurs Montagnes, leurs Mines, leurs Cités & leurs Principales Villes, leurs Ports, leurs Rades, leurs Édifices, etc. Avec les Moeurs et les Usages des Habitants, leur Réligion, leur Governement, leurs Arts et leurs Sciences, leur Commerce et leurs Manufactures; por Former un système Complet d'Histoire et de Géographie Moderne, qui Répresentera l'État Actuel de Toutes les Nations: Enrichi de Cartes Géographiques Nouvellement Composées pour les Observations les Plus Authentiques, et des Plans et des Perspectives; de Figures d'Animaux, de Végétaux, Habitats, Antiquités, etc.*» Esta série inclui um total de vinte volumes, listando todas as navegações, descobertas, batalhas, histórias naturais e intrigas coloniais e políticas que o autor conseguiu registar até à data da sua publicação em Paris, no ano de 1750.

Igualmente monumentais são os dois volumes compilados em Londres em 1705 pelo Fellow of the Royal Society John Harris, intitulados «*Navigatorum atque Itinerarium Bibliotheca: or, a Complete Collection of Voyages and Travels: Consisting of Abo-*

ve Four Hundred of the Most Authentic Writers; Beginning with Hackluyt, Purchals, etc. in English; Ramusio in Italian; Thevenot, etc. in French; de Bry, and Grynaei Novus Orbi in Latin, the Dutch East-India Company in Dutch; and Continued with Others of Note, that Have Published Histories, Voyages, Travels or Discoveries, in the English, Latin, French, Italian, Spanish, Portuguese, German, or Dutch Tongues; Relation to Any Part of Asia, Africa, America, Europe, or the Islands Thereof, to the Present time. With the Heads of our Most Considerable Sea-Commanders; and a Great Number of Excellent Maps of all Parts of the World, and Cuts of Most Curious Things in all Voyages. Also, an Appendix, of the Remarkable Accidents at Sea; and Several of our Considerable Engagements: the Charters, Acts of Parliament, etc. About the East-India Trade, and Papers Relating to the Union of the two Companies. Throughout the Whole, all Original Papers are Printed at Large: as the Pope's Bull, to Dispose of the West Indies to the King of Spain; Letters and Patents for Establishing Companies of Merchants; as the Ruff, East-India Companies, etc. Letters of One Great Prince or State to Another, Showing their Titles, Style, etc. To Which is Prefixed, a History of the Peopling of the Several Parts of the World, and Particularly of America, an Account of Ancient Shipping, and its Successive Improvements; Together with the Invention and Use of the Magnet, and its Variation, etc.»

Esta compilação começa com um tipo tradicional de saudação à rainha:

«**Os descobrimentos que foram sucessivamente feitos da Religião, Maneiras, Costumes, Políticas, e Produtos Naturais de todas as Partes do Mundo, darão aqui a Sua Majestade um Entretenimento agradável e útil; e, estou certo, acrescerá à Vossa satisfação poder ver, que foram sobretudo feitos pelos da Vossa Própria Nação. Foi considerado por alguns uma Razão louvável mandar para fora os nossos Cavalheiros, para melhor aprenderem a valorizar o seu País Nativo. E isto ouso dizer, que quando um homem tiver viajado por si mesmo por todo o Mundo, ou considerado cuidadosamente os Relatos que nos dão aqueles que o fizeram, ficará abundantemente convencido de que os nossos próprios Religião, Governo e**

Constituição são, na Maioria, muito preferíveis a qualquer que encontremos lá fora; e especialmente sob a feliz influência do Reinado de Vossa Majestade, que a Providência parece ter desenhado para nos fazer Felizes e Grandes.»

A introdução, que ocupa nove páginas enormes impressas a tipo muito pequenino, conta-nos a História «das origens da humanidade, do povoamento do mundo, e da migração das nações», com pressupostos todos tirados das versões bíblicas e desenvolvidos a partir daí usando as últimas noções da geografia, topografia, raças, e o resultado estimulante do jogo recente de misturar genes à volta do mundo. O último parágrafo é maravilhosamente emblemático do estilo de todo este esforço, então obrigatoriamente na ordem do dia:

«**Mr. Wifton, na sua Teoria da Terra, tem uma noção peculiar do povoamento da China, uma parte famosa da Índia Oriental, cujos Habitantes supõe terem retirado a sua origem de Noé, e outros dos seus filhos além de Shem, Ham e Japhet, que nasceram dele depois. Mas isto parece um pouco inconsistente com o que nos diz Moisés, Gen. 9. 19, onde nos explica, que dos três filhos de Noé, foi toda a Terra povoada. Daqui, como observa o mais judicioso e conhecedor Bishop Pastrick, deduz-se que embora Noé tenha vivido mais que trezentos anos depois do Dilúvio, no entanto não teve mais filhos, ou nenhum deles viveu para deixar Descendência.**»

Segue-se uma segunda introdução de ainda maior envergadura, destinada a cobrir em 48 páginas todos os particulares «**dos Navios e Navegação Antigos, e os seus melhoramentos sucessivos**». Só depois é que entramos no corpo da obra propriamente dita, que oscila entre transcrições de material já publicado e tentativas de apanhados históricos. Os capítulos destinam-se a sumarizar centenas de navegações e as suas causas políticas, apresentadas por ordem cronológica directamente nas palavras do autor original, podem apresentar títulos tão diversificados como o complicadíssimo «*Of the Improvement of Navigation in Later Times. The First application of Magnetical and Astronomical Instruments Thereto: And the Discoveries Made by the Portuguese*» (isto é o capítulo I), ou o despachado «*Of Columbus, etc.*» (isto é o capítulo II).

De certa maneira, as já mencionadas «*Décadas*» escritas em sucessão por João de Barros e Diogo do Couto (mais sobre este senhor já a seguir) pertencem a esta categoria de apresentação grandiosa e caleidoscópica de factos históricos, faits divers, e dissertações sobre as razões profundas de coisas até então desconhecidas. No entanto, aqui encontramos um novo tipo de foco: as «*Décadas*» não visam compilar escritos de outros sobre uma grande variedade de tópicos, mas antes detalhar com muito maiores cuidado e precisão um único facto histórico bem definido: as proezas dos portugueses na Ásia, exploradas tão a fundo que até conseguimos ficar a saber o que foi que aconteceu a Pedro de Mascarenhas depois de ter descoberto a Maurícia (imensos dares e tomares em Malaca). O diário interminável é um género peculiar de enciclopédia desenvolvido inicialmente em Portugal (abundava a matéria-prima) e depois estendido ao resto da Europa dos Descobrimentos. E podemos mergulhar nele uma vez e mais outra, que nunca esgotaremos por completo nem o manancial de surpresas nem o efeito sedutor da prosa deste tempo marítimo.

A última pergunta

Há milhares de livros destes. Os seus conteúdos caem todos mais ou menos dentro das grandes categorias apresentadas neste segmento. Já sabemos que esta era a prosa que mais vendia papel durante os Descobrimentos. Também sabemos que um grande número de leitores consultava tanto as ficções, como os factos, como as compilações, como os diários, tanto escritos na primeira como na terceira pessoa, para conceber a sua próxima jogada no tabuleiro do xadrez gigantesco que estava estendido sobre o oceano.

Falta percebermos de que plumas é que vinha esta prosa.

5.3.2 — OS ESCRITORES

Quem eram os escritores das histórias dos Descobrimentos? Por que é que escreviam? Era assim que ganhavam a vida? A compilação da «*História Trágico-Marítima*» pode voltar a funcionar aqui como um bom exemplo dos tipos e motivações da autoria de narrativas de viagens durante o período coberto pelos

Descobrimentos. Embora tenham sido agrupados sob o estandarte dos naufrágios aparatosos, e apesar de todos estes naufrágios estarem situados dentro da Carreira das Índias, os três autores reunidos neste clássico têm percursos pessoais muitíssimo diversificados, exemplificando não só diferentes trajectórias então recorrentes mas também partes distintas do mesmo todo histórico.

Numa característica muito representativa do género que foram aqui chamados a representar, estes três homens têm todos um estilo franco e abrangente, registando as boas e más acções dos seus compatriotas e contemporâneos com um sentido de honestidade que nunca esconde o aplauso quando merecido nem a crítica quando apropriada. Já se disse muitas vezes que a censura governamental e eclesiástica teve certamente que limitar o que estes autores podiam publicar enquanto estavam vivos. Mas limitações deste género, ou de géneros afins, têm sido a pecha dos historiadores desde o tempo de Heródoto, e nunca se limitaram nem a uma única nação nem a um único tempo histórico, pelo que podemos considerá-las irrelevantes para o assunto em análise. Além disso, temos que ter em mente que aqueles que ocupavam posições oficiais, certamente os que mais sofreriam com estas limitações (exemplificados aqui por Couto e Lavanha), eram por outro lado também aqueles que tiveram acesso a muitos documentos que de outra forma nunca lhes teriam passado pelas mãos, a maioria dos quais já desapareceu há muito tempo. As suas histórias são por isso muitas vezes a fonte de informação mais preciosa com que contamos para compreender as idiossincrasias que guiaram um punhado de nações pequenas e religiosamente divididas a crescerem para fora de proporção com a febre colonial do que tem que ser o momento mais colorido e excessivo da História do Ocidente.

O patriarca

Diogo do Couto, o autor da história do naufrágio da Grande Nau São Tomé, nasceu entre 1542 e 1543, e entrou para a casa real como pajem do príncipe académico D. Luís, que lhe assegurou umas educação excelente em colégios de dominicanos e jesuítas. Tornou-se versado em literatura espanhola, italiana e latina, e revelou uma aptidão especial para o estudo da matemática e da geografia.

Depois da morte de D. Luís, Couto passou cinquenta anos da sua vida na Índia. Nos primeiros dez anos esteve lá como soldado. Depois foi oficial do governo, depois apenas cidadão privado, e finalmente o curador dos arquivos de Goa. Durante todo este tempo, andou por mais que uma vez à espadeirada com os turcos no mar Vermelho e no golfo Pérsico. Durante um regresso temporário a Portugal em 1569, passou o Inverno em Moçambique com o seu amigo e camarada de armas Luís de Camões. Depois de uma estada curta na corte de Lisboa, voltou de vez para Goa, onde passou o resto da sua vida longa e morreu em 1616. Foi também neste ano que morreram Shakespeare e Cervantes. Isto quer dizer que o nosso homem viu a Goa Dourada declinar do seu esplendor imbatível inicial à sua lenta degradação subsequente à chegada de ingleses e holandeses às águas orientais. O seu meio século na Ásia testemunhou a queda do império muçulmano do Grande Mogul, e a unificação do Japão sob a ditadura militar dos Tokugawa.

Couto desempenha nesta lista curta de arquétipos o papel do escritor trabalhador de origens modestas que estuda e regista até atingir a fama, afligido desde a juventude e até à morte pela humildade do seu nascimento, e amargurado durante a maior parte da sua vida produtiva pelo que considerava um grau insuficiente de reconhecimento oficial pela importância do seu trabalho (um desinteresse que Couto sentiu com particular dureza depois da morte de Filipe II). Esta amargura pela estado de «**grande vexame**» em que se desenvolvia o seu trabalho, temperada por críticas aguçadas aos pontos fracos da classe dominante, aflora muitas vezes à superfície na sua obra prolífica, e torna-se cada vez mais nítida à medida que o autor envelhece. Mas nunca o impede de continuar a escrever. Para além do trabalho árduo investido nas «*Décadas*», escritas e rescritas sob a alternância do sol tropical e da chuva das monções em Goa, Couto também nos deixou um panfleto polémico contra uma narrativa da Abissínia escrita por dominicanos, um comentário inacabado aos «*Lusíadas*», uma «*Miscellania*» poética, um tratado sobre o comércio marítimo na Ásia, e muitos, muitos mais escritos.

Apesar desta prolixidade impressionante, Couto não tinha mais paciência que os autores modernos para sarilhos editoriais ou vendas desanimadoras. Escrevendo ao seu patrono em 1608, o patriarca queixa-se do «**atraso intolerável**» na publicação do último volume das «*Décadas*». E, mais à frente na mesma carta, sugere que os soldados sejam autorizados a comprar o livro contra retenções na fonte do seu ordenado, «**pois que assim circularão entre os barcos da frota, e incitarão os homens a imitar glórias passadas. E eu poderei angariar fundos para imprimir os meus livros; pois que se os que já estão impressos não se venderem, dificilmente poderei pagar os restantes. Ademais confesso a Vossa Senhoria que as trezentas cópias** [da «*Década IV*»] **que o padre** [o cunhado de Couto, que ajudou a preparar as «*Décadas*» para publicação em Lisboa, onde funcionava como representante do cronista] **me mandou, não vendi mais que trinta, enquanto fiz oferta de outras quarenta. E para mais, embora mande apresentação das cópias ao Vice-Rei, ao arcebispo, e a todos os capitães da fortaleza, nenhum deles me deu em troca nem um frasco de marmelada. Digo-vos isto, para que podeis ver que má é esta ocupação nestes tempos. Parece que perceberam que não aceitaria deles nenhum presente, mas nem sequer acharam precisar de tentar para ver**».

O judeu com sorte

João Baptista Lavanha, o autor da história do naufrágio da Grande Nau Santo Alberto, poderia desempenhar nesta amostragem o papel completamente diferente do autor imensamente reconhecido, acarinhado com louvores e honras e muito satisfeito com as coisas boas da vida.

Lavanha nasceu numa família de conversos em 1550, e tornou-se protegido do desafortunado D. Sebastião. Quando Filipe II lhe sucedeu no trono, ficamos a saber que a invasão espanhola não foi má para todos os portugueses. Sebastião mandara Lavanha a Roma para ir buscar instrução. Filipe II não só continuou o patronato como até o amplificou, nomeando o jovem professor de «**cosmografia, geografia e topografia**» na Academia de Madrid em 1582. Em 1591 voltamos a encontrá-lo em Lisboa, agora nomeado «**matemático-chefe e cosmógrafo real**», e foi nessa capacidade que editou em 1597 a narrativa sobre a perda da Santo Alberto.

Juntamente com o seu amigo Lope de Vega, Lavanha veio a ser estimado como um dos homens mais cultos da Península Ibérica. A sua por assim dizer apoteose registou-se em 1623, quando duas das suas filhas, apesar do sangue judeu, foram recebidas no convento franciscano recentemente instalado em Madrid. A cerimónia em que tomaram o véu contou com as presenças ilustres do rei, da rainha e de outros membros da família real, e uma das suas madrinhas foi a condessa de Olivares, mulher do favorito todo-poderoso cuja fisionomia continua insistentemente a espreitar-nos dos quadros de Velázquez. Lavanha já tinha recebido uma dispensa real das suas origens judaicas para poder receber a Ordem de Cristo. Mesmo assim, o patronato estendido às suas filhas, e pelo mesmo rei que levou o jovem Rodolfo a assistir a um auto-de-fé para assegurar a profundidade da sua formação católica, é uma prova ainda mais notável da estima que rodeava este autor. A dedicatória que Lavanha fez para herdeiro do império luso-espanhol (o único império, como Filipe II gostava de dizer, em que o Sol nunca se punha), dá-nos um exemplo interessante dos diferentes tipos de uso que podiam então ser dados a estas narrativas:

«**Os portugueses que se salvaram do naufrágio da Grande Nau Santo Alberto no ano de 1593 descobriram uma grande parte da Cafraria selvagem. Abriram o seu caminho através dela e encontraram uma nova passagem, por onde viajaram com espantosa facilidade; alcançaram a baía do Espírito Santo, o principal porto deste comércio e o mais ao sul da região. E como a narrativa desta jornada pode ser de grande ajuda para os que naufragarem nesta costa (o que Deus permita que não aconteça), os governadores deste reino entregaram-me a responsabilidade da sua compilação.**»

O aventureiro

Francisco Vaz d'Almada, o autor da narrativa sobre o naufrágio da Grande Nau São João Baptista, fornece-nos uma amostra excelente de um tipo de autor radicalmente diferente — e igualmente abundante, na época e agora. É o arquétipo do aventureiro maioritariamente autodidacta que escreve um relato na primeira pessoa sobre as suas atribulações e se torna conhecido para a posteridade devido aos méritos das suas histórias assombrosas.

Não sabemos quase nada sobre o crescimento e a educação de Almada, e mesmo o que conhecemos da sua vida adulta é fundamentalmente tirado dos relatos das suas aventuras. Diz-nos que serviu como soldado na Índia durante um número não especificado de anos. Também sabemos que mais tarde foi o comandante de uma frota de dois barcos que partiram de Lisboa para Goa, e que, segundo o diário de outro passageiro nesta viagem, «**nem uma alma morreu a bordo**» — um feito nada desprezível, para todos os efeitos, se nos lembrarmos da tradicional mortalidade pesada na Carreira.

As motivações de Almada para escrever o «*Naufrágio da Grande Nau São João Baptista*», e as condições em que trabalhou nesta narrativa, ficaram claramente expressas na sua dedicatória para o conselheiro do Tesouro do rei («**e, na sua ausência, ao padre Manuel Gomes da Silveira**»):

«**O grande desejo que sentia de mandar a Vossa Senhoria a narrativa deste caso obrigou-me a escrever tudo em dez dias, antes da partida destes barcos que Goa conserva. E tive que deixar de escrevê-lo por todo este tempo porque o padre Diogo dos Anjos, que foi também meu camarada, me disse que estava a escrever um tratado muito copioso, relatando em detalhe todos os particulares da nossa jornada. E quando finalmente lho pedi para que pudesse mandar uma cópia a Vossa Senhoria, disse-me que não fora capaz de fazê-lo, pois que estivera continuamente doente, e também por mor dos seus deveres religiosos. Esta foi a razão que me levou a escrever, embora seja difícil para mim escrever mesmo uma longa carta, para nada dizer de todas estas folhas de papel, particularmente porque não conheço o estilo em que estes trabalhos devem ser escritos. Peço portanto a Vossa Senhoria que o examine cuidadosamente antes de o mostrar a alguém, corrigindo o estilo e tudo o mais que aprouver necessário, perdoando as minhas faltas como amigo. E quando estiver pronto a ser publicado, fazei como entenderdes.**»

Apesar da permissão incondicional dada ao secretário (ou ao padre, na ausência do secretário) para corrigir o manuscrito para publicação, quem quer que seja que o recebeu mesmo parece ter ido antes a correr para a impressora, deixando-lhe todas as marcas de um texto escrito à pressa e não lhe acrescentando qualquer sinal de revisão cuidadosa. Os pensamentos de Almada correram claramente à frente da sua caneta em muitas ocasiões, e há passagens inteiras que são quase incompreensíveis. A mesma pressa marcou a qualidade da primeira edição, extremamente baixa mesmo para os parâmetros tolerantes da produção de livros portugueses no século XVII.

Uma parte desta pressa esteve certamente ligada ao mais puro instinto comercial, como aconteceu com tantas outras narrativas do género dentro deste período: tanto o autor como os editores devem ter pressentido que todas aquelas histórias horríveis de canibalismo, traição, enforcamentos e fomes extremas seriam condimentos infalíveis para um grande sucesso de vendas. E claro que tinham razão, porque o «*Naufrágio da Grande Nau São João Baptista*» ainda hoje fascina quem o lê pela primeira vez. Não é só porque a viagem por terra dos naufragados está sempre a desafiar a fronteira do tolerável e do credível. É também porque o próprio naufrágio combina em medidas certas doses precisas de grandioso, sublime e absurdo. A luta do barco português contra dois galeões holandeses muito melhor equipados é certamente digna de figurar entre os grandes épicos do mar. A São João Baptista lutou durante dezanove dias em águas geladas, com o casco já meio debaixo de água, e com os seus tripulantes mal vestidos paralisados pelo frio e incapazes de cozinharem uma única refeição durante toda a batalha. Embora o que restava da nau estivesse em vias de naufragar, com os mastros completamente destruídos, com água a entrar a jorros para dentro do porão, à mercê do vento, do mar e dos canhões inimigos, ao fim desses dezanove dias a maioria dos que iam a bordo ainda se opunham a toda e qualquer hipótese de rendição. E a verdade é que, quando finalmente a nau atingiu a costa de África, a sua bandeira e a sua honra ainda estavam intactas. Infelizmente, já não se aproveitava mais nada.

«Ser um Dodó deve ter sido muito embaraçoso», disse a rapariga.

«É por isso que eles estão extintos», disse o rapaz. «Gostam mais assim.»

Diálogo de dois jovens alunos contemplando uma reconstituição do Dodó no museu da Yale University, contado por Victor Proetz. 1964
«Diary of the Dodo»

6 — EM CONSEQUÊNCIA

E pronto. Agora que estamos a chegar ao fim, o que é que podemos oferecer à laia de conclusão?

Podemos registar a ocorrência de uma reviravolta interessantíssima. É um fenómeno que já herdámos muito lá de trás, e que se nos oferece hoje em toda a pujança como testemunho do quanto as vicissitudes da História do conhecimento podem afectar até a nossa percepção da Biologia.

Comecem por reparar no cenário em que se disputaram as primeiras eleições da Maurícia independente, em 1968: os concorrentes representavam os legados de facções europeias, indianas, e africanas, e nenhuma delas tinha qualquer espécie de identificação com um pássaro doido de épocas remotas. O emblema da Maurícia já não tinha nada a ver nem com os interesses nem com as aspirações de futuro de ilha, como hoje não tem nada a ver com as grandes motivações que lá levam os turistas dos programas organizados. O que tem toda a razão de ser. Nunca existiram pássaros doidos na Maurícia desde que há por lá registos de ambições humanas em confronto. O antigo habitat de origem não é contemporâneo da nossa civilização.

Vamos olhar para um exemplo do quanto as sucessivas levas de colonização europeia apagaram por completo a memória dos animais e das plantas que lá estavam antes de nós chegarmos. É tirado do «*Dodo Island*» de Sir Frank Swettenham, publicado em 1912. Quando este senhor começa a descrever o que vê das janelas do carro ao viajar pelas estradas da Maurícia, apresenta-nos uma longa lista de pessoas omnipresentes acompanhadas pelos seus animais de estimação, sem qualquer sinal de referência ao ecossistema descrito pelos navegadores:

«Sentir-se-ão, ao princípio, no terror constante de atropelarem alguém ou alguma coisa. Velhinhas de todas as cores e em todos os estados de decrepitude; cães que muitas vezes nem parecem cães, de tão emaciados e carecas; cabras, crianças, gansos, criação, e galinhas — a estrada está enxameada delas; escaparem com vida é milagroso, e o milagre nem sempre acontece. Nunca vi um lugar tão destituído de gatos e tão cheio de cães idiotas. Mas se muito dos cães são idiotas, a maioria das galinhas é declaradamente suicida.»

O cavalheiro sabe muito bem o que está a descrever, porque conhece por dentro o funcionamento da ilha.

«Mencionei a curiosa ausência de gatos, e por isso é escusado dizer que as ratazanas abundam. Claro que os ratos têm um direito de ocupação hereditário, uma vez que os seus números já surpreenderam os holandeses quando eles visitaram a ilha pela primeira vez há já muito tempo. Há um grande parti pris contra fazer seja o que for que possa perturbar uma ratazana, ou interferir com o gozo tranquilo dos seus direitos universalmente reconhecidos. A maioria dos cães da estrada nem poderiam opor resistência a uma boa ratazana. E por isso há imensas ratazanas, e também imensos casos de peste, e toda a gente está insatisfeita tirando o Departamento de Medicina do Governo.»

Estão a ver? Ele sabe coisas que a gente ainda não sabe.

«Oficialmente, estes cavalheiros estão em guerra contra as ratazanas. Os seus mercenários são bons a fazer campanhas; não vão tirar o pão das suas próprias bocas organizando batalhas frontais, ou grandes movimentos de massas, ou mesmo libertando um punhado de gatos que persigam o inimigo. Na Maurícia as condições de vida são tão injustas que nunca ninguém tem livre escolha entre o mal e o bem: é quase sempre uma escolha entre dois males, e a ausência de peste seria apenas o início de uma franca pobreza para algumas pessoas.»

Sim, este snobe das colónias acha imensa graça a si próprio. Mas agora reparem bem no que ele está a fazer. Não se trata de omitir qualquer referência às árvores e aos pássaros que deviam aparecer em vez das velhinhas e das galinhas só para aguçar a sua sátira à vida colonial: apanhado, malgré lui, numa rede emaranhada de causas e efeitos, Swettenham está antes a prestar testemunho a um processo social complexo de esquecimento colectivo. Depois da sua extinção, o Dodó não desapareceu só da vista. No que é talvez ainda mais relevante, desapareceu também do discurso.

Em parte, este desaparecimento radical foi potenciado pela história agitada de conquistas e colonizações da ilha por diferentes grupos de europeus, cada um deles com uma razão estratégica precisa para se apoderar do território, e com um objectivo preciso em mente no que toca à sua expansão económica. Em cada mudança, uns colonos foram-se embora e outros chegaram; e com eles mudaram dramaticamente as heranças culturais, a par e passo com a sucessão de potências europeias. E, por isso, quando um romancista francês Bernardin de Saint-Pierre, que viveu três anos na Maurícia como engenheiro do governo, se inspirou na ilha para o pano de fundo do afamado idílio de «*Paul et Virginie*», já estava a recapturar o espírito de um período quase esquecido pela História, embora se referisse a um tempo que então ficava só a sessenta anos de distância.

Este tecido social sincopado também está claramente expresso na fachada humana da ilha. Há edifícios coloniais franceses ao lado de templos indianos, que por sua vez estão ao lado de mesquitas. O ano é pontuado pela observação de festividades religiosas muito diversificadas, que vão do Corpus Christi cristão em Junho ao Maha Shivaratee em Janeiro, a que se segue o Cavadee tamil em Fevereiro e Março. Numa ilustração verbal incisiva desta coexistência delicada, a língua oficial da Maurícia é o inglês, a língua nativa predominante é o francês, e a língua franca é o patois crioulo.

Estas alterações repetidas na cidadania e na população ajudam certamente a explicar por que é que, pouco tempo depois de os holandeses terem partido e os franceses terem vindo rebaptizar a Île de France, já nem as gerações mais velhas se lembravam de um pássaro feio e gigantesco que os livros diziam ter existido nas florestas. Estudos da época mostram que, pelo menos desde

1750, os habitantes da Maurícia já nem sabiam que em tempos tinha caminhado sobre o seu solo uma criatura tão estranha. E ainda temos os registos de um jantar público colonial, datado de 1816: estavam presentes muitas pessoas de idades compreendidas entre os 90 e os 70 anos, que não tinham qualquer ideia do Dodó nem derivada da experiência nem da tradição. No mesmo ano, houve um autor inglês que comentou que se encontravam na Maurícia tantos vestígios do Dodó como da história de Paul e Virginie.

A ausência de um passado comum também pode explicar por que é que o Dodó está tão consistentemente afastado de todos os diferentes tipos de folclore de qualquer uma das culturas que povoam a Maurícia moderna. Consultando fontes dos nossos dias, conseguimos encontrar detalhes tão finos como o «*Dictionnaire des Termes Mauritiens*», onde até podemos aprender que na Maurícia a adolescência se chama «l'âge cochon». Mas nunca conseguimos desenterrar nenhum legado oral ou pictórico associado com o pássaro doido. Como escreveu Swettenham, «**a ilha já conheçeu muitas vicissitudes: sofreu sobretudo por essa primeira de todas as leis, a lei da mudança**».

Esta contingência histórica confronta-nos com uma distorção geográfica como não há muitas no número das coisas que sabemos: o Dodó, tal como o conhecemos, dificilmente pode considerar-se um pássaro da Maurícia.

No tempo em que esta criatura existia mesmo, a ilha deu-lhe abrigo e ajudou a modelar a forma que o tornou famoso. Mas, durante esses dias, não estava ninguém na Maurícia para fazer a criatura existir através da linguagem.

Na história que se seguiu, o Dodó foi visto pela primeira vez pelos europeus. Foi baptizado pelos europeus. Foi descrito em palavras e impresso em gravuras pelos europeus. Foi caçado e comido até à morte pelos europeus, e foi na Europa que a sua extinção começou por arquear sobrancelhas e arrepiar cabelinhos. A partir do século XIX, foi estudado e debatido com grande fervor por novos grupos de europeus. Estes homens discordavam muito uns dos outros no que toca às suas ideias sobre especiação e evolução, mas tinham em comum a sua dedicação incondicional à nova ciência chamada dodologia.

E, em consequência, foi na Europa, não nas Índias Orientais, que o Dodó apareceu pela primeira vez nos sonhos dos meninos.

Foi na Inglaterra, e não na Maurícia, que um matemático de Oxford (e não de Port-Louis) ouviu falar da disputa relativa a um pássaro estranho que talvez tivesse um dia existido mesmo, e ficou tão fascinado com o dito pássaro que o usou para forjar o seu nome artístico. Este homem considerava-se trapalhão e deselegante, e por isso identificou-se totalmente com o bicharoco feio que não teve sorte nenhuma. Chamava-se Charles Dodgson, e por isso conta-nos a lenda que começou a gaguejar quando se apresentava às pessoas, para poder dizer que se chamava antes «**Do-Do-Dodgson**». Depois o Dodo Dodgson tratou de se reinventar enquanto Lewis Carroll, e foi sob esta nova identidade que nos legou um bando de personagens bizarras que se escondiam dos olhos dos adultos num lugar alucinado que ficava debaixo do chão. Entre estas criaturas destacava-se um pássaro muito alto e muito digno com uma bengala, sempre solene, naturalmente pensativo, ligeiramente absurdo, e muito afeiçoado a palavras com várias sílabas. Há uma altura em que alguns animais e uma menina curiosa acabaram de nadar para a costa depois de atravessarem uma poça enorme causada pelas lágrimas que a menina verteu quando tinha nove pés de altura. Agora precisam muito de se secarem. Para conseguirem atingir este objectivo, o pássaro sugere que façam uma corrida pouco usual dentro de um círculo desenhado na areia (embora explique que a forma não interessa), sem ponto de partida e sem meta definida. Meia hora depois, quando todos já estão secos e agora também ofegantes e suados, o pássaro declara que a corrida acabou, e a seguir anuncia que todos ganharam e todos devem receber prémios. Os rebuçados que a menina tem nos bolsos transformam-se nos prémios, e no fim ela não recebe nenhum. O pássaro pede-lhe que veja se não terá ainda alguma coisa escondida debaixo do avental. A menina encontra um dedal. Seguindo as instruções do pássaro, entrega-lho com uma reverência. O pássaro depois devolve-lho com o discurso «**pedimos a tua aceitação deste elegante dedal**». Há muitos aplausos. A menina pensa que tudo isto é assaz absurdo, mas parecem todos tão solenes que ela não se atreve a rir. No desenho de John Tenniel que ilustra este momento famoso da literatura inglesa, o pássaro solene foi imortalizado como a cópia fiel de um dos quadros de Dodó produzidos sob os auspícios de Rodolfo, agora exposto no British Museum.

O «*Alice no País das Maravilhas*» nunca foi uma produção das Índias Orientais. E o Dodó que lá aterrou para se tornar o árbitro da corrida sem meta não se ergueu ao seu estatuto literário a partir de uma contrapartida na vida real, mas antes através de um fantasma que se tornou visível num esforço colectivo de recuperação da memória. E agora, cumprindo o seu destino, o Dodó já não está confinado ao País das Maravilhas. Está espalhado por todas as vertentes da cultura europeia, de forma tão conspícua como a sua ausência de todo e qualquer folclore da Maurícia.

O Dodó, estão a ver, é o pássaro mais assombroso que alguma vez nasceu na Europa.

Alice e o Dodó no País das Maravilhas:
«Adivinha?», disse ele. «Alice no País das Maravilhas e Charles Darwin são a mesma pessoa.»
«A mesma pessoa?»
«Pois, pois. A viagem do Beagle e Alice no País das Maravilhas! O que é a Alice senão uma viagem tresloucada ao mundo natural, com um Dodó e uma lagosta e ostras, e uma foca, e um coelho, e pássaros, e uma lagarta, e — o que era mais? Répteis de toda a espécie, e mamíferos e peixes e insectos e crustáceos, não é? Aposto que era o que o Lewis Carroll estava a fazer, estava a ter uma espécie de um sonho sobre a viagem do Beagle.» Homer cintilou para Hall Shaw, tendo feito, pensou ele, o comentário mais iluminado de toda a sua carreira.
«Bem, talvez», disse Hall cuidadosamente. «Quer dizer, é uma ideia interessante.»

Jane Langton, criadora da série «Homer Kelly Mystery», 1996, «Dead as a Dodo»

BIBLIOGRAFIA

Addison, John e Hazareesingh, K. «A new history of Mauritius». Macmillan Publishers, Londres, Reino Unido, 1984.

Azuaje, Ricardo. «Autobiografia de un dodo: biodiversidad, extinction y algunas insensateces». Ediciones Angria, Caracas, Venezuela, 1995.

Benedict, Burton. «Mauritius, the problems of a plural society». Pall Mall Press, Londres, Reino Unido, 1965.

Benson, Edward Frederic. «Dodo». G. Munro's Sons, Nova Iorque, NI, 1895.

Benson, Edward Frederic. «Dodo: a detail of the day». M. J. Ivers, Nova Iorque, NI, 1894.

Benson, Edward Frederic. «Dodo's daughter». Century, Nova Iorque, NI, 1914.

Benson, Edward Frederic. «Dodo wonders». George H. Duran, Nova Iorque, NI, 1921.

Bowman, Larry W. «Mauritius: Democracy and development in the Indian Ocean». Westview Press, Dartmouth, NH, 1991.

Bhurdwaz, Mungur. «An invitation to the charms of Mauritian localities: a survey of names and attractions of places in Mauritius». ELP Ltee, Vacoas, Maurícia, 1993.

Brito, Bernardo Gomes de. «História Trágico-Marítima»

Brito, Bernardo Gomes de. «The Tragic History of the Sea», com prefácio e edição de C. R. Boxer. The Hakluyt Society, Cambridge, Reino Unido, 1959.

Broderip, William John. «Notice of an original painting, including a figure of the dodo, in the collection of the Duke of Northumberland, at Sion House». Ann. & Mag. Natural History, 2, 15: 143. 1855.

Buffon, George-Louis Leclerc, conde de. «Histoire naturelle des oiseaux». Imprimerie Royale, Paris, França, 1770-1785.

Buffon, George-Louis Leclerc, conde de. «Buffon's natural history: containing the theory of earth, a general history of man, of the brute creation, and of vegetables, minerals, etc; etc.» Impresso para o proprietário e vendido por H. D. Symonds, Londres, Reino Unido, 1797.

Buffon, George-Louis Leclerc, conde de. «Empire de l'homme sur les animaux». In «Les animaux», Jean Grassin, Paris, França, 1980.

Cabot, Samuel. «The dodo (Didus ineptus) a rasorial and not rapacious bird». *The Boston Journal of Natural History*, 5: 490. 1847.

Carvalho, Eduardo Luna de. «A anonima descoberta dos Doudos do arquipélago das Mascarenhas por Navegadores portugueses (Avis Columbiformes Raphidae)». Colecção «Natura», Nova Série: 13, Sociedade Portuguesa de Ciências Naturais, Lisboa, Portugal, 1989.

Charman, Andy. «Madua ve-lamah hushmedah tsipor ha-dudo?: u-sheelot aherot al baale». Tradução de «I wonder the dodo is dead and other questions about extinct and endangered animals», Yehoshua Orenshtain, Telavive, Israel, 1997.

Carroll, Lewis. «Alice's Adventures in Wonderland; and, through the looking-Glass and What Alice Found There; Profusely Illustrated by John Tenniel». Hurst, Nova Iorque, NI, EUA, 1903.

Coward, Noel. «Not yet the dodo and other verses». Heinemann, Londres, Reino Unido, 1967.

Dauxois, Jacqueline. «L'empereur des alchimistes: Rodolphe II de Habsbourg». J-C Lattes, Paris, França, 1996.

Desmarais, Nadia. «Le français à l'île Maurice: Dictionnaire des termes mauritiens». Imprimerie Commerciale, Port-Louis, Maurícia, 1962.

Erasmus, Kurt. «Roelant Savery, sein Leben und seine Werke». Tese de Doutoramento, Friedrichs-Universitat, Halle-Wittenberg, 1907.

Evans, Robert John Weston. «Rudolf II and his world: a study of intellectual history 1576-1612». Thames and Hudson, Londres, Reino Unido, 1997.

Ferreira, Fernanda Durão. «As fontes portuguesas de Robinson Crusoe». Cadernos Minimal, Lisboa, Portugal, 1996.

Foulke, Robert. «The sea voyage narrative?» Twayne Publishers, Nova Iorque, NI, EUA, 1997.

Gordon, Jan B., ed. «Soaring with the dodo: essays on Lewis Carroll's life and art». Lewis Carroll Society of North America, distribuído por The University Press of Virginia, Charlottesville, Va, 1982.

Gould, Stephen Jay. «The dodo in the caucus race». *Natural History*, 105, 11: 22. 1996.

Gutman, G. O. «Retreat of the dodo: Australian problems and prospects in the 80s». Brian Clouston, Camberra, Austrália, 1982.

Hachisuka, Masauji. «The dodo of Mauritius». Tóquio, Japão, 1939.

Hachisuka, Masauji. «The dodo and kindred birds; or, the extinct birds of the Mascarenes». H. F. & G. Witherby, Londres, Reino Unido, 1953.

Halley, Edmond. «Miscellania curiosa?» Londres, Reino Unido, 1726.

Harris, John. «Navigatorum atque Itinerarium Bibliotheca: or, a Complete collection of Voyages and Travels: Consisting of above four Hundred of the Most authentic writers; beginning with Hackluyt, Purchals, etc, in English; Ramusio in Italian; Thevenot, etc, in French; de Bry, and Grynaei Novus Orbi in Latin, the Dutch East-India Company in Dutch; and Continued with Others of Note, that Have Published Histories, Voyages, Travels or Discoveries, in the English, Latin, French, Italian, Spanish, Portuguese, German, or Dutch Tongues; Relation to Any Part of Asia, Africa, America, Europe, or the Islands Thereof, to the Present Time. With the Heads of our Most Considerable Sea-Commanders; and a Great Number of Excellent Maps of all Parts of the World, and Cuts of Most Curious Things in all Voyages. Also, an Appendix, of the Remarkable Accidents at Sea; and Several of our Considerable Engagements: the Charters, Acts of Parliament, etc. About the East-India Trade, and Papers Relating to the Union of the Two Companies. Throughout the Whole, all Original Papers are Printed at Large: as the Pope's Bull, to Dispose of the West Indies to the King of Spain; Letters and Patents for Establishing Companies of Merchants; as the Ruff, East-India

Companies, etc. Letters of One Great Prince or State to Another, Showing their Titles, Style, etc. To which is Prefixed, a History of the Peopling of the Several Parts of the World, and Particularly of America, an Account of Ancient Shipping, and its Successive Improvements; together with the Invention and Use of the Magnet, and its Variation, etc.» Londres, Reino Unido, 1705.

Hazareesingh, K. «History of Indians in Mauritius». Macmillan Education, Londres, Reino Unido, 1976.

Hébert, François. «Le dernier chant de l'avant-dernier dodo». Garamond, Paris, França, 1986.

Holzer, Hans. «The alchemist: the secret magical life of Rudolf von Habsbourg». Stein and Day, Nova Iorque, NI, EUA, 1974.

Huxley, Julian. «Man stands alone». Harper, Londres, Reino Unido, 1941.

Kaufmann, Thomas DaCosta. «Variations on the Imperial theme in the age of Maximilian II and Rudolf II». Garland Publishers, Nova Iorque, NI, EUA, 1978.

Kaufmann, Thomas DaCosta. «The school of Prague: painting at the court of Rudolf II». The University of Chicago Press, Chicago, Il., EUA, 1988.

Kaufmann, Thomas DaCosta. «The mastery of nature: aspects of art, science, and humanism in the Renaissance». Princeton University Press, Princeton, NJ, EUA, 1993.

Keynes, Quentin. «Maurícia, island of the dodo». National Geographic 109, 1, 90: 77. 1956.

Langton, Jane. «Dead as a dodo: a Homer Kelly mystery». Viking, Nova Iorque, NI, 1996.

Leguat, François. «The Voyage of François Leguat», editado e anotado pelo capitão Pasfield Oliver. The Hakluyt Society, Londres, 1891.

Linschoten, Jan Huygen van. «The voyage of John Huygen van Linschoten to the East Indies. From the old English translation of 1598.» The Hakluyt Society, Londres, Reino Unido, 1885.

Logue, Christopher. «Ode to the dodo: poems from 1953 to 1978». Cape, Londres, Reino Unido, 1981.

Malone, Kemp. «The dodo and the camel». J. H. Furst Company, Baltimore, Md, 1938.

Markham, Clements Robert. «The voyages of Sir James Lancaster, Kt., to the East Indies, with abstracts of journals of voyages in the East Indies during the seventeenth century, preserved in the India Office. And the voyage of Captain John Knight (1606) to seek the North-West passage». The Hakluyt Society, Londres, Reino Unido, 1877.

More, Thomas. «Utopia», editado por Edward Surtz, S. J. e J. H. Hexter, publicado pelo St. Thomas More Project, Yale University. Yale University Press, New Haven, Co, EUA, 1965.

Moree, P. J. «A concise history of Dutch Maurícia, 1598-1711». Kegan Paul International, Londres, Reino Unido, 1998.

Mullenmeister, Kurt J. «Roelant Savery, Kortrijk 1576-1639 Utrecht: Hoefmaler Kaiser Rudolf II in Prag: die Gemalde mit kritischem Oeuvrekatalog». Luca, Freren, Alemanha, 1988.

Mundy, Peter. «The Travels of Peter Mundy». The Hakluyt Society, Londres, Reino Unido, 1919.

Mungur, Bhurdwaz. «An invitation to the charms of Mauritian localities: a survey of names and attractions of places in Mauritius». ELP Ltee, Vacoas, Maurícia, 1993.

National Audubon Society. «Shall ducks follow the dodo?». The Society, Nova Iorque, NI, 1935.

Oudemans, Anthonie Cornelis. «On the dodo». Ibis, 10, 6: 316. 1918.

Owen, Richard. «On didornis». «Transactions of the Zoological Society of Londres», III: 235, 307, 345. 1839-1848.

Owen, Richard. «Memoir of the dodo (Didus ineptus, Linn.)». Taylor and Francis, Londres, Reino Unido, 1866.

Palmitessa, James R. «Material culture & daily life in the New City of Prague in the age of Rudolf II». Medium Aevum Quotidianum, Krems, Áustria, 1997.

Pitot, Albert. «T'Eylandt Mauritius, esquisses historiques (1598-1710). Procédées d'une notice sur la decouverte des Mascareignes et suivies d'une monographie du dodo, des solitaires de Rodrigue et de Bourbon et de l'oiseau bleu». Coignet Frères, Port-Louis, Maurícia, 1905.

Prévost, Abbé. «Histoire Générale des Voyages, ou Nouvelle Collection de Toutes Relations de Voyages par Terre, qui Ont Été Publiées Jusqu'à Présent dans les Différentes Langues de Toutes les Nations Connues: Contenant ce qu'il y a de plus Remarquable, de plus Utile, et de Mieux Avéré dans les Pays où les Voyageurs ont Pénétré, Touchant leur Situation, leur Étendue, leurs Limites, leurs Divisions, leur Climat, leur Térritoir, leur Productions, leurs Lacs, leurs Rivières, leurs Montagnes, leurs Mines, leurs Cités & leurs Principales Villes, leurs Ports, leurs rades, leurs Édifices, etc. Ave les Moeurs et les EUAges des Habitants, leur Réligion, leur Governement, leurs Arts et leurs Sciences, leur Commerce et leur Manufactures; pour Former un système Complet d'Histoire et de Géographie Moderne, qui Répresentera l'État actuel de Toutes les Nations: Enrichi de Cartes Géographiques Nouvellement Composées pour les Observations les Plus authentiques, et des Plans et des Perspectives; de Figures d'Animaux, de Végétaux, Habitats, Antiquités, etc.» Paris, França, 1750.

Proetz, Victor. «Diary of the dodo». Museum News, 42, 5: 25. 1964.

Quammen, David. «The song of the dodo: island biogeography in an age of extinctions». Scribner, Nova Iorque, NI,1996.

Riviere, Linday. «Historical Dictionary of Mauritius?» African Historical Dictionaries: 34, The Scarecrow Press, Metuchen, NJ, EUA, 1982.

Roberts, Katerina. «Visitors' guide: Maurícia, Rodriguez & Réunion». Hunter, Ashbourne, Reino Unido 1992.

Savery, Alfred Williams. «A genealogical and biographical record of the Savery families». The Collins Press, Boston, Ma, EUA, 1893.

Selys-Longchamps, Michel-Edmond, barão de. «Resume concernant la classification des oiseaus brevipennes mentionnés dans l'ouvrage de M. Strickland sur le Dodo». Review of Zoology, 11: 292. 1848.

Selys-Longchamps, Michel-Edmond, barão de. «Sur la classification des oiseaux depuis Linné». F. Haeyez, Bruxelas, Bélgica, 1879.

Selvon, Sydney. «Historical dictionary of Mauritius». Scarecrow Press, Metuchen, NJ, 1991.

Silverberg, Robert. «The auk, the dodo, and the oryx: vanished and vanishing creatures». Thomas Y. Crowell Company, Nova Iorque, NI, 1967.

Spicer-Durham, Joaneath Ann. «The drawings of Roelandt Savery?» Tese de Doutoramento, Yale University, New Haven, Co, EUA, 1986.

Stefansson, Vilhjalmur. «Adventures in error». R. M. McBride & Company, Nova Iorque, NI, 1936.

Storey, William K. «Science and power in colonial Mauritius». The University of Rochester Press, Rochester, NI, 1997.

Strickland, Hugh Edwin. «The dodo and its kindred; or the history, affinities, and osteology of the Dodo, Solitaire, and other extinct birds of the islands Maurícia, Rodriguez, and Bourbon». Reeve, Benham, and Reeve, Londres, Reino Unido, 1848.

Toussaint Auguste. «Une cité tropicale, Port-Louis de l'île Maurice». Presses Universitaires de France, Paris, França, 1966.

Toussaint, Auguste. «History of Mauritius». Macmillan Education, Londres, Reino Unido, 1977.

Vários. «Nature illuminated: flora and fauna from the Court of the Emperor Rudolf II.» The J. Paul Getty Museum, Los Angeles, Ca, EUA, 1997.

Vários. «Rudolf II and Prague: the court and the city». Prague Castle Administration, Praga, República Checa, 1997.

Vários. «Funerary Equipment of Rudolf, king of Bohemia: the earliest Habsbourgs at Prague Castle: Old royal Palace, Prague Castle, January 16 May 12, 1996». Management of Prague Castle, Praga, República Checa, 1995.

Vurm, Robert B. «Rudolf II and his Prague: mysteries and curiosities of Rudolfine Prague: Prague between the period 1550-1650». Edição de autor, Praga, República Checa, 1997.

OBRAS DA AUTORA

1983 — ANDA UMA MÃE A CRIAR FILHAS PARA ISTO!
Regra do Jogo

1984 — AGRIÃO!
Relógio D'Água

1985 — UM ESQUEMA
Rolim

1985 — ADEUS, PRINCESA
Relógio D'Água

1985 — NÃO PODEMOS OBRIGÁ-LOS A AMAREM-SE
em co-autoria com Margarida Bon de Souza
Relógio D'Água

1986 — O SAPO FRANCISQUINHO
Contexto
2.ª edição, Relógio D'Água, 1999

1987 — O ESSENCIAL SOBRE OS BEBÉS-PROVETA
Imprensa Nacional

1987 — CAMPOS DE MORANGOS PARA SEMPRE
Rolim

1988 — O PRÍNCIPE IMPERFEITO
Rolim

1988 — UM SINAL DOS TEMPOS
Relógio D'Água

1988 — HISTÓRIAS NATURAIS
Publicações Dom Quixote
2.ª edição, Relógio D'Água, 2000

1989 — CANÇÕES DAS CRIANÇAS MORTAS
Relógio D'Água

1990 — PONTO PÉ DE FLOR
Publicações Dom Quixote
2.ª edição, Relógio D'Água, 2001

1991 — PORTUGAL ANIMAL
Publicações Dom Quixote
2.ª edição, Relógio D'Água, 2000

1991 — VITÓRIA, VITÓRIA
Publicações Dom Quixote

1991 — QUEM TEM MEDO COMPRA UM CÃO
Publicações Dom Quixote

1992 — A CANÇÃO DOS DINOSSAUROS
Publicações Dom Quixote

1992 — THE BIG EASY
Publicações Dom Quixote

1992 — A MINHA ALMA ESTÁ PARVA
Publicações Dom Quixote

1992 — A MULHER GORDA
Publicações Dom Quixote

1993 — NO PÓ DA BAGAGEM
Quetzal

1994 — DOMINGO DE RAMOS
Publicações Dom Quixote

1996 — A MÚSICA DAS ESFERAS
Relógio D'Água

1996 — MAIS MARÉS QUE MARINHEIROS
Relógio D'Água

1996 — E SE TIVESSE A BONDADE DE ME DIZER PORQUÊ?
em co-autoria com Mário de Carvalho
Relógio D'Água

1997 — A DERIVA DOS CONTINENTES
Relógio D'Água

1997 — MAIS QUE PERFEITO
Relógio D'Água

1998 — O OVÁRIO DE EVA
Relógio D'Água

1999 — O MISTÉRIO DOS MISTÉRIOS
Relógio D'Água

1999 — CLONES HUMANOS
Relógio D'Água

2000 — OS MENSAGEIROS SECUNDÁRIOS
Relógio D'Água

Nesta colecção

1. HISTÓRIA DOS BALÕES
Rómulo de Carvalho

2. AS VIDAS DA CÉLULA
Lewis Thomas

3. CONTRA O MÉTODO
Paul Feyerabend

4. SERÁ PRECISO QUEIMAR DESCARTES?
Guitta Pessis-Pasternark

5. O OVO E A GALINHA
Antoine Danchin

6. UM OURIÇO NA TEMPESTADE
Stephen Jay Gould

7. AS FÚRIAS DA TERRA
Claude Allègre

8. HISTÓRIA DA SIDA
Mirko Grmek

9. O ACASO E O CAOS
David Ruelle

10. A FÍSICA NO DIA-A-DIA
Rómulo de Carvalho

11. REDACÇÃO E APRESENTAÇÃO DE TRABALHOS CIENTÍFICOS:
Pedro Serrano

12. INSUCESSO E MATEMÁTICAS
Stella Baruk

13. A CIÊNCIA HERMÉTICA
Rómulo de Carvalho

14. E O HOMEM ENCONTROU O CÃO
Konrad Lorenz

15. O OVÁRIO DE EVA
Clara Pinto Correia

16. A ILHA SEM COR
Oliver Sacks

17. O ÚLTIMO TEOREMA DE FERMAT
Simon Singh

18. O MISTÉRIO DOS MISTÉRIOS
Clara Pinto Correia

19. CLONES HUMANOS
Clara Pinto Correia

20. HISTÓRIAS NATURAIS
Clara Pinto Correia

21. A AGRESSÃO
Konrad Lorenz

A sair

A INVENÇÃO DA MEMÓRIA
Israel Rosenfield

OS CONCEITOS CIENTÍFICOS
Isabelle Stengers e J. Schlanger